Real and Poetic Construction ——
The Material Use
of Contemporary Sports Architecture

真实与诗意的构筑
——当代体育建筑的材料运用

刘 伟 钱 锋 ◆编著

U0390576

人民交通出版社股份有限公司
China Communications Press Co.,Ltd.

内 容 提 要

本书将体育建筑的材料运用作为研究对象，从"真实与诗意的构筑"之角度进行研判，通过分析体育建筑结构、围护等材料的运用及发展，对体育建筑中趋向节能、可持续的材料运用展开相关研究，阐述面向全寿命周期的材料节能节约化运用。主要内容包括：体育建筑材料的分类与运用、结构材料的应用逻辑与性能发展、围护材料的形态特征与表皮语汇、面向全寿命周期的材料节能节约化运用、目标与展望等。

本书可供建筑设计技术人员及建筑材料研究人员参考。

图书在版编目（CIP）数据

真实与诗意的构筑：当代体育建筑的材料运用 / 刘伟, 钱锋编著. -- 北京：人民交通出版社股份有限公司, 2016.6

ISBN 978-7-114-13106-6

Ⅰ.①真… Ⅱ.①刘… ②钱… Ⅲ.①体育建筑—建筑材料—研究 Ⅳ.①TU245②TU5

中国版本图书馆CIP数据核字(2016)第133860号

书　　　名：	**真实与诗意的构筑——当代体育建筑的材料运用**
著 作 者：	刘 伟 钱 锋
责任编辑：	郑蕉林
出版发行：	人民交通出版社股份有限公司
地　　　址：	（100011）北京市朝阳区安定门外外馆斜街3号
网　　　址：	http://www.ccpress.com.cn
销售电话：	（010）59757973
总 经 销：	人民交通出版社股份有限公司发行部
经　　　销：	各地新华书店
印　　　刷：	北京盛通印刷股份有限公司
开　　　本：	787×1092　1/16
印　　　张：	19.75
字　　　数：	360千
版　　　次：	2016年7月　第1版
印　　　次：	2016年7月　第1次印刷
书　　　号：	ISBN 978-7-114-13106-6
定　　　价：	80.00元

（有印刷、装订质量问题的图书由本公司负责调换）

Preface　　　　　　　　　　　　　　前　言

材料是建筑的基本构成元素，也是建筑发展的原动力之一。建筑师熟悉和掌握各类材料的特性并进行合理运用，能够使得建筑在其全寿命周期内具备良好的成长基因。而体育建筑往往具有与众不同的空间跨度和外部形象，其结构支撑下的空间"内核"与形态"外壳"的发展显著关联于各类材料的运用：对结构材料的性能挖掘更能体现出体育建筑结构体系的受力合理性，对围护材料的精炼运用越发展现出体育建筑丰富的形态特征及鲜明的地方特色。在尊重理性构筑的创作思维之下，当代体育建筑也更注重于真实地反映出内部空间与外部形态的"表里如一"，使得结构体系与围护表皮的结合更为贴切与融洽。因此，各类材料运用的语义及内涵表达，已经成为体育建筑设计的主要手段和方法之一。

同时，作为以往耗能耗材严重的大型公共基础设施，当今的体育建筑必须重视自身的可持续性。当体育建筑中的结构与围护材料像人体"骨骼"与"皮肤"一样舒适得体时，保证体育建筑健康运营的节能技术与材料也越发得到青睐与应用。越来越多的体育建筑趋向于采用具有节能环保和经济可行的材料运用方式，来达成体育场馆的可持续设计及发展目标，进而，在体育建筑迈向可持续发展的道路中，面向全寿命周期的设计概念，能够成为体育建筑材料运用的整体统筹者，促使人们为体育建筑创建材料运用的优化体系，以"适宜选材、节材精用"的运用方式，在体育建筑健全的生命历程中实现材料的最大价值。

本书将体育建筑的材料运用作为研究对象，虽然定义的对象涵盖广泛，但注重关键点的分析，旨在建立体育建筑与材料关联的系统研究。先从体育建筑的内外"骨骼"和"皮肤"着手，通过分析体育建筑结构、围护等材料的运用及发展，研究体育建筑结合理性逻辑和感性创意的"真实与诗意的构筑"，之后对体育建筑中趋向节能可持续的材料运用展开相关研究，最终在上述研究内容的基础上，为面向全寿命周期的体育建筑设计构筑出材料节约化的运用目标与宗旨。

本书由三个部分构成，分别以调研构思、分析研究、综合构筑三种递进关系形成本书的整体框架，并将体育建筑与材料运用两方面的联系紧密地贯穿于整书的框架之内。

第一部分包括第一章及第二章，以调研基础进行构思，论述当代体育建筑设计中材料运用的发展与趋势，通过对体育建筑中各类材料不同功能及效应的分类，阐述体育建筑的材料运用在创作空间与形态及融合场地与环境等方面的必要性和重要性，并对体育建筑中广泛的运用材料类型进行细致地梳理及分类。

第二部分包括第三章及第四章，注重对大量体育建筑实例进行分析与研究，以体育建筑中"由里及表"的材料物性为主要对象，主要论述体育建筑的结构承载材料和围护表皮材料的特性，对应于不同材料在空间结构与外部形态内外两个方面的运用，提取材料在其物性层面上的全面体现，详细地分析材料要素在塑造体育建筑中的重要作用。

第三部分包括第五章及第六章，进行文章的综合构筑。在探讨体育建筑节能技术与材料的运用基础上，反思体育建筑不当及过度的耗材问题。根据体育建筑选材及用材在其全寿命周期中不同阶段中的运用特征，以面向全寿命周期的体育建筑材料运用作为设计体系，将体育建筑全寿命周期中的节能技术与材料、材料可持续性以及高效节材化相互统一，并将它们作为材料运用的优化宗旨与价值取向，全面地构筑体育建筑材料运用的综合理论。

本书由长安大学刘伟撰写第一章～第五章，由同济大学钱锋教授撰写第六章的主要内容，并负责大纲的编写与全书审校。

本书在编写过程中得到了各位良师益友的指导和帮助，并引用了他人的资料，在此一并表示衷心的感谢！书中难免存在错漏之处，请读者批评指证。

作　者
2016 年 1 月

Contents 目　录

■ 第一章
绪 论

每一种材料都有自己的语言……每一种材料都有自己的故事。对于创造性的艺术家来说，每一种材料有它自己的信息，有它自己的歌。

——F. 赖特

体育建筑中的材料运用，正是本书所研究的两个相关联的对象。随着社会发展与人类活动方式的日益丰富，体育运动已经成为人们生活中不可或缺的一部分。在许多国家和地区，无论是竞技体育，还是各类民众健身及休闲活动，都成为了人们生活的核心内容之一（图 1.1）。并且，在城市发展的许多实例中，随着奥运会等"事件性"大型活动的频繁发生，一些大型体育场馆也逐渐成为带动城市更

图 1.1 体育运动成为人们的生活方式之一

图1.2 承载人类丰富活动的体育建筑

新与经济发展的"城市触媒"（图1.2）。所以，各类体育建筑正如雨后春笋般地涌现在人们的视野之中，成为今后人们所面临的重要设计项目类型。而材料是每个建筑师都关注的基本构建元素。人们早已认识到：材料——是能够将建筑设计升华到整体并富有细节的统一者。包括体育场馆在内的当代公共建筑，其结构承载形式及外观表现趋向，已经在很大程度上建立于设计者如何将各种传统与现代的材料元素进行组合，以材料语言的设计方式向使用者和公众来展示。

体育建筑作为一类较为特殊的建筑形式，大都具有显著的大跨结构、宽广的室内空间以及巨大的体表面积，无论从内到外、由表及里，其材料的组合及运用都值得深入研究。当代体育建筑也更倾向以整体加细节的材料运用方式来保证其品质，在遵循结构理性的基础上展现出丰富精彩的外观形象（图1.3）。而对于很多建筑师来说，对结构、节点、构造等细节方面的了解往往只是限于皮毛，掌控起来更是不求甚解和随意发挥。对材料知识和运用的匮乏和失控造成了建筑设计与结构设计、构造设计、室内设计等方面的种种矛盾。对于当代建筑师来说，更是要面临着承担"多面手"的经验和工作能力，除了要熟练把握各类规范和设计程序，其工作更涉及场地布置、安装，甚至材料种类的开发。因此，材料在建筑师和体育建筑之间，不仅只是前者随意的拿来之物，还将扮

**图1.3 丰富多彩
的体育建筑形象**

演决定体育建筑是否具有高品质的实现者角色。

从建筑设计的总体趋势和长远目标来看，随着环保节能和可持续发展意识的不断增强，人们对建筑材料的运用，已经不再停留在表象立意上的设计手段和方法，而是上升到贯彻材料全寿命周期的系统理论。体育建筑体形相对庞大，在建设及运营过程中势必将耗费大量的人力、物力。如果在体育建筑的设计及建造过程中不重视材料的节省和高效利用，其过度消耗就是对生态环境和自然资源的失责与破坏。但许多体育建筑往往为了表现夺人眼目的形体而将材料的本体建造功能加以扭曲，以至其创建出的建筑空间并不能满足建筑的可持续发展理念，更难以为建筑整体塑造出健全的生命周期。因而，建筑师们应当更负责任地将节约经济、集约高效的设计理念灌输到材料运用的具体方法和策略之中。

对体育建筑中的材料运用进行剖析，可以详尽了解各类材料的结构、围护、节能等不同性能，从结构形式、空间塑造、表皮象征、节能生态以及全寿命周期内的充分用材与节材等相关层面出发，较为全面地探讨体育建筑的发展趋势。

第一节　体育建筑与材料运用的关联

一、发展背景

在当今熙熙攘攘的多元化世界中，任何一个课题的发展背景可以说都并不是单一化的，而对于技术与艺术结合的建筑学科，则更具备了人文社会、科学技术、大众审美等范畴。体育建筑与材料运用的关联，同样不能脱离多重背景对其发展的限定与影响，其研究背景主要依存于这几个方面：人们的生活方式决定体育建筑的功能；技术的发展引领新旧材料的应用；设计观念的更新导向其综合发展趋势。

首先，设计源于人们的生活，而生活方式决定了生活的场所，反之生活场所也塑造了不断变化的生活方式。体育运动已经成为人们生活中的一部分，在经济发达国家，体育以及休闲运动所占据的时间比例，往往能够体现人们的生活水平与质量。新中国成立以来，体育事业蓬勃发展，北京奥运会的成功举办也带动了一系列体育产业。随之体育建筑也成为了人们生活中必不可少的活动

场所，体育建筑已经成为人们物质及精神生活的载体，也经常被赋予一个城市或者地区的形象代表。它以何种形态出现，提供什么样的空间，越来越成为世人所关注的焦点[1]。

人们不断追求着更高质量的生活场所，而技术是促进建筑发展的最有利手段。建筑的发展也正处于一个充满着技术创新的激进时代，在建筑技术快速发展的背景下，建筑物的形态与空间都在挑战着以往的传统观念。而建筑的发展在某种程度上也是人类一直与地心引力抗争的过程，大空间大跨度建筑尤为如此。最先进的大跨度空间结构技术往往首先应用于体育场馆中，不断涌现的体育建筑也为大跨度空间结构技术提供了最佳的展示舞台和实践机会。通过人类长期的工程实践，体育建筑在空间、结构、形体等方面都有了质的飞跃，而这些都与材料的运用息息相关。随着体育建筑规模与形式的改变，体育建筑的材料运用有着不断演变的现实背景，材料的创新运用和社会的经济发展、建筑的功能综合、材料的性能挖掘等多方面紧密联系，成为综合的进化系统。

当材料以扮演多种角色出现在建筑设计之中时，它们的使命也来源于其产生的背景。材料在建筑设计中扮演的角色是各个层面上的，例如作为实现手段、传播媒介、表现态度等，随着扮演角色的繁多，材料运用的"矫揉造作"也随之而来。早在 100 多年前，约翰·拉斯金（John Ruskin）这样表达了对材料虚假表现和滥用的憎恶："材料欺骗则更简单……一切模仿都极其卑鄙，绝对不能允许。"在现代主义建筑起始至今，人们对材料的简约一直抱有欣赏的态度，随着生态趋势的呼应，反而成为环境发展观中的共识。长期以来，人们在地球上使用过的建筑材料种类数不胜数，历史上每一次建筑革命都是由新材料的出现而产生的，从天然材料到人造板材，从木结构到钢结构，从石头、陶板到玻璃、瓷砖，建筑师通过多种新型建筑材料的运用，追求建筑内部空间及外部形式的创新和统一，材料的应用始终是建筑设计中的关键因素。

体育建筑的材料运用由表及里，涉及了大跨屋盖、结构支撑、形态表皮、室内装修等不同层面，更因其异于一般建筑的广阔空间，使得大跨钢结构、气枕膜材、复合木材等新型材料得到广泛应用（图 1.4）。可以说，材料的进化应用是和体育建筑空间的拓展相互依存的。而新旧材料的不断创新运用，如果能促进体育建筑的结构合理与空间完善，其必定熠熠生辉；而若是浪费不当，则会使外表再漂亮的体育建筑也暗淡无光。

同时，在建筑中发挥材料的环保节能效应，不仅能够启发建筑师的创意，而且也能体现建筑业工作者的环境意识。世界上 40% 的原材料用于建筑生产，40% 的能源消耗用于修建、采暖、制冷及建筑的运行。而大跨度建筑更是材料、

a)

b)

c)

d)

图 1.4 体育建筑中的多种材料应用
a) 钢结构；   b) 索膜结构；   c) ETFE 膜材料；   d) 复合木材

能源消耗的大户，其设计的经济性与合理性至关重要。当人们将材料运用从单纯的技术层面提升到体育建筑的生存理念，把体育建筑看作一个健康运行的系统时，其材料对自身生态平衡的重要性不言而喻。各类材料的运用在体育建筑的设计及施工方面也受到了更多的重视，人们对材料运用的认知，也逐渐从单纯的技术层面上升到可持续发展的生态探索，使贯穿于建筑全寿命周期内的节约理念同样成为了体育建筑设计的宗旨之一。因此，当代体育建筑中的材料运用已经体现出"精益求精、去伪求真"的理性回归，对材料的选择首先是保证其效能高效精炼，而又能够结合地域及气候体现出自身与众不同的表现特征，在"真实建造"的前提下自然而不做作，彰显出适宜的体育建筑个性。

二、材料建构

对体育建筑设计进行材料运用方面的深入研究，从建筑学所包含的广泛内容上来看，可以总结出具有三个层面上的意义：

（1）对于大跨度建筑，其结构承载形式与所用材料的受力性能紧密关联，不同材料的受力特点决定了大跨结构的自身特征。从某种意义上来看，大跨度

建筑结构形式的每一次飞跃，都是得益于新型材料的创新研发与合理运用。

（2）当代体育建筑的外部形态注重整体统一，简约但富有细节的外观成为体育建筑形态设计的流行趋势。但每个体育建筑又期望展现出不同的地域特征与时代气息。并且，人们已将表皮材料与现代光电等技术相结合，使得体育建筑传统的围护界面上升至丰富的表皮语汇，也孕育着更多的美学解读方式。

（3）创建今后的可持续体育建筑与材料运用息息相关。人们已经认识到，更高层次的节能生态理念，不仅仅是体现在对体育建筑的围护构造系统进行有针对性的节能设计，而是应该将建筑材料的全寿命周期观念贯穿于体育建筑的健康成长过程之中。材料的广义运用包含了对其选择、制造、利用、回收等步骤，材料全寿命周期与体育建筑的全寿命周期成为不可分割的完整体系。

对于前两点，可以从材料的物性及审美层次来看，体育建筑的材料运用回归于建构学的逻辑思维。建筑材料的运用与结构、构造、技术都息息相关，材料的感性之美也延伸于建构学的理性表现。熟悉材料的特性是建筑师的基本功，但很多设计者往往只关注建筑的材质表象，对整个建筑的建构体系不求甚解，造成当代建筑设计的建构失衡与语境缺失。对于大跨度的体育建筑，材料建构的设计策略更是能够体现出结构逻辑的理性回归。同时，体育建筑也有着自己的显著个性，其材料运用可以从由表及里的不同层次进行深入研究。如果在正确的方法指引下，可持续发展是大跨度建筑设计的必经之路，对材料高效能的挖掘和如何节约材料是建筑师们必须所面对的议题。因此，系统地研究各类材料在体育建筑的选择和运用，主要具备两方面的研究意义：

（1）注重材料的真实建构，表里如一。

（2）在全寿命周期观念下的材料节约及充分用材。

首先，"建筑的根本在于建构，在于建筑师运用材料将之构筑成整体建筑物的创作过程和方法"。从"建构"的理论基础上来看，材料是建筑设计的基本组成元素。建构的概念是指在建筑中各种材料以符合建造逻辑的构造方式组合在一起，而"建造的逻辑"就包括材料的特性——受力性能、耐久性、感官特性等，并以此成为构筑结构逻辑和形态逻辑的基石。西方建筑界关于"建构"的研究都十分重视建筑材料与结构、构造之间的关系。另外，建构"tectonic"在许多西方建筑师眼中既为一脉相承的建筑传统，对其理解是贯穿于整个建筑教育及其实践之中的，这种真实逻辑的体现并非为遥不可及的高深理论。

材料通过建构成为建筑，也正是人们对建筑材料进行富有逻辑的物化过程。从建筑伊始，材料就成为宏观建筑系统中的序参量之一，某些建构形式更是材料语言中的经典展现 [2]。建构实体需要通过材料得以表达，而材料的固有属性也是客观存在的自然规律，正如钢材和木材是两种截然不同的建筑材料，若想以"建构"的方式表达建筑，则必须首先掌握其材料特性，才能使结构及构造关系真实反映材料的特性。体育建筑的材料运用同样溯源于建筑学"建构"理论，尤其是其结构材料，例如钢材，其自身最佳的受拉或受压性能决定了受力方式，而受力方式构筑了承载形式，继而发展为系统的结构形态，达成"真实的建造"。

但在当今，建筑界中的许多设计者们沉迷于纷杂的形式语言之中不能自拔，建筑不再关心自身的本体——材料、建构等现实问题。其实"空间"与"建构"是建筑本质发展过程中相互映衬的两个侧面，二者互相促进，空间的发展推动建构的进步，而建构的水平直接影响空间的品质，只是一些实用造型主义的泛滥使建构遇到冷落。因此，人们应清醒地认识到：材料是建筑形式的载体，建筑的表达很大程度上依赖于对建筑材料的灵活使用和组织。在当前"回归本体"的理性潮流中，建构学再度得以提倡，人们的注意力不仅仅集中在空间本身，而更转移到材料上。"材料比空间更容易揭示意义的存在，更易于解码的图示。"材料所具有的丰富肌理、色彩使其更容易为人的感官所感知与把握。设计者将材料运用当作设计的重要起点，已成为当今建筑设计的一种新的思路和方法。

基于这种现实，本书拟从材料建构的真实表达角度，探讨体育建筑创作的发展问题。在体育建筑设计之中，材料结合工程技术，成为直接左右建筑空间与形态的最主要元素。钢材、混凝土、膜结构……用不同的材料和建构方式，其实际空间氛围也会大相径庭。所以，材料的建构方式直接决定着体育建筑的整体品质，使用材料建构的本体回归可以将体育建筑的功能与形式相互统一。而后者同样符合材料的建构策略——以最精炼的材料去构筑最真实的建筑。

再者，当代体育建筑的外部形态重视整体统一，并在节点细部与构造材料上进行创新设计，通过材料语汇来表达体育建筑作为物质载体的文化内涵与空间精神。并且将如何物尽其"材"，在体育建筑中各类材料的运用中重视材料的全寿命周期，通过理性的方式节省材料，以此达到未来体育建筑节能环保的可持续发展的目标。建筑师需要关注材料在生产、运输、施工、建筑使用和拆除全寿命过程中对生态环境的影响。相对而言，材料使用比材料构筑所占的时效更长，因此材料建构要以适应建筑的全寿命周期为宜，才能达到更深层意义的真实。这种对生态可持续的遵循提供了一种新的建构逻辑：人们把握建筑材料与结构形式及空间形态的统一关系，充分挖掘材料在建筑全寿命周期中的效能，使其在体育建筑的生命旅程中做到精炼、节约、高效，并引发符合可持续

发展的美学意义，这才是体育乃至大跨建筑设计的永恒之道。

　　本书所关注的"物尽其材，材尽其用"是研究体育建筑材料运用的更深层次意义所在。随着时代发展，体育建筑的设计及实施已经表现出大量采用可持续发展策略及注重绿色生态效应的实践作品。在当今及以后的体育建筑中，如何在体育建筑的全寿命周期内将材料充分利用而减少浪费，满足体育建筑最基本的功能使用，通过材料表现出建筑结构及形态，以及将材料运用在可持续发展策略之上，这些均具有重要的理论和实践意义，能够较为全面地反映出当代体育建筑材料运用的完整内容。

第二节　体育建筑的显著特征

　　随着技术进步和观念更新，体育建筑设计的发展可以说已经经历过数代，大型赛会的体育建筑，因为其在城市公共生活中的显要地位而吸引众多的眼球和目光，并且大型体育建筑往往承载了建造者们众多层面上的期望。许多体育建筑将体育运动与娱乐产业、办公、商业融为一体，打造出积极的城市公共空间风格，例如洛杉矶的 STAPLES CENTER 体育中心（图 1.5）。这种发展趋势使得大量体育建筑成为集体育运动、商业会展、文化娱乐于一身的新型文化

图 1.5 洛杉矶
STAPLES CENTER

交流中心。体育建筑功能综合化不仅拓展和延伸了自身的生命力，也成为许多城市和地区发展与更新的动因所在 [3]。

同时，人们也不难看出，许多大型体育建筑都是在一定时代背景及国家政治要求下产生的，为了做到形象上的标志性效果，这些大型体育建筑趋向于表达出引人眼目的视觉效应，而并没有做到材料最大程度上的节约利用，甚至在耗费了大量资源之后反而对社会及环境产生了负面的压力和影响。而随着群众运动的普及与开展，与其相匹配的大量社区型和综合性体育建筑却难以得到有效的提供。因此，体育建筑就算承担再多的目标与期盼，其自身也应该处于良性循环的轨迹之中，必须要重视设计的理性出发点和可持续发展理念。统一来看，当今及未来的体育建筑经过几代发展，其发展趋势在结构体系、形态表现、地域特色及生态可持续等几个重要方面逐渐体现出明显的特征。

一、结构技术精炼

近百年来，包括体育建筑在内的大跨空间结构在全世界范围内得到越发广泛的普及。高强度结构材料与高新技术的广泛应用促进了人们对大跨度空间结构的更高需求。大跨度结构的一个共同的特征是：跨度越来越大，自重越来越轻，设计者采用新结构体系与轻质高强材料及新技术，尽可能采用先进的结构体系，并且施工安装更为快捷、简便。在确保工程安全性的前提下注重工程的实用性、经济性，且使建筑与结构和谐统一。

体育建筑的结构体系，主要体现在其大跨度屋面，体育场巨大的悬挑罩棚及体育馆的大跨屋顶都是体育建筑设计中的重中之重。传统的体育场馆在技术和材料的制约下，其结构体系往往耗费较多的材料，在为体育建筑塑造"钢筋铁骨"的同时，也不由得使其具备了沉重笨拙的躯体。而在当代大型体育建筑的大跨结构中，结构体系在不断得到发展，从传统的钢架、网架，到拉索、膜结构，再到索穹顶等混合结构，设计者们一直在不断探索体育建筑大跨屋面最佳的受力方式 [4]。同时，钢、膜、索成为使用最为频繁的结构材料。设计者充分挖掘材料的受力性能，并利用它们之间的混合运用也成为精炼结构体系的发展趋势。例如刚柔并济的大跨度建筑屋面的混合结构，其承力方式清晰明确，并节约了许多大跨度建筑中的用材量（图 1.6 ）。

因而，结构技术的运用对于常规建筑而言只是合理与否的问题，但对体育建筑来说则经常意味着能否成立和经济可行的关键。体育建筑的空间与形态都依赖于稳固的结构体系。结构技术的精炼，以及高超的建造及施工技术，保证

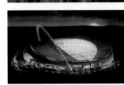

图 1.6 大跨度建筑屋面的混合结构

了一座座先进的体育建筑得以顺利实施。由于造价、施工、选材等多方面的制约性，结构理性在体育建筑创作中可以说具有绝对的话语权，精炼的结构技术作为空间与形态的物质载体和基础，也使得结构材料的重要性更为彰显。

二、形态表现丰富

以往，体育建筑因其体量的单纯和超尺度，一度成为崇高感和纪念性的代名词，又因其单一竞技功能与大众日常生活的超然距离，往往成为城市生活中庞大而冷冰冰的雕塑。随着结构技术的发展与多元化审美的需求，体育建筑的外部形象也由厚重的呆板造型转而去创造自在流畅的轻松氛围，各类造型生动有机且别开生面。建筑师们更加趋向以完整的形体和精致的细部来塑造出丰富的形态，并且在各种形态表现中都重新审视了理性逻辑与感性创意的结合，力求真实反映出体育建筑内部空间与外部形态的"表里如一"。

具体而言，建筑师们在遵循功能要求与结构体系的构筑基础上，以几何生成、地形融合、肌理展现等多种表现途径，为当代体育建筑塑造出力与美相交融的外部形态。随着建筑理念与实践的多元化发展，可以说整合简约的基本几何和扭转变异的异形形态都成为了当代体育建筑外部形态的表达意图。但从整体发展趋势来看，体育建筑依旧会遵循其结构体系的理性逻辑，避免华而不实的形体堆砌[5]。在今后的体育建筑形态表现中，设计者们更倾向于在理性的结构体系上表达富有韵律而变化的形态关系，从而体现出：以基本几何原型上的拓扑生成和形变来塑造整体外观（图 1.7）。并且，体育建筑的形态设计更注重与其整

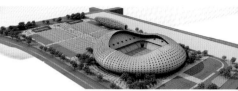

图 1.7 由基本几何形拓扑变化而成的体育建筑形态

体环境的融合,并逐渐重视其围护表层上的细节设计,使其形态更富有宏观整体和微观细节之美。

随着各类审美观念的不断冲击,传统而纯粹的几何形体已经不能完全代表体育建筑的形态表现趋势。设计者通过先进的技术支撑与丰富的材料运用,使得当代体育建筑表现出大量自由流畅的曲线及异形形态。这些曲面异型的建筑形态,首先具有极为强烈的视觉冲击和信息传达,同时也成为审美思潮中改造自然力量的象征和人工雕琢痕迹的技术展现。并且,由于参数化设计的逐渐普及,这类"流体雕塑"般的体育建筑越发展现出一种看似无规律的、自由变化的曲线形体,突破了以往体育建筑造型中的种种传统形式美法则,其非对称的曲面和无序的流线性元素也表达出充满未来气息的视觉感染力。许多当代体育建筑的形态设计已趋向于自由流转或生态有机的表现方式,其新颖奇异的外部形态甚至充满着未来的科幻感。例如英国建筑大师扎哈·哈迪德所设计的伦敦奥运会游泳馆、日本国家体育场方案等等,都运用了参数化设计中的塑形理念和方法,表现出了超现实主义的建筑形态(图 1.8)。

三、地域特征鲜明

建筑的地域性,一直是设计者们广为关注的议题,但广义的地域性通常涵盖着几个方面:人文、环境、地形、气候等多个条件,而不仅仅是以某种地域

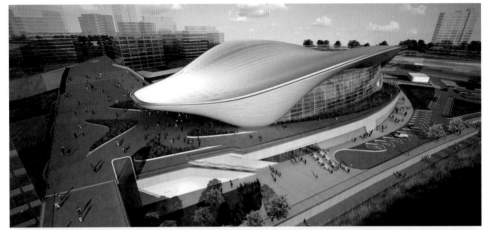

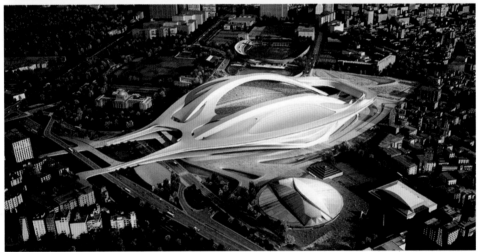

图 1.8 哈迪德设计的体育建筑充满了非线性的动态形态

符号或地方元素来进行片面的界定。一个优秀的建筑设计方案，应该从更为全面的角度去挖掘地域性的要素与特征，从融合当地人文历史、契合自然环境等诸多因素的角度着手，将这些素材和约束潜移默化作为设计中的灵感。这对于建筑师在观察、思考、创新等方面的能力是一个巨大考验。"融入环境"、"地域因素"，这些词汇应当贯彻在设计过程的始终，反映到设计的方方面面。最后呈现在人们面前的不仅是对建筑形态的感知和对建筑空间的体验，更是对当地环境与文化的一种解读。

从影响体育建筑创作的自然环境要素来看，主要有自然光、雨、风、雪、温度和地震等气候因素，以及地形地貌等场地环境因素。本文认为对于体育建筑，首先应将地域气候作为其地域性表达的首要决定因素。当今许多的体育建筑在建筑形态及材料运用上千篇一律、设计雷同，建成的克隆般作品必定在不

同的气候特征下表现出功能使用上的极不适应。对于体育建筑来说，采光、通
风及热交换是人们在使用时的主要反馈感受。例如，在我国南、北方的冬季，
使用者对体育建筑的要求各不相同，南方希望通风良好，而北方则更注重室内
保温。因此，地域性气候已经成为当代体育建筑设计中决定材料选择和运用的
基本要素，丰富的材料运用也能对应并适宜于不同气候特征（图1.9）。反之
材料的选择，决定了体育建筑的"身体"在其相对永久的生活地域上是否健康
成长。

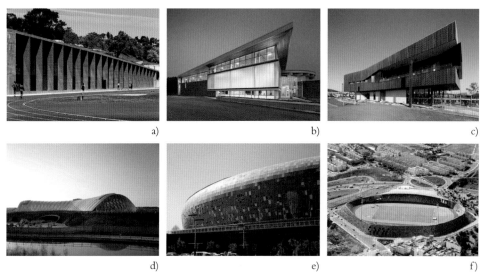

图1.9 体育建筑中的丰富材料可以对应于不同的地域气候特征
a) 砖材；b) 玻璃及聚碳酸酯板；c) 复合木材；d) 膜材；e) 金属板材；f) 天然石材

　　在满足地域环境与气候的自然因素基础之上，体育建筑所要表达的社会性
地域信息也十分重要。体育场馆一般体量巨大，地处开阔场地，因此造型标志
性强，建筑功能和性质相对明确。同时，大跨体育建筑又具有结构技术施工难
度大、建设周期长、运营难度大等困难。其策划与建设关乎整个城市地区的经济、
政治、文化、科技等各方命脉，需要区域经济、结构、技术及资本等物质文化
基础的协同支持。作为城市大型公共基础设施，体育建筑还受到社会经济状况、
融资模式、体育产业体制、社会民主进程以及政治因素等时代特征的影响较大，
能敏感、突出地反映当时当地的区域经济水平、生活方式和审美情趣等。因此，
体育建筑还承载着众多地域文化信息，其地域文化特征在很大程度上也通过地
域性材料而着重表现。

　　并且，体育建筑都有着较长的使用年限，如果设计者让体育建筑从各个方

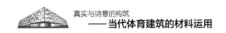
面都能适应当地的地域特征，其无疑更具有持久的生命力。例如，建造者如果能够因地制宜，就地取材，高效利用当地资源与材料，最大程度地适应当地气候的要求以达到舒适的目的，如此不仅解决了物质层面的需求，同时还赋予本土建筑以鲜明的地域特点。因此，体育建筑的地域性作为设计的决定因素，需要建筑师不断地根据此时此地的具体条件去主动探索，使得体育建筑更倾向于自然法则和与地域性实践的完美结合，而不单是被动地借鉴或套用经典形式的程式化操作。

四、节能生态趋向

作为设计的目标之一，体育建筑的节能减耗已经不能仅仅只是停留在方案阶段时的承诺，而是必须成为左右体育建筑系统发展的决定因素。建设中所消耗的高能耗及高成本等问题逐渐成为困扰体育建筑系统发展的"短板"。当住宅等常规建筑均符合标准化节能标准的时候，以体育建筑为代表的大型公共建筑却一直都以形象为重的名义大量浪费资源和材料，成为建筑界资源利用的最大漏洞。在它们光鲜的形象背后，往往是高成本的付出和不可持续发展的一时之计。鉴于人们对体育建筑环境复归自然和健康节能的期望，以节能和环保为初衷的生态理性与体育建筑的结合可以说是"双生互动"的必然结果。生态观念逐渐成为体育建筑的创作生长点，生态性的表现不仅是受限于一些技术的机械堆砌，而是应该基于整体生态构思的优化组合，以生态理性与结构理性的联合，最终营造出宜人的体育建筑内部空间与外部环境[6]。

技术在创造人工环境的同时，很大程度上也造成了对原有环境的隔绝，甚至破坏了原有微环境中的生态平衡。例如，体育馆的封闭围护界面在抵制不利气候的同时，也屏蔽了大自然的有益生态元素。各种高新技术当经历过种种"高代价、低效能"的节能方式之后，体育建筑的节能生态趋向主要表现出更为理性的实施方式，人们希望将技术作为以合理代价的节能技术来结合地形环境和地域气候，创造出体育建筑的综合环境适应力，这种对环境的负责态度也更使得体育建筑获得了更持久的生命力。体育建筑也越发趋向于利用自身的地域气候和地形环境特征，以"低技派"的适宜技术来解决节能问题。

图 1.10 中的法国某体育馆，基地周边绿化茂密、风景优美。其外部形态并不追求形象上的耀目和另类，而是首先利用地形内局部的高差，在视觉上弱化体育馆的体量，并在其屋面上设计覆土及绿化层，使得体育馆融入于整个场地的宜人环境之中。屋顶绿化可以使馆内的冷热交换在不利用空调装置

的状态下就达到适宜效果。在围护材料的选用上，以当地盛产的石材和木材为主，在局部涉及采光面的部位，利用简单的聚碳酸酯板使得自然光线得到有效的利用，既可节约人工光源的能耗，又可以创造出朦胧柔和的室内效果。并在精炼简洁的钢网架屋面上设置了空气交换口及可采光导体，在建筑立面通过采用自动开闭式换气天窗进行自然通风，在南侧挑檐上安置太阳能电板等节能技术，创造出了融入整体环境，并可以充分利用自然能源的生态型体育建筑（图1.10）。

图1.10 运用生态技术的体育建筑

可以看出，体育建筑的生态节能趋向强化了应对生态问题的整体性设计理论与实践。这种技术与环境的整合代表了体育建筑极其潜力的可持续发展方向，对材料的选择也是趋向于对环境适宜和亲切的友好态度，使体育建筑更为自然地融合于整体环境。

趋向生态节能的设计策略，也和体育建筑经济可行的建造策略息息相关，生态节能不仅仅以友好和低负荷的材料为体育建筑构成了与自然环境更为和谐共生的界面，更是从设计理念上改变了以往体育建筑在工程建设上的铺张浪费。在全球建设注重节能减耗的可持续发展趋势下，避免华而不实的昂贵代价。设计者们也更倾向于根据自身的经济条件来实施最为节约的建造方式。例如，伦敦奥运会的多个场馆都根据其未来功能的可转换性，运用了大量可拆解并再利用的建筑材料与单元配件，以适宜的成本为它们塑造出在其全寿命周期中健康成长的身躯。

而许多中小型体育建筑更是根据自身的建设条件和运营目标，以经济可行方式去构筑建筑主体。这些体育场馆重新审视其营造的根本目的，渴望降低自身的形态反映，以谦虚低调的姿态来适应原有环境，不再追求庞大严肃的体形，而是希望自身以更贴切和适宜的形式融合到城市公共空间与场所之中，而避免在土地中扎入巨大的建筑机器。很多体育建筑貌似简陋，但往往结合最易于获得的资源与材料，或者直接利用自然生态元素进行可持续的节能设计。这样人们可以将更多的资金注入到场地、器材、服务设施等更具实效的方面，使体育建筑真正满足人们并不奢侈的社会生活与运动需求。

第三节　材料运用的实践深化

放眼建筑领域，由于材料技术发展所带来的大量新型建筑材料（如复合塑料、膜材等）已经在建筑设计中得到了很多的实践和运用。新型材料具备着更优越的物理性能，以材料的受力性能提供了更为高效的结构形式，以材料的外观特质表现出更为丰富的美学反馈[7]。而设计者们也重新审视和发掘传统建筑材料的潜力，例如对木材、砖石、混凝土、玻璃、钢材等传统建筑材料进行更多思路的拓展运用。并且，设计者们以"量体裁衣"的适宜技术和材料进行建筑创作，在大量实践中体现出显著的地域性材料特征，同时材料自身节能性能的提升以及多种功能材料在建筑构造中的精炼组合，也为建筑的节能要求创建了坚实的物质基础。

对于庞大的体育建筑，从结构骨架到外观表象，再到节能效应等各方面的发展，无一不紧密关联于所用材料的实践进化。体育建筑设计的发展趋势主要体现在结构技术、外部形态、地域特色、生态节能等方面。而针对于体育建筑的材料运用也有自身的显著特点，更好地促进了体育建筑遵循其正确的发展趋向：材料的受力性能提炼出体育建筑精炼的结构体系；材料的表象肌理表达出体育建筑丰富的美学意义；材料的内涵特质反映出体育建筑鲜明的地域特征；材料的构造设计则能以最有效的方式促使体育建筑达成生态环保的节能功效（图1.11）。

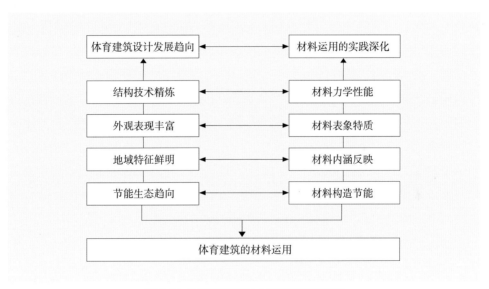

图1.11 体育建筑发展与材料运用对应关系

从图1.11中不难看出，体育建筑发展趋势中的分类特征紧密地指向于其材料运用的具体方向。反之，适当的材料运用一旦经过磨练和实践，也将会成为体育建筑的设计出发点，并逐渐上升至体育建筑设计导向中的准则之一。因而，体育建筑设计的发展趋向与其材料运用的实践深化息息相关，充分掌握材料的各类特征并进行适宜运用，才能够塑造出符合时代要求的体育建筑。

一、材料力学性能

作为结构技术进步的物质载体和基础，结构材料的重要性也更为彰显。"力量在制约中生成"——达·芬奇。对于包括体育建筑在内的大跨度建筑来说，材料的重要性不仅限于给人们带来的视觉传达，其力学性能的地位可谓更为重要。材料的力学逻辑必须借助特定的结构形式才能表达。1999 年在北京举行的国际建协第 20 届代表大会上，弗兰普顿教授在主旨报告中指出："建筑具有本质上的建构性，所以它的一部分内在表现力与它的结构的具体形式是分不开的。"特别是在大跨建筑创作中，能充分发挥材料性能的材料组织形式或者材料的最佳技术形态更是整体构思的主要根据。洞悉材料力学潜力并通过力学逻辑构思立意，这种方式比先验的形而上的创作更具科学性。建筑师与结构师相互合作，通过对结构中力的解析，理性地运用材料，并综合以均衡、比例、尺度等形式处理的建筑演绎，使材料建构成为体育建筑创作的原点。

材料和结构自古以来就像硬币的两面一样互相依存，新材料的出现必然导致新结构形式的诞生，而新的结构形式更使材料的力学特性和表现潜力得到更充分的发挥。建筑史上混凝土的出现使拱券结构如鱼得水，而钢铁的大量使用则促进了桁架、网壳、悬索等大跨结构的发展。B·富勒潜心研究张力杆件穹隆结构，实现了其"压杆的孤岛存在于拉杆的海洋中"的理想，从而别开生面地表现了金属的力学潜力。而 F·奥托领衔的斯图加特学派倡导"形式服从自然力"，可理解为其对现代主义精神的理性阐释和逻辑量化。奥托发明的索网建筑使钢索材料的受拉特性发挥到极致，体现了材料技术的本体美（图 1.12），也逐渐发展为今天的张拉结构[9]。因而，对结构工程材料受力性能不断探索，也一直成为大跨度建筑发展的内在动因。人们也越发根据结构体系中的传力特征进行形态塑造，使得"结构表现"成为体育建筑的重要特征。

结构材料的真实性在许多体育建筑上得到了一贯传承的表现。从现代主义伊始，真实的表达就彰显出建筑结构真实性的反映，即真实表达出建筑材料的力学性能及结构构造，而不是用表面材料去包装它。结构真实性在体育建筑结构美学的表达上尤为凸现，这种纯粹主义美学表达了一种蕴涵在材料背后的技术美的审美趣味

图 1.12 F·奥托发明的索网建筑

（图 1.13）。而真实表达又是一个动态的和相对的概念，从起初材料的本性质感，到随后的力学逻辑，都是真实表达的重要参数，而基于生态的真实表达则是其当代的新注脚。随着认识的进步，人们终将发掘出材料真实表达的更深层内涵。使得材料的特质表现本性，不仅充分表现材料的天然丽质，而且合于其力学特征。

如何发挥材料的受力特长必定是大跨结构选型的重点。从物性概念上来说，大跨结构技术的精炼取决于材料本身的特性，不同性质的材料决定了不同形态的结构承载方式。在当代，大量体育建筑将混合张拉结构逐渐广泛应用，就是要充分利用其不同材料中桁架的受压及钢索的受拉性能，二者共同作用而达到受力的统一。所以材料的表现形式越来越取决于结构体系内在的力学逻辑，建

图 1.13 体育建筑结构材料的真实表现

筑师在准确理解材料受力性能的基础上，艺术地赋予材料恰当的形式，才是当代体育建筑中材料应用的真谛。

二、材料表象特质

毋庸置疑，在当代成熟的公共建筑作品中，无一不注重材料的运用，材料在建筑师们眼中是建筑艺术与现实生活的接轨点，材料的不同特质是其作品与众不同的创作出发点。在大量体育、展览、演艺等大型公共建筑的设计中，虽然定制和装配化的材料（如金属板表皮、石材幕墙等）被大量使用，但设计师们都注重对所用材料进行独到的剖析，重视表达大型公共建筑的自我个性。而这种个性期盼材料的表象特质能够被人们进行最适宜的解读，这就首

先要求设计者对各种材料的本性理解准确无误。例如，膜结构在当代建筑上的使用及发展，即是人们通过对膜材料具体的加工工艺发掘其本身的表现潜力。反之，充满个性的材料特质会使得建筑在材料诗意和材料理性上体现出各有侧重的表达[8]。

体育建筑的外部形态一般都较为规整，并具有较大的表皮面积，相应地也为设计者们提供了绝佳的创作图底。无论是运用整体性的结构表现还是细节中的构件组合，建筑师都可以将体育建筑作为视觉传达的巨大展示界面。当代体育建筑的材料特质随着材料技术的研发与运用不断更新，其材料美学在体育建筑的细部设计上体现的淋漓尽致，不同质感、色彩、纹理、可塑性和硬度的材料在各类体育建筑上展现出细腻的艺术表现力：朴素粗犷的混凝土、晶莹通透的聚碳酸酯板、光亮有力的金属、轻盈透明的膜材……，这些材料作为体育建筑的表象素材，都能以自身的质感肌理耐人细细品味（图1.14）。不同表皮材料之间的合理搭配能够产生出节奏、韵律、虚实对比等视觉效果，并被人们赋予一定的情感及含义。

显而易见，各类材料的质感、肌理和色彩是其塑造建筑形象上最为直接的感官元素，而在体育等大跨度建筑中，材料不仅仅具备物性上的表征传达，还往往体现出结构承载的基本性能。因此，当代体育建筑的美学意义大量体现于材料运用中的结构表现，这种理性与感性的结合使得体育建筑在符合结

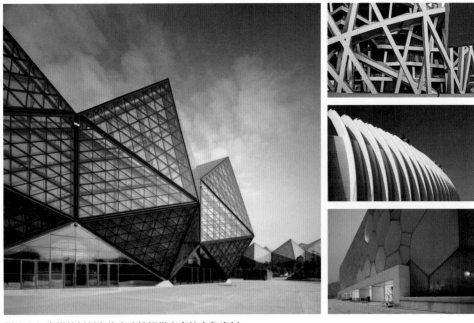

图1.14 多样的材料为体育建筑提供丰富的表象素材

构逻辑的基础上，更为自然地表现出材料的视觉之美。例如，充满力量与质感的混凝土、张拉膜，以及高强钢材等材料，往往表现出体育建筑富有力与美的独有特质。

三、材料内涵反映

材料的内涵掩饰在其丰富的表象之下，人们对材料进行多样选择的信心来源于材料技术的不断发展与应用。材料的表象包括肌理、色彩、质感等多方面的直观物性，但眼花缭乱的多重选择，并不意味着设计者们可以仅以材料的外观去滥用，这种不求甚解的运用只会造成建筑风格的趋于雷同，使建筑沦为被动追赶潮流的肤浅之物。而挖掘材料的内涵更能从非物性的层面来表达材料的建构意义，使得材料的本性避免逐渐丧失。例如，在传统形制所创造出的空间内，人们能以不同的知觉体验和感悟到场所感的建立。而在传统材料所构筑出的建筑中，人们也更能体会到建筑在文化层面上的传承意图 [10]。因而，如果人们能够充分挖掘材料在物性和非物性的含义，就能使得建筑达到表象与内涵表里如一的更高语境。

材料的内涵反映与上文中体育建筑的地域特色是密切相关的，无论是使用当地材料还是适应当地气候，或者表现当地文化，体育建筑的材料运用最终都应该表现出尊重地域的态度。虽然体育建筑的外部形象可以被丰富多彩的表皮材料所填充，但设计者在选择材料时，往往面临着快速建设的项目要求，在形象要求的压力下也放弃了许多更为合适的材料。最终导致很多体育建筑设计不分地域而趋于雷同，表象耀目但缺失对本土文化的深刻表达，人们在初始对它们投入好奇的眼光后变逐渐失去了兴趣，光鲜的外表也逐渐沦为无人关注，甚至衰落。

因而，对于种类繁多的体育建筑，采用类型适宜的材料是表达建筑地域性的理想切入点，也是反映材料内涵的绝佳方式。地域性承载了大量的本土化和非物质文化信息，而源于地域的自发而然是适应建筑的。例如，以当地木材和石材所搭建起的体育建筑，必定给当地的使用者以更为亲切的情感因素，人们在接触与感知这些材料的同时，从内心深处可以体验到当地文化、历史渊源等方面的脉络延续。同时，以适宜性作为选材基准，促使人们在设计之初就缜密思考并细致选用，能够保证在合理与节约用材的基础上又能体现出材料特质，从而融合于广义的地域特征之中。设计者可以将材料适宜性作为一种设计策略与模式，在挖掘材料的深层内涵与情感价值的同时，体现和营造出体育建筑广义的地域性。

四、材料构造节能

"目前世界的能源消耗有 50% 发生在建筑物上，建筑师的责任是有效支配资源，并且落实到改善民用空间（civil space）质量的效果上。"生态节能观念使得体育建筑与环境的协调与融合成为其设计追求的理想。为了给体育建筑设计与运行制订一个可持续发展的目标，体育建筑的生态设计理念会帮助设计者超越单纯的建筑空间与造型设计，以广泛的视野来研究体育建筑设计和未来发展趋势。随着各类节能技术的发展和材料的研发，材料的运用在建筑设计的层面上成为节能减耗的主要控制因子。而对自然资源的被动式利用也成为返璞归真的节能形式而被重新挖掘，但无论是新型材料还是传统材料，其构造系统已经得到了进化和优化，使得传统意义上的功能材料成为今后体育建筑节能生态化的主要物质载体。

随着可持续发展运动的深入人心，材料本身深层的生态意义理应成为当代建筑师权衡驾驭材料的核心标准。以往的功能材料分类较细，但在运用时往往各自为营，难以相互配合，例如防水和保温材料就经常发生矛盾。当单一的材料成为系统组织，其构造层次就由相应的物理功效所确定。因此，在一些体育建筑的围护体系上，经过细致考虑和设计的材料，不仅仅是单一的表层构件，而且成为像人体皮肤一样具有内外能量交换功能的系统组织。

材料的组合和系统化，并不是否定体育建筑精炼用材的原则，材料的复杂组合同样会带来许多方面的新问题，例如成本增高、做工粗糙等，而且许多体育建筑追求自然环境与室内环境的通透与交融，节能问题成为次要矛盾甚至可以被忽略。但许多已建成的体育建筑中，无论何种规模和用途，都要面对恶劣气候的制约，而这时就充分地暴露了体育建筑用材的考虑不周，甚至为了形象选用不适宜材料而导致高能低效的例子也不在少数。例如，白云山下的广州体育馆为了达到夜景中晶莹剔透的效果，用阳光板覆盖整个屋面，但这种材料并不适应南方的湿热气候，导致夏季体育馆室内过热，空调系统的负荷大大增加，反而加重了生态压力；同时，材料本身隔音不力导致噪声过大，破坏了运动氛围（图 1.15）。

相对而言，2008 年北京奥运会老山自行车馆中阳光板的运用更为成熟和理性，其构造层次也更为合理。玻璃天窗下面的屋面板采用智能调光的双层阳光板，在晴天的不同光线环境下，通过调节屋面板空腔内小百叶的角度达到均匀进光的效果；在阴雨天则把小百叶完全打开增大进光量，同时利用双层板间空气隔层内的隔声膜降低雨水撞击声；夜间再把小百叶带有反射涂层的一面朝向室内，

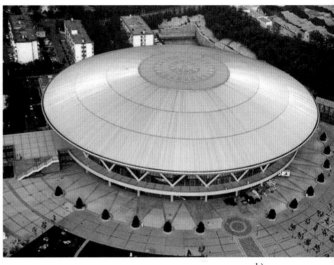

a)　　　　　　　　　　　　　　　　　　b)

图1.15 广州体育馆和北京老山自行车馆都运用了阳光板材料

a) 广州体育馆；b) 北京老山自行车馆

利用其反射灯具的漫射光线来照明，消除眩光对体育运动的干扰。这种构造真实地应对了北方建筑采光与遮阳、保温及通风的矛盾气候逻辑，同时弥补了阳光板自身隔声、隔热的缺陷。可见，随着人们对地域气候因素的重视，设计者会不断利用材料构造的优化组合来达到体育建筑的节能效果。

第四节　当代体育建筑材料运用进展

随着体育建筑的发展与其材料运用方式的逐渐丰富，在国内外，针对于全世界范围内大型体育赛事的场馆需求，一些著名的建筑事务所（如COX、HOK、GMP等）已经形成了很成熟的设计流程，国内一些大型设计院也在不断地探索和实践中，设计出了许多完成度较高的体育建筑作品。在体育建筑广阔的范围与规模之内，设计者可以利用各种方式去塑造合理的空间与适宜的形态，这些体育建筑的成熟表现，都离不开材料的运用，数量众多的单元材料一起构成了庞大的体育建筑，而体育建筑也彰显出材料的细节特征。因而，当代体育建筑材料运用的最主要特征体现于："物尽其材、材尽其用"，力求让微观材料和宏观建筑都在它们的全寿命周期中体现出最大化的价值所在。

在建筑材料工业化制作十分成熟的当代，其建筑体系的选材依靠于成熟的建筑材料制作体系，大量的结构用材经常与材料制造厂商紧密联系，因而大部分体育建筑还是要依靠工业化制作下的大量材料配件来支撑整个建筑体系在计划时间内的建设。但在此基础上，优秀的设计可以尽可能进行节能节材的量化计算，并在结构和围护材料上构思和设计出有特色的细节构件。当代体育场馆的设计趋势是体现简洁，尽量节约材料，永久性体育建筑及构件大都考虑其寿命耐久，尽量减少维修。而临时性的体育设施，则在满足使用要求的前提下考虑材料在其全寿命周期内的可转换性，最大限度地选用可再生或可重复使用的建筑材料。

例如，我国大型体育场馆主体结构材料基本上采用钢结构，或混凝土与钢结构相结合的方式。在北京奥运场馆的建设中，除主体育场和国家游泳中心选择膜材料作为围护材料用材外，大部分新建场馆的围护材料选用金属幕墙、玻璃幕墙和混凝土，传统材料与体现国际水平的先进材料相辅相成，共同构成了成熟的北京奥运场馆材料运用体系。这些材料虽然都已经较为常见，但设计者们还是通过玻璃幕墙、金属幕墙、清水混凝土及其预制品之间丰富的组合方式，为场馆展示出不同的材料特点与建筑风格[11]（图1.16）。

2008年北京奥运会、2010年广州亚运会、2011年深圳大运会……这些国际性运动会的举行，无疑对我国体育建筑的发展都是极大的促进，其中许多新建及改建的体育建筑都邀请了国内外著名的建筑事务所进行设计，可以说在一定程度上是代表了当今世界上

图1.16 各类幕墙材料在大型体育建筑中得到广泛运用

大型体育建筑的发展理念与特征。大型赛会场馆的用材涉及广泛，用量巨大，又必须符合"绿色设计"的长远规划。而这些现实的矛盾是否能够较好地解决，已经在许多体育场馆的运营中体现或暴露出来，其材料运用的利弊优缺，也通过人们的使用感受和时间的磨炼得到验证。

　　相对于我国庞大的人口，加之运动观念的不同，一些体育运动在国外更易于开展和普及。因此，相对于国内较为大型的"事件性"体育场馆建设，在欧美、日本等发达国家，以及墨西哥、克罗地亚等发展中国家都进行了大量中小型社区体育娱乐活动场所的设计，在这些精致的场馆中都能得到较好的日常利用，其内外部空间也基本都体现出了设计者们对材料运用的成熟思考。其运用原则可以总结为：简化高效的结构材料，精致的表皮材料，有利于健康的室内材料。同时，具备节能可持续意义的"生态材料"在体育建筑上得到重视，其节约资源和能源、减少环境污染、避免温室效应和臭氧破坏，以及容易回收和循环利用等特征被人们广为认可，能够实现最少的资源和能源消耗[12]。但是生态环境材料是一个相对动态和开放的概念，在此材料的选择上，不同地区条件不同，合适的标准是因地制宜，因地施"材"。从大量的材料运用实践来看，当代国内外体育建筑所采用的"生态材料"主要体现为木材与膜材。

　　木材具有生态、健康、安全的材料优势，可以成为良好的大空间屋面结构主材。从能源利用、空气及水污染等方面比较，木材对环境的不利影响最小。由于保护环境的意义越来越重要，近些年来，木结构在发达国家如日本和欧洲一些国家又重新得到发展，经过特殊处理的胶合木不但具有耐火性能，还获得构造尺寸的稳定性，能够制作大跨度的直线、曲线或拱形构件，因而在当代的大型体育建筑中也同样成为有利于环保的新型建材。例如日本长野奥林匹克体育馆、挪威利勒哈默尔冬奥会速滑馆、英国伦敦自行车馆等大型体育场馆的主体结构和围护材料也都采用了当地的木材。而用膜材做结构体系及围护材料，可以减少建筑自重、加快施工进度、降低成本，而且还可以重复利用，较混凝土等传统材料更为环保。并且膜材在外部形态上往往可以将屋顶与墙体围护部分合二为一，简洁的形体加上通透的表皮，配合现代的照明技术，可以创造出建筑通透轻巧的视觉效果。并且，木材与膜材相互结合的建造实例，也在更多的在小型体育建筑上得到展现，使得体育建筑以更为可持续发展的姿态面向环境（图 1.17）。

　　所以，在当代的体育建筑实践中，善于思考的设计者们不会完全对已有的材料和技术按部就班，而是在材料制造厂商与施工方的配合下，越来越多地尝

图 1.17 体育建筑重视于生态材料的良好运用

试在设计中通过运用更具创新性的轻型结构，减少材料使用量，或使用一些诸如纤维结构屋顶等材料，以减少其制造过程中碳量的排放。在外观上，设计者则十分注重在体育建筑的整体形态上表现细节，摒弃以往材料拼贴和堆砌所达成的外表装饰性，而是大量的利用当代材料自身的视觉特征，在日光与或人工照明下产生丰富的质感、肌理等效果，并利用多样性的技术手段来创造出媒体化的信息传播。这样，"以提炼材料来精炼结构和细致表达"的概念成为体育建筑中的设计指引；同时，材料运用在体育建筑中的"内容"（物理性能）与"形式"（表现特质）就都达到了真实的统一。

▚ 第二章
体育建筑材料的
分类与运用

不管我们用什么种类的材料来建造建筑，我们的主要目的是在建筑与材料之间寻找一个特别的相遇，材料是在诠释建筑……

——赫尔佐格 / 德梅隆

当今的建筑设计理念众多、表达万象，但成熟的工程作品都体现出建筑师及制造者对其运用材料的成功掌控，这也是一个设计成功与否的关键评判所在。体育建筑不能脱离新的技术，而技术是以众多种材料作为物质支撑的，对体育建筑内外部空间进行探索的进程，也是对各种材料内在物质特性的研究过程。各类材料按部就班、由表及里发挥自己的功效，好比人体中的骨骼、皮毛，甚至是血管、神经。从体育建筑初始的混凝土、钢材等的单一取材，到如今结构体系上的刚柔混合用材、大跨屋面上的新颖膜材、围护表皮上的复合板材等，多类材料所反映出的良好运用，成为体育建筑不断发展的时代印记。

第一节　建筑材料的类型与发展

　　无论是容纳数万人规模的庞大体育场，还是一个临时搭建的建筑装置，任何构筑物都不能脱离以材料作为构建素材。任何建筑创新也总是以一定的建筑材料和建筑技术为基础的，材料的发展与技术的进步对于建筑结构及形态的发展具有强大的促进效能。熟悉建筑材料的基本知识、掌握各种材料的特性，也是设计者们进行工程设计、研究和管理的必要条件。作为人类各类建造活动的物质基础，建筑材料的运用涉及设计、施工、经济等多方面，贯穿于建筑产品的整个生产及运行过程之中，建材质量直接影响着建筑物的安全性和耐久性，它的费用所占建设项目的比例很大，也直接决定着建设项目成本的高低。因此，建筑材料的全寿命周期成本控制是今后建设项目体现节约原则的重点内容。而从宏观的发展角度来看，适度的材料开发与运用，适宜的选用地域性生态材料，是进行建筑可持续发展的必经之路，也是人们对资源日益缺乏的地球家园的尊重。

一、传统建材的分类与构成

　　随着世界上物质生产力的巨大发展，当代建筑材料的类型可以说是眼花缭乱，科学技术上的不断进步也使得复合及人工材料的种类日益丰盛，但材料的最终构成物质都来源于自然界中的各类基本化学元素。按照材料基本的化学构成，可分为无机材料和有机材料以及复合材料三种[14]（表2.1）。

表2.1　建筑材料的化学构成分类

无机材料	天然石材，如大理石、花岗岩等
	陶瓷和玻璃，如砖瓦、卫生陶瓷、平板玻璃等
	无机胶凝材料，如石灰、石膏、水玻璃等
	砂浆混凝土，如水泥、砂浆、水泥混凝土、人造大理石等
有机材料	木材，如针叶树（松柏）、阔叶树（水曲柳、榆木）等
	沥青，如石油沥青、煤沥青等
	塑料，如聚乙烯塑料、酚塑料等
	涂料，如聚乙烯塑料、油漆、丙烯酸脂涂料等
复合材料	金属与非金属复合材料，如钢筋混凝土、钢纤维混凝土等
	有机与无机复合材料，如聚合物混凝土、沥青混凝土、玻璃钢、碳纤维等

由于建筑材料的种类繁多，非专业的人士较难分清不同材料中的化学构成。而人们对于常见建筑材料的认识，往往来自于其在建筑物上的应用部位以及其材料功效的反映。根据这种原则，人们可以将材料更为简明易懂的分类为结构材料、围护材料和功能材料。这种分类也同样适用于本书中对体育建筑所用材料的基本类型（表2.2）。其中，结构材料主要包括砖、石材、钢材、钢筋混凝土、木材等（图2.1）；围护材料的范围更为广泛，包括石材、砖、空心砖、钢材、木材、加气混凝土、各种砌块、混凝土墙板、石膏板及复合墙板等；专用的功能材料指用于防水、防潮、防腐、防火、阻燃、隔声、隔热、保温、密封等方面[15]。

表2.2 按应用部位分类的建筑材料

分 类	定 义	实 例
结构材料	构成基础、柱、梁、框架、屋架、楼板等承重骨架的材料	砖、石材、钢材、钢筋混凝土、木材等
围护材料	主要构成建筑物外部围护作用的材料，同时展现建筑的形态与外观	石材、砖、空心砖、钢材、木材、加气混凝土、各种砌块、混凝土墙板及复合墙板等
功能材料	在建筑构造中，不作为承受荷载，但具有某种特殊物理功能的材料	绝热材料: 膨胀珍珠岩及其制品EPS XPS板等;采光材料: 各种玻璃及阳光板等;防水材料: 合成高分子卷材等

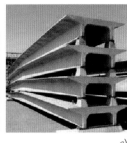

a)   b)   c)

图2.1 常见的几种建筑材料类型
a) 钢材；b) 木材；c) 钢筋混凝土

二、当代建筑材料的发展趋势

建筑材料与当代建筑的工程质量、经济造价、环境效应等问题息息相关，大型公共建筑的工程设计与施工逐渐形成成熟的规模，预制化与定型化的材料运用将贯穿整个工程建设，而土木建筑工程成本的 30%~50% 是材料，降低工程造价可以说是每一个投资主体的愿望，但节省材料的根本意义在于对自然与社会资源的节约。由于土木建筑工程对材料的巨大需求量，建筑材料的生产与使用不仅要考虑建筑材料本身消耗的资源、能源要少，对环境的影响较小，而且还要担负起吸纳固体废弃物的环境治理任务，因此当代建筑材料的发展的主要趋势在于：定制化与生态化，并且在材料的全寿命周期内达到最有效的利用。

首先，大型公共建筑的设计，在形态上越发表现出整体而富有细节的趋势，而这些良好特征的持续性基于材料的质量。大型公共建筑的设计方法也决定了材料运用的方式。随着计算机辅助设计的不断推广，在科学计算中进行建筑结构优化与形态生成成为实现理性公共建筑的主要途径，当结构与围护材料经过缜密的计算与归纳，大型公共建筑的主要构筑材料往往凝集为具有规律的大规模构件产品。无论是结构骨架还是外观表皮，这些产品都通过制造厂商与设计方的配合，在厂家大量预制生产，并以最便捷的安装方式提供给施工方。从而也建立了材料生产建设的专业化流程，将材料的运用不仅仅限于被动的选择，而是将材料的设计、定制、装配与施工多个方面相互结合，构成统一完整的材料运用体系。

另外，新型建筑材料的发展在当代如火如荼，其主要特征在于：轻质、高强、环保。许多新型建材可以显著减轻建筑物自重，为推广轻型建筑结构创造了条件，推动了建筑施工技术现代化，大大加快了建筑的建设速度，也使得建筑功能得以扩展，满足人们更高的审美要求。新型材料也始终朝着绿色生态建材的方向发展，人们可以通过提高传统建筑材料的环境协调性，利用新的材料技术来发展新型的生态建材 [16]。

再者，材料在其寿命周期中的高效利用，已成为建筑策划和设计中不可回避的重要概念，其制造、运输、使用、再利用的过程强化了材料运用的系统理论。而建筑系统的全寿命周期概念，给了建筑师们重新审视建筑与其所处环境关系的崭新视角。它向人们展示了建筑作为一种工业产品从产生、运行到消亡的过程中对生态环境所负有的责任。这也是作为建筑设计决策者的建筑设计师们不能推卸的责任。

因此，作为建筑性能决策者的建筑师，有义务将在设计阶段预测并减少建筑系统寿命周期的输入输出，从设计上统筹安排，综合节能，并尽可能使用在寿命周期中经久耐用的建筑材料、设备产品，以延长建筑的使用寿命，减少建筑全生命周期中建筑对环境产生的负荷，实现建筑可持续发展。建筑的生态化趋势最终将会落到物质层面上的材料运用，如何发挥材料在其寿命周期中促进建筑寿命周期的健康运转，是今后建筑设计的重任，也是包括体育建筑在内的大型公共建筑必须重视和面对的问题。

三、体育建筑材料运用的分类

与其他大型公共建筑相似，体育建筑中新技术和材料的运用所传达的信息也早已远远超越其建筑本身，在某种程度上代表了一个国家的生产力和技术水平。因此，大型体育建筑的材料运用也在大量使用和精益求精中面临抉择，而巨大需求量的混凝土、钢材等材料基本上是不可避免的。人们面对巨大的材料消耗，尽量在材料选择上做到环保利用，并且以逐步成熟的新型材料展示每一个成功的建筑项目。例如，"水立方"的 ETFE 膜材料、北京奥运射击馆的特殊吸声材料、国家体育场等场馆的新型预制混凝土等，这些都表现出了当代大型体育建筑中以新材料与技术达到节能环保的愿望。

相对于庞大的大型体育场馆而言，很多中小型的体育建筑也有着不同的材料运用理念与方式。随着城市空间的拓展和人们生活方式的改变，其形式逐渐向融合于城市环境的综合活动中心发展。虽然功能综合化的发展趋势使得体育建筑形态向着简约但更为精致的方向发展，但各类材料的综合性运用更为广泛，结构与表皮材料的灵活运用也为体育建筑塑造了更为丰富的空间与场所。

对于相对耗材巨大的体育建筑来说，其材料选择与运用，在保证安全、经久耐用的同时，必须兼顾材料使用的经济性和环保性。并且，无论是追求精致还是粗犷的表皮，设计者都应正视大跨度结构与空间的理性特征。体育建筑中各种材料的运用和一般建筑具有相似点又有自身的显著特征，其大跨度屋面系统也具备了显著的材料构造特征。总体而言，体育建筑可以按照由里及表的骨架层次来划分，具体分为结构承载材料、围护表皮材料、功能及装饰材料，如图 2.2、表 2.3 所示。

从图 2.2、表 2.3 中不难看出，结构材料为体育建筑塑造着强健的"身躯"与"骨骼"，围护材料为体育建筑构筑出悦目的"肌肤"、"容颜"甚至"表情"，具有节能功效的功能材料保证着体育建筑在环境中的"健康"成长。而对于保证人体健康和适应建筑物理环境的众多室内装饰材料，与大量公共建筑具有通用性，本书不作为主要研究内容，将其主要分类列于表 2.4 所示。

图 2.2 不同功效的材料展现

a) 保证建筑安全的结构材料； b) 展现丰富形态的围护材料；c) 创造室内环境的功能材料

表 2.3 体育建筑的基本材料分类

类　别	运用功效	运用部位	运　用　材　料
结构承载材料	结构支撑	基础	钢筋混凝土
		柱、梁等	钢管混凝土、高强钢结构、钢木材料等
		看台、楼梯等	预制混凝土、钢架等
	大跨屋面支撑	屋面部位	钢管桁架、张拉钢索、膜结构、木结构等
		悬挑部位	钢材、索膜结构
		雨棚位置	钢结构、膜结构

类 别	运用功效	运用部位	运 用 材 料
围护表皮材料	屋面表层	围护部分	钛锌板、铝镁锰合金锁边屋面板、聚碳酸酯板、薄膜等
		采光部分	玻璃、聚碳酸酯板、金属穿孔板等
	墙面表皮	围护部分	金属板、膜材、混凝土及石材、木材、干挂陶板等
		采光部分	玻璃幕墙、聚碳酸酯板等
功能及装饰材料	保温隔热	屋面部分	玻璃丝棉、挤塑聚苯乙烯泡沫塑料板等
		墙体部分	膨胀珍珠岩及其制品 EPS XPS 板等
	声学吸声	屋面部分	木质纤维吸声板等
		墙体部分	穿孔铝板吸声墙面等
	室内隔断	天花吊顶	高密度玻棉板等
		隔墙分隔	木质纤维板、石膏板等

表 2.4 体育建筑室内装饰材料的基本分类

种 类	品 种	示 例
吊顶装饰材料	塑料吊顶板	钙塑装饰吊顶板、PS 装饰板、玻璃钢吊顶板、有机玻璃板等
	木质装饰板	木丝板、软质穿孔吸声纤维板、硬质穿孔吸声纤维板等
	矿物吸声板	珍珠岩吸声板、矿棉吸声板、高密度玻璃棉吸声板、石膏吸声板、石膏装饰板等
	金属吊顶板	铝合金吊顶板、金属微穿孔吸声吊顶板、金属箔吊顶板等
隔墙装饰材料	墙面涂料	墙面漆、有机涂料、无机涂料、有机无机涂料等
	墙纸	纸面纸基壁纸、纺织物壁纸、天然材料壁纸、塑料壁纸等
	装饰板	木质装饰人造板、塑料装饰板、金属装饰板、矿物装饰板、千思板、穿孔装饰吸声板、植绒装饰吸声板等
	墙布	玻璃纤维贴墙布、麻纤无纺墙布、化纤墙布等
	石饰面板	天然大理石饰面板、天然花岗石饰面板、人造大理石饰面板、水磨石饰面板等
	墙面砖	陶瓷釉面砖、陶瓷墙面砖、陶瓷锦砖、玻璃马赛克等
地面装饰材料	地面涂料	地板漆、水性地面涂料、乳液型地面涂料、溶剂型地面涂料等
	木、竹地板	实木条状地板、实木拼花地板、实木复合地板、人造板地板、复合强化地板、薄木敷贴地板、集成地板等
	聚合物地坪	聚醋酸乙烯地坪、环氧地坪、聚酯地坪、聚氨酯地坪等
	地面砖	水泥花阶砖、水磨石预制地砖、陶瓷地面砖、马赛克地砖、现浇水磨石地面等
	塑料地板	印花压花塑料地板、碎粒花纹地板、发泡塑料地板、塑料地面卷材等
	地毯	纯毛地毯、混纺地毯、合成纤维地毯、塑料地毯、植物纤维地毯等

四、体育建筑材料运用的调研

为了更准确地了解体育建筑材料运用的实际情况，作者先后对国内不同城市中的较新建成的体育建筑进行了调研。根据调研对象的规模与定位，主要分为以下三个类型。

（1）可举行国际赛事的大型体育场馆。这类体育建筑基本上都是为了满足国际赛事而专门兴建，规模庞大，用材量极大，施工要求也很高。并且，这些大型场馆往往被冠于"地标"的名号，因此在结构体系、外观表象、材料运用等方面也体现出更多的特色，但同时也相应地会暴露出一定的弊端和问题。

（2）满足一般比赛要求的中小型体育馆。这类中小型体育场馆在每个地区更有代表性，具有较高的利用率。一些场馆从形态上也成为了所属地区的象征之一。并且，大量的高校型综合体育馆与中型城市体育馆在形态及规模上具有相似性，其以往在服务对象、运营管理等方面的差别也随着体育建筑更为全面的发展理念而相互整合，因此在本书调研中基本归为一类。

（3）提供运动场所的社区活动中心。一些类似社区活动中心、运动综合体的体育设施，其功能更为贴近大众在日常生活中的运动需求。随着大众对体育场所高利用率的渴望，以及体育建筑自身"瘦身"的要求，这类公共设施在一定程度上反而会成为今后体育建筑的发展重点。虽然其形式较为简单，但其精炼的用材特征更为符合体育建筑以适宜成本构筑运动场所的本质要求。

同时，这些体育建筑分别位于北京、西安、上海、广州、深圳等城市，其南北气候特征迥异，地方材料也有所区别。因此，对这些城市中的体育建筑进行材料运用的调研，可以较为客观地结合我国的气候及地域特征，对不同材料的热工性能进行评判与对比。

在确定了调研对象之后，作者将所进行的调研内容分为两个主要部分，希望分别从设计者和使用者的角度来进行调研，以此来获得更为全面与客观的信息反馈。

第一部分：调查者首先进行体育建筑的规模、尺度、功能、外观等方面的基本调研，根据其规模及种类进行分类。调查者深入了解体育建筑的各类材料运用及构成，将其主要分为结构材料、围护材料、装饰装修材料三个部分，并特别注重对大跨屋面材料的调查，以此"由表及里"的对体育建筑结构、形态、表皮、装修、造价等进行较全方位的调研与了解（表2.5）。

第二部分：针对于体育建筑的主要使用者，进行访问及问卷调查，其中每个体育建筑项目的调查问卷不少于30份。在体育建筑运营或空置期间，随机

表 2.5 对体育建筑项目材料运用的主要调研内容

调研项目 建筑名称	规模尺度	大跨屋面 结构形式	主要结构 及屋面材料	围护表皮材料	主要节能技术 和材料
1 大型体育场馆					
深圳龙岗大运 会体育场	130 000m² 60 000 座	单层折面空 间网格结构	混凝土看台、 钢结构屋面	聚碳酸酯板、 浅绿色钢化夹 胶玻璃幕墙	板材中空夹层 形成通风
深圳湾"春茧" 体育中心	总面积达到 336 000m²	异形钢结构 空间网架	混凝土看台、 金属屋面系统	单层铝单板、 夹胶玻璃、聚 碳酸酯板	EPS 挤塑聚泡 沫塑料板
内蒙古鄂尔多 斯东胜体育场	86 000m² 40 000 座	可开屋盖斜 拉索悬挂空间 钢管桁架	固定钢屋盖、 局部可移动膜 结构	白色冰裂纹 再造石装饰混 凝土挂板、玻 璃幕墙	可开启屋面 PTFE 膜材
广州亚运会综 合体育馆	65 000m² 6 200 座	空间组合钢 结构桁架	钢筋混凝土 框架结构、金 属屋面系统	耐候不锈钢压 花幕墙板、不锈 钢屋面装饰板、 玻璃幕墙	玻璃纤维保温 棉、保温岩棉
广州罗岗国际 体育演艺中心	总面积达到 120 000m² 18 000 座	大跨度双向 主次平面型钢 桁架	钢筋混凝土 框架结构、金 属屋面系统	浅灰色阳极 连续氧化铝板、 玻璃幕墙	酚醛保温板、 LOW-E 中空玻璃
上海东方体育 中心综合比赛馆	8 900m² 18 000 座	空间钢管钢 桁架结构	钢混框架结 构、金属屋面 系统	银白色氟碳 喷涂铝合金板、 中空玻璃幕墙	LOW-E 中空 玻璃
广州大学城亚 运自行车比赛馆	26 000m² 18 000 座	局部双层椭 圆球面网壳	钢混框架结 构、金属屋面 系统	铝镁锰屋面 板、约束桁架、 装饰铝板	加气混凝土砌 块、LOW-E 夹 胶玻璃
2 中型体育馆					
西安泾渭工业 园体育馆	8 900m² 2 400 座	单层球面网架	钢混框架结 构、铝锰镁金 属屋面系统	干挂空心陶 土板、隐框玻 璃幕墙、装饰 金属折板构架	XPS 挤塑聚泡 沫塑料板
上海同济大学 游泳馆	4 500m²	张弦梁与拱 形桁架结合	钢混框架结 构、金属屋面 系统	陶瓷刮板及 波纹状陶土面 砖、铝镁锰板	可开启屋面、 太阳能利用
3 社区活动中心					
西安东仪小区 生活区社区中心	600m²	钢结构平面 网架	钢结构、压 型彩钢板及铝 塑板	装饰瓷砖、 明框玻璃幕墙	蒸压加气混凝 土砌块
北京富力城社 区运动会所	500m²	钢结构多榀 钢架	钢结构、压 型钢板屋面	铝塑板、明 框玻璃幕墙、花 岗岩石材幕墙	EPS 保温板

对使用者或管理者进行对此建筑使用感受的调研，从非建筑专业的角度获得对体育建筑使用及材料运用方面的真实反馈意见，并进行了分析及总结（图2.3）。

1 您觉得这座体育建筑的利用效率如何？

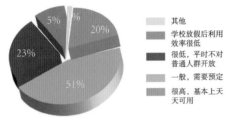

2 针对建筑学范畴，您对它的什么方面更为关注？

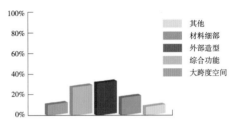

3 您对这座建筑中材料运用是否了解？

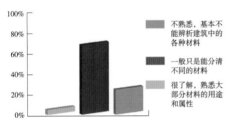

4 您认为这座体育建筑的内部空间是否合理？

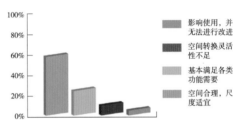

5 您是否了解对这座体育建筑的结构形式及材料选用？

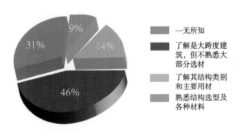

6 这座建筑的空间结构型态是否直接展示了其结构材料的真实性？

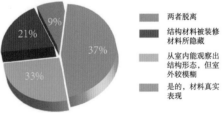

7 您对这座体育建筑的哪种材料在外部形态上的表现较为深刻？

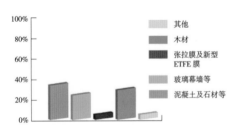

8 您对这座体育馆内的自然采光效果感受如何？

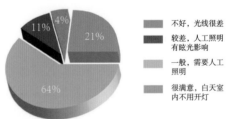

图 2.3

9　您对这座体育建筑的通风条件是否满意?

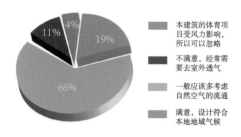

- 本建筑的体育项目受风力影响,所以可以忽略
- 不满意,经常需要去室外透气
- 一般应该多考虑自然空气的流通
- 满意,设计符合本地地域气候

10　您觉得这座体育建筑的取暖及制冷耗费是否过高?

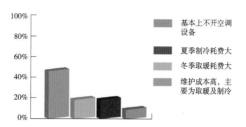

- 基本上不开空调设备
- 夏季制冷耗费大
- 冬季取暖耗费大
- 维护成本高,主要为取暖及制冷

11　您觉得这座体育建筑中的室内装饰材料的整体效果是否满意?

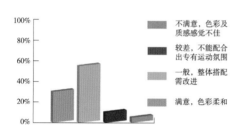

- 不满意,色彩及质感感觉不佳
- 较差,不能配合出专有运动氛围
- 一般,整体搭配需改进
- 满意,色彩柔和

12　您对这座体育建筑中的运动地面材料是否满意?

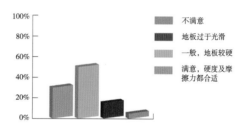

- 不满意
- 地板过于光滑
- 一般,地板较硬
- 满意,硬度及摩擦力都合适

13　这座体育建筑中的吸声材料所达到的效果是否达到标准?

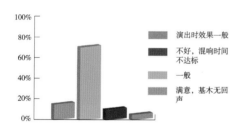

- 演出时效果一般
- 不好,混响时间不达标
- 一般
- 满意,基本无回声

14　您期盼体育建筑中材料运用最需要改进的地方在于什么?

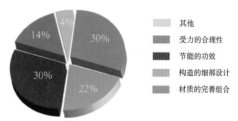

- 其他
- 受力的合理性
- 节能的功效
- 构造的细部设计
- 材质的完善组合

15　您觉得什么样的体育建筑用材是最为合理的?

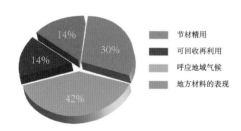

- 节材精用
- 可回收再利用
- 呼应地域气候
- 地方材料的表现

图2.3　对体育建筑材料运用调研的主要问卷分析

第二节 结构承载材料的分类及运用

显而易见，体育建筑在许多材料的运用上与其他公共建筑一样具有共同的选择，例如钢筋混凝土成为其基础的首选材料。但其自身也具有显著的材料运用个性之处：由于体育建筑空间的大跨度结构及屋面具有一般建筑不具备的结构特征，所以支撑结构材料也会往往作为首要的设计对象。人们也往往将结构材料暴露，在粗犷大气的材料构件中彰显出体育建筑特有的力与美。

大跨结构中的材料运用往往是和结构选型紧密相关的，结构体系成为材料性能在建筑形态上的力学图解。因此，大跨结构的结构价值来自于对材料性能的熟识，不同结构类型的受力特征决定了材料选择上的倾向，不同结构类型的建筑表征也展现了的材料的个性表情。正如 J.schlaich（施莱希）所言："今天各种建筑材料都有优良的质量，能根据它们各自的特性与设计任务的要求被恰当的使用"。例如，混合结构中材料结合的刚柔并济，反映了当代材料应用的丰富性，材料的选用直接决定了体育建筑的性格与特征，对建筑材料进行详细的分类和归纳，可以在构建体育建筑之初起有的放矢，达到物尽其"材"的目标。

图 2.4 罗马万神庙穹顶

大跨度空间结构的主要特征在于不同于一般建筑物的跨度。从古至今，人们一直都期望创造越来越大的室内空间，古罗马万神庙的穹顶（图 2.4）支撑在厚重的混凝土上，已经创造了建筑史上的奇迹，但人们无奈于当时的技术及材料所限。随着新材料、新技术的应用，建造技术的突破，使体育建筑在高度、跨度和造型上都获得了更大解放。体育建筑形态往往与其结构形式紧密结合，结构体系常以暴露的方式体现建筑的受力特点，反映材料的物理特性和传力规律。随着材料的挖掘和工程技术的进步，混凝土、钢材、薄膜乃至复合结构等材料不断出现，在大跨空间结构的发展中扮演了重要的物质支撑角色。抵抗地心引力，为使用者支撑起安全的空间是结构的主要使命，而人们充分挖掘了各种材料的力学属性来进行空间结构的创造。

目前，空间结构向着形式简约，自身轻质、高效大跨的方向发展。这种发展趋势要求必须千方百计降低结构自重。降低结构自重的途径，一方面是研制运用轻质高强的新型建筑材料；另一方面是研究开发合理的结构形式[17]。例如结构受拉部位采用膜材或钢索，受压部分采用钢或铝合金构件，这样膜、索、杆结合使用，形成混合受力结构，可望实现理想的轻量大跨结构（图2.5）。不同的结构形式，还是要依靠不同类型结构材料的力学性能所设定，所以大跨体育建筑的结构选型是以理性的材料选择为理论基础的，结构承载材料的选择和构建成为整座体育建筑的基石，其重要性不言而喻。

图 2.5 当代大跨度结构材料体现出高效的受力方式

一、混凝土

纵观体育建筑的发展，可以看到混凝土材料在体育建筑发展中的重要地位。古罗马斗兽场以及第一届现代奥林匹克体育场依靠着火山灰混凝土的支撑，流

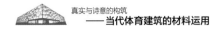
传百世（图 2.6）。"混凝土诗人"在奈尔维 1955 年所设计的罗马小体育宫，其钢筋混凝土网壳穹顶也是体现出混凝土材料的特性。其宽敞、完整的室内空间是通过 59 m 直径的钢筋混凝土网肋薄壳大屋顶实现的。建筑师把混凝土菱形

图 2.6 古罗马斗兽场及第一届现代奥林匹克体育场

板、三角形板以及弧形肋等结构构件加以组织，两组旋转辐射形式的混凝土肋交织成逐渐扩大的菱形图案，使网格界面富有韵律和渐变效果，强化了比赛厅空间的向心感。通过球壳波折起伏的边沿过渡，完全敞露在室外的 Y 形支柱承担着屋顶荷载，并与玻璃幕墙虚实对比，清晰地显示了混凝土的力学特征——整体受力，形象有机而生动（图 2.7）。

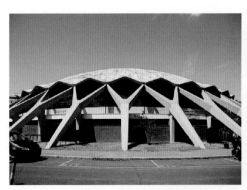

图 2.7 罗马小体育宫展现了网壳结构中混凝土材料的力学特征

自从混凝土被运用到体育建筑中，这种材料给体育建筑创作带来的革新和鲜活动力毋庸置疑。由于其可塑物性，混凝土材料在体育建筑中既可以做结构材料，也可以做围护材料。首先，混凝土受压能力强的材料受力性能决定了其在整个荷载传递体系中的重要地位。当混凝土用作体育建筑的结构材料时，其

最大的特点是整体受力，结构的各个部分是以一个力学上的整体状态结合在一起，整个建筑像一个放大的雕塑。混凝土结构形式可以分为线状结构、平面结构和空间结构，每种结构都必须综合考虑整个受力状态。而混凝土的结构整体性和硬化前的流体状态，更是混凝土体育建筑造型取之不尽的源泉[18]。

混凝土材料往往将结构与围护作用合二为一，而不断发展的混凝土技术也为体育建筑增添了许多新特性。混凝土的可塑性使得其结构构件可以转化为一种有表现力的艺术形式。混凝土可以浇筑成任意形状，以自身质朴的质感在支撑大跨空间的同时展现运动中力量的美感。因此，用混凝土作为结构承载构件的体育建筑，也往往表现出灵活多样的外部形态，使得结构承载与结构美学统一在材料的表现之中。崇尚运用混凝土材料的建筑大师阿尔瓦罗·西扎，在1998年葡萄牙里斯本世博会创造出跨度达到50m的混凝土屋顶（图2.8）。作为结构承载元素，混凝

图2.8 1998年里斯本世博会的大跨混凝土屋顶

土可以在其受力体系中表达出多样的结构表现形式。设计者们在当今的体育建筑设计中利用混凝土的可塑性，来表明这种材料对塑造大跨度结构及形态的忠实态度。例如，从20世纪的意大利巴里体育场，到新近建成的中国国家网球馆，都以混凝土的可塑性清晰地表达出其受力形式和外部形态（图2.9）。

a)

图 2.9

b)

图 2.9 混凝土材料将结构承载与结构美学相统一

a) 意大利巴里体育场的看台形态与竖向结构支撑；b) 中国"钻石"网球体育场的混凝土塑造

随着大跨钢结构的成熟与发展，单一的混凝土承载结构越来越少，型钢与混凝土的材料组合在体育建筑的大空间结构工程设计及施工中广泛应用。当今世界上的许多体育馆，在采用成熟的竖向结构承载体系时，都在其整体结构中设置了按受力规律而排布的多根型钢混凝土柱。这种在型钢结构外面浇筑一层钢筋混凝土外壳所形成的型钢混凝土组合结构（图 2.10），由于是混凝土和型钢两种材料共同承担荷载，能够较好的发挥型钢和混凝土两种结构的优点，并能可以节省大量的钢材。外浇混凝土可以防止钢结构的局部屈曲变形并能增强钢结构的整体刚度，大大改善钢结构的平面扭转屈曲性能，同时浇筑混凝土也

图 2.10 体育场馆结构中的型钢混凝土柱

增加了结构的耐久性和耐火性。型钢外浇筑的混凝土还具有抵抗有害介质侵蚀，防止钢材锈蚀等作用，组合结构受力性能也得到提高。普通的钢结构构件常具有受压失稳的弱点，而型钢混凝土组合结构构件内的型钢因周围混凝土的约束，型钢受压失稳的弱点得以克服。另外，由于型钢的设置，其延性比钢筋混凝土结构明显提高，因此有较好的抗震性能。

此外，钢管混凝土也成为另一种常见的承重结构。其由混凝土填入薄壁圆形钢管而形成的组合结构材料，基本原理是借助圆形钢管对核心混凝土的套箍

约束作用，使核心混凝土处于三向受压状态，从而使核心混凝土具有更高的抗压强度和压缩变形能力。钢管混凝土除具有强度高、质量轻、延性好、耐疲劳、耐冲击等优越的力学性能外，还具有省工省料、架设轻便、施工快速等优越的施工性能（图2.11）。

图 2.11 钢管混凝土承重结构得到广泛运用

可以说，当今大量的大型体育场馆的基础工程以及看台部分都运用了混凝土材料，在竖向的结构支撑上也充分发挥了混凝土的良好受压性能。无论以何种形态出现，以混凝土浇筑的梁、柱、板等受力构件都力求以最有效的承力方式来发挥出材料的力学特征。虽然钢结构以其自身材料性能上的种种优势占据了大跨结构中的主导体系，但混凝土材料以其个性仍然成为体育建筑中不可或缺的结构元素。

新建筑材料的应用往往伴随着新结构形式和造型方式的变革，从混凝土生产工艺学上来讲，大量运用材料科学的一些技术手段，可以使新型混凝土在强度、弹性、韧性和可塑性上更加优越。而钢筋混凝土结构的应用范围还在日益拓宽，新性能的各种钢筋混凝土结构形式逐渐形成。如，高性能混凝土结构、纤维增强混凝土结构、钢骨混凝土结构、钢管混凝土结构等，混凝土结构材料也将向着轻质、高强、高性能方向发展，结构形式也将向多元组合拓展，以适应体育建筑大跨度、多功能的需要[19]。从生态环保的角度来看，虽然混凝土材料在大跨度建筑中的结构承载地位逐渐被钢材所取代，但其能源消耗主要决定于水泥的用量。相对而言，它的能源消耗还是比钢材要小得多，同时它还为火山灰和工业矿渣找到很好的再利用归宿。从经济性上看，随着高强混凝土的发展，结构材料的成本效率比，正向有利于混凝土的方面转移。

二、钢结构

大跨体育建筑的钢结构体系，一般是指网架或管桁架或组合式钢架结构，随着钢结构技术的完善，大跨度钢结构在大型场馆、工业厂房、站台风雨棚等建筑设施中得到广泛使用。而作为钢结构的最主要素材——钢材，是在冶炼铁矿的过程中加入其他微量元素形成的合金，其中最重要的元素是碳。1740 年在英国首次生产出了普通钢，但直到 1856 年发明了炼钢高炉后，钢材才得到大批量的生产。在大跨结构中，冷轧钢材的应用是最为广泛的，它也传递出后工业时代人类对力学概念清晰表述的要求（图 2.12），这类钢结构材料主要有如下一些特点。

图 2.12 大口径冷轧钢材及网架构件

（1）材料的强度高，塑性和韧性好。钢材和其他建筑材料（诸如混凝土、砖石和木材）相比，强度要高得多。因此，特别适用于跨度大或荷载很大的构件和结构。钢材还具有塑性和韧性好的特点，钢结构在一般条件下不会因超载而突然断裂。其对动力荷载的适应性也较强，良好的吸能能力和延性还使钢结构具有优越的抗震性能。并且，由于钢材的强度高，做成的构件截面小而壁薄，能够充分的减少材料构件自身的尺度与质量。人们给出同样断面的拉杆和压杆受力性能的比较：拉杆的极限承载能力高于压杆，这和混凝土抗压强度远远高于抗拉强度形成了鲜明的对比。

（2）材质均匀，与力学计算的假定比较符合。钢材内部组织比较接近于匀质和各向同性体，而且在一定的应力幅度内几乎是完全弹性的。因此，钢结构的实际受力情况与工程力学计算结果比较符合，钢材在冶炼和轧制过程中可以严格控制材质波动的范围。

（3）钢结构制造简便，施工周期短。钢结构所用材料单纯而且是成材，加工比较简便，并能使用机械操作。因此，大量的钢结构一般在专业化的金属结构厂做成成品构件，然后在工地采用安装简便的普通螺栓和高强度螺栓拼装，或者在地面拼装和焊接成较大的单元再行吊装，以缩短施工周期。小量的钢结构和轻钢屋架也可以在现场就地制造。此外，对已建成的钢结构也比较容易进行改建和加固，用螺栓连接的结构还可以根据需要进行拆迁。

（4）钢结构的质量轻。钢材的密度虽比混凝土等建筑材料大，但钢结构却比钢筋混凝土结构轻，原因是钢材的强度与密度之比要比混凝土大得多，以同样的跨度承受同样荷载，钢屋架的质量最多不过钢筋混凝土屋架的 1/3~1/4。

当代钢材的构件类型主要有型钢、连杆及钢索。钢结构设计中，构件的稳定问题最为重要。宜优先采用单元式结构代替单一大跨结构，通过结构单元体系的重复、阵列覆盖大空间，不仅能够保证体育建筑结构的安全度、经济性，而且符合当代建筑工业化准化要求，在重复过程中通过变化获得新颖的建筑造型。钢结构体系中的钢构件成为体育建筑材料美学体现的来源之一，各类支撑构件可以成为建筑造型中的灵活元素[20]。钢结构在许多大型项目（如候机厅、会展中心、剧院等）大型公共建筑以及不同类型的工业建筑获得了广泛应用。表 2.6 列出了在我国体育建筑中一些具有代表性的大跨钢结构工程项目，这些工程中通过对不同材料、构件以及体系进行不同方式的组合，获得了一系列性能优越的钢结构体系。

表 2.6 典型大跨空间钢结构工程实例

结 构 类 型	工 程 项 目	跨度或平面尺寸	结 构 特 征
钢结构	深圳龙岗大运体育场	285m×270m	单层折面空间网格结构
钢结构及局部膜结构	内蒙古鄂尔多斯东胜体育场	巨型钢拱架跨度约300m	可开屋盖斜拉索悬挂空间钢管桁架
钢结构	广州罗岗国际体育演艺中心	主桁架跨度107m	大跨度双向主次平面型钢桁架
钢结构	大连市体育中心	穹顶跨度145m×116m	亚洲最大弦支穹顶
钢结构	北京大学体育馆	屋檐水平投影93.2m×72m	预应力平面桁架壳体
钢结构	东方体育中心综合馆	内场尺寸70m×40m	空间钢管钢桁架结构
钢结构	同济大学游泳馆	62m×34.5m	张弦梁与拱形桁架结合

体育建筑追求力与美的完美结合、精致完美的节点和构件、细致入微的制作安装。钢铁由于其受压及受拉性能的优越性，可以说是当今最能够体现力学法则的大跨度建筑材料，并且钢结构体系通常与精湛的建造技术联系在一起，创造出新颖独特的造型。钢结构建筑充分体现了材料的真实、结构的逻辑、构

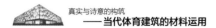

造的完美。建筑师们往往利用钢结构的技术表现能力，在大跨度建筑中表现钢的材料结构及构造的真实特征，在创作中实现技术与艺术完美结合。

所以，当代体育建筑往往首选大跨钢结构，而轴向受力最能发挥钢铁材料的力学性能和承载力，优先采用钢管及钢索结构，充分发挥钢材的受拉受压性能（图2.13）。钢结构中的传力途径越短越直接，其结构的工作数值越高，耗费的建筑材料则越少，这样使得钢结构材料的效能越能得到发挥。优先采用组合结构体系，代替单一结体系，提高结构效率的同时使建筑造型更加灵活。如果采用曲线、曲面的钢结构体系，体育建筑的室内空间和造型亦更加丰富。通过钢构件的精细排列，既可以满足结构要求，又符合美学法则。

图2.13 体育建筑充分发挥钢材的受压及受拉性能

钢结构与材料的应用，也在不断的精炼和高效化。近年来修建的大型公共建筑大多都采用了钢管杆件直接汇交的管桁架结构（图2.14），它的结构更为轻巧，传力简捷、制作安装方便，是体育场馆中应用较多的一种钢结构体系。与网格结构相比，这类结构由逐杆相连改为上、下弦杆连续设置，可使屋面单曲率比较方便地形成多曲率，弦杆与腹杆直接汇交相贯，不存在节点连接。采用杆件相贯连

图2.14 体育建筑中的管桁架结构

接，其节点钢量为网格结构的 1/2 ~ 1/5，也使得焊接工作量大量减少。

在普通碳素钢材获得大量应用的同时，其他金属材料（如不锈钢、铝合金等）也在许多大跨度建筑中获得了应用，不锈钢材料（含铬量 >12% 的铁基耐蚀合金）是随着对装饰与防腐要求的提高而在空间结构中获得应用的，它集装饰、受力、防腐于一体的特点而受到青睐。上海国际体操馆中心的圆球网壳、四川双流击剑馆采用的单层网壳等，都采用了大型铝合金网壳结构（图 2.15）。网壳杆件材料选用美国 6061-T6 型材，相当于我国 LD30CS 铝材。结构自重仅为一般网壳的 1/3[21]。铝材的抗拉强度可达 295MPa，屈服强度 246MPa，已超过 Q235 钢的强度指标。铝合金材料轻质美观，不易腐蚀，便于加工，耐久性好，因而在国际上已有许多专业生产公司建成了较多的铝合金结构。

图 2.15 体育建筑中的铝合金网壳结构

对于钢结构体系的运用，从简单的桁架支撑到钢索吊拉，再到张弦结构的广泛应用，都是结合着材料性能而不断地研讨和进化。混凝土与钢材所组成的混合结构都是充分发挥混凝土抗压、钢材抗拉的材料优势。钢管桁架与预应力钢索的组合都是希望以混合张拉的承力方式来达到结构自身的自平衡。因此，无论是何种材料的组合，都是以结构性能上的互补，使得工程结构稳定性显著提高。

钢结构在为全世界的体育场馆打造钢筋铁骨的同时，也使得体育建筑也相应地在造型和空间上得到了更多变化与提升。通过钢结构技术与相关材料的发展与运用，材料不再是塑造大跨度屋面的桎梏，而成为大跨度屋面发展的物质支撑。经过上百年的理论研究和工程实践，钢结构的材料性能也在得到不断提升，其深入的材料研发与运用，无疑促使体育建筑迈向更为轻质与高效的结构体系。

三、膜结构

在与其他材料组成混合结构时，钢铁及其他金属材料通常以拉索、压杆等形式完成对其他材料形成的稳定结构，而最能体现这种结合形式的，即是已经为人们所熟知的膜结构。膜结构是张力结构体系的一种，例如充气膜由膜内的空气压力支承膜面，利用钢索或刚性支承结构向膜内施加预张力，从而形成具有一定刚度、能够覆盖大空间的结构体系。

膜结构建筑的两大特点是空间整体结构和预张力，这也是它优于传统结构体系的原因所在。空间整体结构使受力更合理、结构更稳定，预张力使膜结构成为几乎纯张拉结构体系，可以充分发挥材料的力学性能。膜结构体系已被广泛应用于体育设施、交通设施、商业设施、娱乐设施等各种建筑，大到各种体育场馆，小到各种景观小品（图2.16），膜结构以它轻巧的结构来创造明快的大空间，并以它的节能性、耐久性、自洁性等越来越得到广大建筑师、结构师以及使用者的喜爱。虽然膜材料并不能单独存在于膜结构体系之中，但它和其

图2.16 膜结构创造的建筑设施及景观小品

他固定材料的组合恰好展现出张弛有道的建筑意境[22]。在体育建筑中，膜材料的轻盈与钢索等固定或张拉材料的坚韧，往往使得大跨度空间的结构承载方式更为明显，外部形态更为丰富多样，膜材料的半透明特征也使得体育建筑的生态节能效应得到最符合实际的体现。

构成膜结构的膜材料是在纤维织成的基布上涂敷树脂或橡胶等，而且膜材料的基布是织物，由于织物的经向与纬向的特性不同，因而膜材料是一种异向型非线形材料（图2.17）。其中基布主要承担膜材料的抗拉强度、抗撕裂强度等力学特性及防火性，涂层主要承担膜材料的防水性、防火性、耐久性、自洁性、染色性及膜材料之间的融合性等特性。在当代，用于膜结构建筑中的膜材料种类繁多，且不同的国家对膜材料的要求

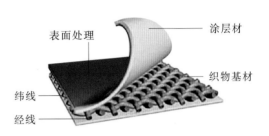

图2.17 膜材料的基本组成

也不尽相同，按材质的不同，可分为ETFE膜材、PTFE和PVDF三大类（图2.18），在建筑中最常用的膜材料则为PTFE及PVDF膜材料两种。

a)

b)

c)

图2.18 几种常见膜材料类型的运用实例
a)PVDF膜材；b)PTFE膜材；c) ETFE膜材

PVDF 膜材料是指在聚酯纤维编织的基布上涂覆 PVC（聚氯乙烯）后再加 100%PVDF（聚偏氟乙烯）表面涂层而形成的复合材料。PVDF 膜材由于自洁性良好、价位适中、运输安装方便，更广泛应用于各类建筑领域，它的寿命因不同的表面涂层而异，一般可达到 10 ～ 25 年。另一种涂有 TiO_2（二氧化钛）的 PVC 膜材料，具有极高的自洁性。PTFE 膜材料（Teflon）是在极细的玻璃纤维编织成的基布上涂覆而形成的复合材料，PTFE 膜材的最大特点是强度高、耐久性好、防火难燃、自洁性好，不受紫外线影响，具有 80% 的高透光率，热吸收量很少。正是由于这种划时代的膜材料的发明，使膜结构建筑成为现代化的永久性建筑，并成为许多体育场顶棚的首选材料。

a)

b)

c)

图 2.19 常见的膜结构形式

a) 骨架式膜结构；b) 张拉式膜结构；c) 充气式膜结构

在北京水立方及慕尼黑安联球场表层得到运用的 PTFE 膜材，其厚度通常小于 0.20mm，这种膜材质量轻、透光率可达到 95%，并具有韧性好、抗拉强度高、耐候性和耐化学腐蚀性强等多项优异性能。其自清洁功能使表面不易沾污，雨水冲刷即可带走表层污物。PTFE 膜完全能成为可再循环利用材料，其使用寿命至少为 35 年以上，成为当代用于大跨屋顶结构的理想材料。

膜材料的延展性和可塑性，使得膜结构在大跨空间上具有广泛的应用性。膜材料经常与钢结构支撑体系联合而取代烦琐的网架屋面，并且创造出轻盈的体育建筑造型。常见的膜结构类型有骨架式、张拉式、充气式结构（图 2.19）。进而，膜材料还可结合大跨结构中刚柔并济的承力方式，为体育建筑创造出多样的混合结构[23]。如骨架加强充气式结构、车轮型双层充气膜结构等（图 2.20）。这些结构的杆件或拉索支承体系常在膜材获得预应力后协同工作。因此，膜结构体系可以说仍然属于空间钢结构的范畴，而多样式的膜结构与钢结构的结合也为大跨度及体育建筑提供了更广阔的发展空间。

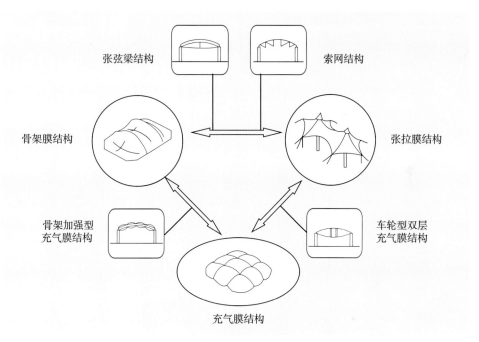

张弦梁结构　　　　　　　　索网结构

骨架膜结构　　　　　　　　　　　张拉膜结构

骨架加强型
充气膜结构　　　　　　　　　　车轮型双层
充气膜结构

充气膜结构

图 2.20 膜结构与钢结构的常见组合体系

四、大跨木结构

从众多工程实践中，可以清晰地看出，空间结构一直向着轻质的高性能大跨方向发展。人们在当今的在大跨结构建设过程中大量使用着受力性能优异的钢材，但具有良好结构承载能力的钢材同时存在着耐腐性差、环保性低和造价高等"先天不足"，而且钢材、水泥等也都属于高能耗、高污染产物。建筑设计和建造必须面对世界资源已经相对短缺、环境日益污染的严峻问题。因此，在当代大跨空间结构中，以往广泛利用的木材以其环保性和同样优良的受力性能重新回归到了人们的视野之中，设计者们利用新的木材料与技术运用，以新颖的大跨木结构来支撑体育建筑空间（图 2.21）。

现代大跨木结构的背后，是以现代材料、结构、施工和计算机等为技术支持，这为新型的复合或集成木材大跨度及体育建筑设计的结构创新型运用提供了有力的支持 [24]。在木材加工技术方面，胶合技术的发展使木材性能通过技术处理

图 2.21 当代大跨度木结构所支撑的体育建筑空间

得到改善，在现代木材制作技术的条件下，出现了具有多种优异性能的结构复合木材，如层板胶合木成为了大量原始木材的良好替代品（图 2.22）。在大跨建筑结构技术方面，工程结构理论从经验法则进入了材料力学、结构力学等分析领域，奠定了现代大跨木结构及混合结构技术的基础。并随着工厂预制加工、现场机械化装配等技术的出现，大跨木结构在体育建筑从众多设想成为了美妙的现实。

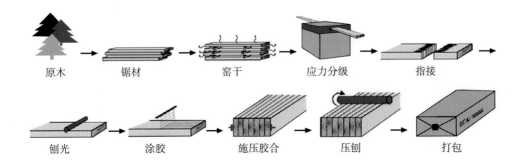

图 2.22 层板胶合木材的产生过程

大跨及体育建筑为了获得更大的跨度以及更广泛的使用范围，呈现出一种技术复合的趋势。从木建构技术的连接程序看，包括材料的复合、构造的复合以及结构的复合。首先，传统的木材由于自身的缺陷及限制，需要改善自身性能形成复合木材，也需要与其他材料组合来发挥各自的优势。其次，传统的大跨木结构形式较为单一，很难满足现代大空间的结构及空间要求，需要寻求多种结构方式的借鉴与组合发展。再次，由于材料与结构的复合，材料之间的连接也变得更加复杂，为了同时达到结构的强度以及节点的美观，构造也采用了多种材料以及方式的复合。

在大跨度木结构建筑中，经常采用复合结构形式。例如，钢木结构意味着钢结构骨架结合木质材料构成受力体系，两类材料的合理综合利用，形成当代体育建筑中结构轻巧，外形简约的一种发展方向。钢木结合的体育建筑在日本及欧美国家运用较为广泛，例如加拿大有很多的运动馆都是以钢木材料相结合来建造的（图2.23）。由于木材与钢材在受力状态上存在着许多的相似之处，使构件之间存在着材料置换的可能。同时，现代木材采取工厂加工，建筑工地现场组装，这种施工方法与现代钢结构相一致。在节点处理上，经常需要使用钢板等金属构件进行连接，其构造和施工方法与钢结构十分相似。结构与材料的复合反映出大跨木结构的广阔发展前景，这也使得体育建筑中许多对钢材的运用方法可以被引入到当代的大跨木结构体系之中。

图2.23 加拿大鲑湖冰滑馆室内外的复合木结构

第三节 围护表皮材料的分类与运用

传统建筑围护系统，主要指屋面、外墙体两部分。屋面、外墙体是建筑中最古老的部分，也是空间塑造的要素。围护系统基本功能如下：

（1）遮蔽功能。

用来挡风遮雨雪、隔绝噪声、遮挡光线等，创造外界分隔的空间环境。

（2）保护功能。

围护系统不仅是创造一个独立的空间，同时需要提供一个保温、隔热、防风、抗震等的环境，可以使内部环境不受外界影响，可以提供安全性。

（3）象征功能。

其外观表象具有社会形态与精神意义，外观表皮的技术应用和艺术表现，同样反映了时代的经济水平和精神状态。

在当代公共建筑设计中，当围护材料完成了建筑物所需的基本物理功能之后，更多以一种光鲜或者质朴的建筑外表皮而呈现在大众目光之下，是耀目还是低调成为表皮材料的主要存在方式。"简约主义"是当代建筑的一种理念表达趋势，材料的语汇表达已经成为一种建筑设计的主要表现方式，当今的大型公共建筑设计已经不再过分关注于以往现代主义和后现代主义建筑的功能设置及拼贴式符号的表现，简约主义的流行代表了一种理性的设计观念，建筑表皮和建筑细部越发得到关注，而这些正是通过建筑材料的语汇所表达的。

建筑表皮较以前有了更多的变化，从以往单纯的物质需要进化到审美需求。以往材料和形式处于一种相互对应的关系之下，建筑形式在很大程度上取决于建造方式，而建造方式又是由建造材料的特性所决定的。今天在更加强大的技术需求和更为丰富的审美要求之下，大量建筑的外围护结构成为多层次的表皮系统，将材料特性作为突破点使建筑形态向大众展示出类似媒介效应的视觉信息[25]。例如，德国慕尼黑安联球场就是这方面极好的例子，形态极简但由 ETFE 膜所构成了与众不同的细部构造及整体效果，使其外观向人们展示出丰富多彩的效果。

相对于传统建筑，体育建筑的宽广空间造成了外围护面积和尺度的与众不同。当不同材料所构成的梁、柱、板及大跨度屋面的结构骨架建立之后，体育建筑的围护材料表现出不同目标的表现倾向，有些需要精细的遮盖，有些则期盼直接接触于大自然。绝大部分围护体系也以遮风避雨的基本功能而出现，但当今大型公共建筑的表皮已经逐渐出现了脱离围护作用的倾向，而围护材料又在保温隔热等物理功能上进行了类似呼吸系统的发展。因此体育建筑的围护材料不仅以构成的效果塑造出多样性的外观，也通过自身的构造性能造就了与使用者直接对话的人工环境。根据大量体育建筑实例，可将常见的围护表皮材料主要分为：混凝土及石材、金属板、玻璃、薄膜、聚碳酸酯板、木材等（图2.24）。这些材料按照分布位置的不同，各自在围护功能和外观效果上起到自身作用。并随着当代建筑形态的发展，许多体育建筑表现出结构与表皮一体化，屋面与墙体连续化，围护材料使用的应用范围及综合性得到了极大提高。

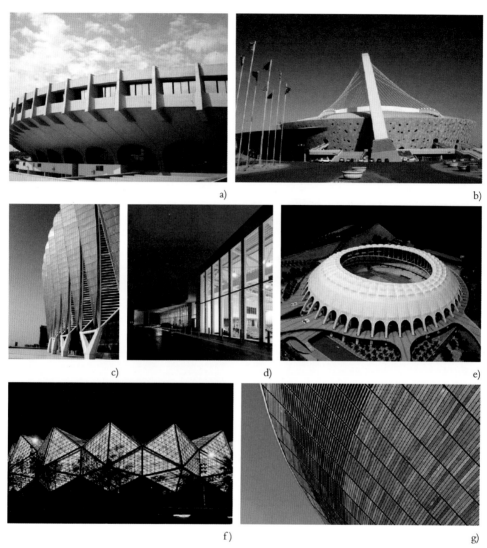

a)

b)

c)   d)   e)

f)   g)

图 2.24 形式丰富的体育建筑围护及表皮材料
a) 混凝土； b) 新型混凝土挂板； c) 金属板； d) 玻璃幕墙； e) 充气薄膜； f) 聚碳酸酯板； g) 木材

一、混凝土

混凝土被称为"万用之石"，在体积庞大的体育建筑中得到了广泛应用。在上节的结构承载材料的分析中，混凝土的身影出现于大量基础、看台及承重结构之中。当混凝土作为大跨建筑的承重结构材料时，往往与钢材相结合，最大程度上发挥两种材料的受力性能。而当混凝土用作体育建筑的围护材料时，混凝土符合体育建筑围护体系的若干要求：不会腐蚀，无须表面处理，且强度随时间而增长。与钢材、木材相比，防火性能好，现浇的方式比铆接和焊接的节点整体性更强，抵抗疲劳和局部应力的能力强。同时，设计者们也希望以最简洁的材料运用来达到体育建筑真实的空间塑造，例如许多体育场的看台以混凝土构筑而成，其真实而不加装饰的混凝土外表面即是体育建筑的外观表现（图2.25）。在这种混凝土的围护体系中，看台部分体现出混凝土预制技术的发展，而对于材料保温节能的构造要求则不是十分的严格。

图 2.25 南非绿点世界杯体育场的混凝土看台及下部空间

作为直接接触人们的围护界面，体育场馆的看台部分面积庞大，虽然对混凝土的材料构造要求并不复杂，但其快速准确的施工要求往往成为这座体育建筑能否顺利建造的一个关键因素。围护系统中的混凝土施工方式，可以分为两大类：一是现场现浇；二是全部或部分预制。这两种技术都大量的应用在体育建筑中，在当代许多体育场的看台设计及施工中，都大量采用清水混凝土预制构件，一次成型，注意了标准化的运用，在节约造价的同时也达到了不错的外观效果。

由于体育场看台具有着大量尺度接近的巨大构件，因此可以在其围护界面上直接创造出富含韵律的外部形象，同时达到建筑艺术与技术的完美结合。例如，由著名建筑师皮亚诺设计的意大利巴里体育场，建筑中大量使用了预制混凝土技术。整个建筑从远处看，就像地平线上一朵庞大而奇特动人的花朵（图2.26），体育场上层看台是由两块钢筋混凝土板组成，这些板上部互相分割开，像26个"花瓣"漂浮在空中，外形极其富有视觉吸引力。建筑师独具匠心的设计是：每个看台板都利用开口处作上、下部交通联系，每块看台由10块"⊥"形预制后浇、连续外伸的板梁合成体构成，在其上现场装配预制混凝土座位板构成看台。这样的设计，由于大量构件是在工厂预制好，运送到现场组装，大大加快了施工周期,同时体育场内外空间相互流通,减弱了体育场大尺度看台常有的压抑感,产生了独特优美的造型。

图 2.26 皮亚诺设计的意大利巴里体育场

可以看出,在体育建筑围护体系的建造方法中,人们往往利用混凝土材料生产的工业化特征——成熟的大量预制及现浇方式,从而达到安全及快速的施工标准。另外设计者也希望表现出混凝土自身独有的材料特征——富有真实质感的表面肌理。混凝土材质的质朴可以充分表现出体育建筑接近自然、崇尚运动的"大气"性格,并且人们可以在施工过程中控制混凝土表面的质感与纹理,在体育建筑表面形成或光滑或粗糙的效果,还可以控制混凝土的颜色,往往是在普通混凝土表面做彩色混凝土饰面层或者喷上涂料。灰色类主要依据水泥的种类、骨料的种类和色调,可以调配出从浅到深各类层次不同的灰色调,于是当代混凝土的多样质感与可调色调也形成了风格迥异的体育建筑个性[26]。

混凝土材料所构筑的围护表层,无论是看台部分还是墙体立面,看似粗拙,但其美感往往则藏于细微。可以看到许多场馆看台上,都是以素混凝土一次浇筑成型,不作任何外装饰,不但节省了材料和减少了污染,成型后也不会出现开裂、空鼓甚至脱落的质量隐患,同时还为体育建筑本身营造出一种自然质朴的美感。例如,在斯洛文尼亚新建的 Ring 体育场(图 2.27),以素混凝土所建造的看台随着整个体育场的"环绕"造型而起伏、连续,看台及走道部分的表层洁净清晰,上面的座椅色彩恰到好处的点缀着素混凝土的简约,而且灰白色的混凝土看台和透光顶棚在光影的交错中融为一体。而瑞士马丁堡学校体育馆

图 2.27 斯洛文尼亚 Ring 体育场的素混凝土看台及下部空间

则运用了厚重质朴的混凝土作为外墙材料（图 2.28），这是因为这座建筑坐落于一个文物保护区内，其周边建筑的立面细部具有很高的保留价值，所以设计者希望这座体育建筑能够与历史文脉相结合，在造型上采用柱列形式的同时，被混凝土材料赋予了庄严的氛围和雕塑感，体育馆内部空间的屋顶结构采用了粗大的纵向钢筋混凝土梁，从而延续了立面的纪念感。

图 2.28 瑞士马丁堡校园体育馆的混凝土结构及外立面

混凝土不仅仅代表了庄严肃穆，而且混凝土材质的粗狂表现力与体育建筑的所承载的运动激情往往相符合。在国外建造的许多中小型体育建筑及设施上，内外墙都大量采用简约质朴的清水混凝土，建筑按照采光及功能要求，以材料的运用来划分成透明与不透明的综合体，设计者摒弃任何多余的装饰来分散人们对体育建筑本体的注意力。建筑师以混凝土材料的力度和表现力来强调体育建筑空间的主角地位，而混凝土与玻璃、木材、阳光板等其他材料的对比在阳光和人工光源的映衬下自然地形成丰富的表现效果，混凝土也通过自身的光滑度、肌理效果以及色彩等可控因素来影响它所表达出来的材料特质（图 2.29）。可见，混凝土所具有的建造优势和材质性格，使其成为体育建筑围护界面的良好素材。

图 2.29　小型体育馆墙面的混凝土与其他材料形成丰富的对比效果

二、石板幕墙、面砖及陶土板等

体育建筑的形体巨大，大面积的围护面积需要利用施工方便快捷的材料，又希望能够体现出自身的外观特征。而立面即屋顶的采光要求又常常造成围护表皮上"虚"与"实"之间的矛盾，但这也往往成为创造建筑造型及满足物理要求的设计出发点。在体育建筑围护"实体"的材料运用上，以石板幕墙、面砖及陶土板等"实体"材料，区别于大面积混凝土的个性而得以彰显。石板幕墙在大型公共建筑的外立面及造型设计中已经得到了广泛的应用，由于天然石材受到价格、规格、数量等方面的制约，石材与结构增强板相互粘合而成的轻质高强薄型石材复合板得到了大量的运用。石板幕墙同样具有丰富的肌理和质感，并且单一板材之间的连接都可以创造出富有韵律的外观效果（图 2.30）。

图 2.30 石材复合板及板材的肌理构成

a) 背粘铝塑板的超薄石板；b) 背粘蜂窝铝板的超薄石板；c) 石材复合板与 20mm 厚的天然石板对比；d) 板材的肌理构成

对于体育建筑，出于围护面积和使用目的上的考虑，当代体育场更多采用的是不加装饰的混凝土材料，或者更易安装施工的金属板材料。使用大量石材的主要目的是表现出其稳重和地域特征，尤其人工再造石挂板更有着其他材料所不具备的纹理与质感。例如，鄂尔多斯东胜体育场大量使用了白色冰裂纹再造石装饰混凝土挂板，形成了有序而丰富的拼贴肌理（图 2.31）。而克罗地亚著名

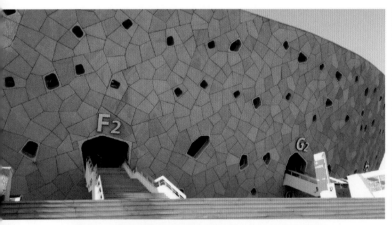
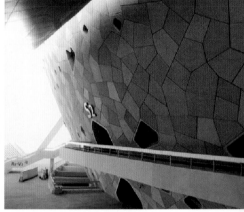

图 2.31 鄂尔多斯东胜体育场外立面上的人工仿石材挂板

的 Zamet 综合性体育馆更是利用其立面上的石材质感融入了场地环境，其整体形态源自于地形环境的肌理生成（图 2.32）。场地内的铺地用材和建筑的立面、

屋面更是统一于一致的石材肌理之中，使得整个建筑群体自然地融合于整个场地之中，造型的起伏和材质的统一，使得体育馆成为城市公共空间的一部分。

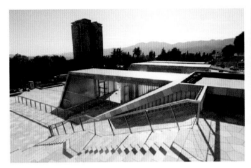

图 2.32 克罗地亚 Zamet 综合体育馆

　　还有很多体育建筑造型稳重、庄雅大气，其围护表皮中的外立面往往成为建筑风格的综合表达，地域性气候、场地环境、地方文化等都成为造型及细部的影响因素。与石材类似，面砖或陶土板材料也由于自身的"实"面特征而得到应用，其富有个性的色彩和质感也反映出设计者对场地环境的考虑。北京体育大学的综合训练馆位于校园之内，设计者通过与周边办公、宿舍等公共建筑的统一考虑，在训练馆的立面上采用了红色面砖的外饰面材料，训练馆内大量自然采光的"虚"面要求使得其立面构成更为协调，镀膜玻璃与面砖的虚实相间又使得这座体育建筑不过于沉闷和单调，建筑风格协调于校园内的整体环境之中（图 2.33）。

图 2.33 北京体育大学综合训练馆及宿舍

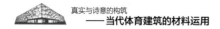
　　另外，在当代公共建筑中越发得到重视的陶土板，也逐渐出现在了体育场馆的围护表皮上。陶土板幕墙是属于复合材料幕墙中的人造板幕墙形式。陶土板是以大自然的纯净陶土为原材料，通过精细加工、专用设备挤压成形、烘干、高温窑烧制等工序形成的具有相当强度、硬度和表面精度的板材。陶土板作为一种幕墙材料，它的化学性质可以保护建筑结构墙体免受恶劣天气和空气污染的侵蚀，并且形式多样，陶板百叶也给体育建筑带来了富有细节的外观效果（图2.34）。

图2.34 陶土板材料及其在体育建筑上的立面效果

三、金属板材料

　　钢铁材料作为大跨度建筑中的承重结构构件，体现出金属材料在力学性能上的高效和稳定，而大型公共建筑的发展伴随着结构与材料技术的进步，其表层材料早已由沉重的砖瓦土石转向自重轻盈、塑型方便的金属板材。事实上，在建筑表层材料中运用最多的金属是各类合金。合金有着与所构成元素完全不同的性质，例如不锈钢是用钢和其他金属（如铬或锰）来制造的；铝这种银白色柔软轻质的金属也可以采用铝合金的形式；锌则通常用低合金的形式添加少量的铜或钛等。各种合金元素构成的金属板材已经发展为大面积的金属幕墙系统，大量出现在了世界上许多公共建筑的表面，其在光线下熠熠发光的形象也成为大跨公共建筑最具个性表现的外部形态特征（图2.35）。作为围护表皮中的应用材料，金属板材发展出丰富的种类，通常有铝复合板、铝蜂窝板、钛锌板、铜板、耐候钢板、不锈钢板、彩涂钢板、珐琅钢板等。

　　同样，高档的金属板材在世界上的体育建筑中已经和石材、混凝土等一起成为表现围护"实体"最多的材料。首先它以优良的加工性能，色彩的多样及良好的安全性来满足体育建筑的围护要求。并且可以加工各种形式的曲线线条，能够适应各种复杂造型的设计，给体育建筑的形态以巨大的发挥空间。因此，

a)   b)

c)   d)

图 2.35 大型公共建筑表面上的各类金属板材料
a) 铝复合板；b) 拉丝不锈钢板；c) 钛板；d) 镀锌钢板

当代体育建筑在外观上的个性特征，很大程度上都是得益于钢铁结构材料的有力承载和金属板材的多样性外部形态塑造。而在结构承载与围护表皮这两方面的形式以材料建构的内容而统一之时，体育建筑的结构理性和形态感性也得到了完整的统一与表达。如图 2.36 中的英国雷文斯顿室内训练馆，以多榀钢构桁架来支撑起大跨度空间，结构形式简捷清晰。在外立面上运用简单的金属板材和玻璃幕墙作为造型元素，将有韵律起伏的屋顶统一在相同的材质之中。

图 2.36 英国雷文斯顿室内训练馆的外部形态与内部结构

在体育建筑造型及表皮的细节设计上，人们已经熟练地借助金属板材的轻巧及可塑性、金属肌理来实现建筑材料的语汇表达，同时以材料的质感来消解体育建筑巨大的体量感，并往往以金属板材的统一材质来弱化屋面与立面。很多体育建筑在外部表皮运用了各类金属板来作为围护材料，一些实践本着屋顶墙面整体化的设计概念，将本来运用于屋顶的合金面板延伸到了墙面上，在立面细节上突出了金属的斜纹肌理，延续和突出了金属质感，并且在体育建筑立面上的金属板材料上进行很多细节上的处理。例如，北京奥运会的篮球馆与柔道馆（图2.37）都是在其外表面上运用了大量金属板材，前者以21 000多块金黄色铝合金板为这座场馆穿上了一身耀目的"黄金盔甲"。穿孔铝板不仅具有强烈的色彩感染力，其组合形式也构成了凹凸有致的整体效果。后者的西立面为完整的金属幕墙，外表面为冲压钢板，在细部上同样突出金属质感，采用3mm厚的金属板，以精准的工艺体现简洁的现代感[27]。

图2.37 北京奥运会篮球馆与柔道馆的金属表皮

通过许多实例还会发现，在当代的体育建筑表皮设计中，人们利用金属板材易于加工和穿孔的材料性质，大量将金属板设计成为"虚实相间"的围护界面。在规则排列下进行金属穿孔板的运用，使得体育建筑在光影的映衬下，表现建筑立面的通透性与复合性，使人们感受到体育场所散发出的运动热情与人文魅力，同时也为体育场馆的形态塑造出丰富多彩的肌理效果（图2.38）。

图2.38 大型体育场和小型训练馆的表皮都运用了穿孔金属板

四、玻璃材料

无论"虚实",人们以各种材料来构筑建筑物的人工界面来应对自然界中的各类环境因素,建造者既要求建筑能够挡风遮雨,免受外界侵害,创造安全、舒适的人工场所;又希望引入自然光线及通风良好,满足人们生理上的舒适度需求,这也符合今后环保节能的发展趋势。在当代的体育建筑发展中,这两方面的综合要求甚至直接决定了建筑形体的生成。而玻璃作为一种历史悠久的建筑材料,一直在努力地调和着这对纠结的矛盾体。人们可以通过控制玻璃材料中的透明度来创造室内环境和立面外观,如果充分利用玻璃材料的透明度、硬度和密封性,它不仅能满足建筑功能上的使用要求,而且其具有的通透性、轻盈性、多彩性、模糊性等丰富的艺术魅力和情感表达,可以为很多公共建筑创造出形态上的多样表达。因此,玻璃材料一直成为围护体系的重要组成部分,其多样、简约、富于变化的特征也创造了许多符合当代审美观念的外观形象。

与石材及金属板材幕墙类似,在许多体育建筑的外表皮上,大量玻璃幕墙的出现代替了以往的沉重墙体。玻璃幕墙的形式十分丰富,主要有明框、隐框、全玻、点支式、双层通风墙体等。这些不同形式的幕墙,本身以玻璃材料的可调色彩与透明性,加之其支撑框架的划分形式,都已经在体育建筑的表面上表现出丰富的立面构成。但无论是活动中心入口大厅处的点承式玻璃幕墙,还是体育场看台上方的玻璃雨棚,或是生态体育馆透光屋顶的采光天窗(图2.39),设计者对各种玻璃形式的运用都是希望给人们在"具有开放性的局部场体验自然通透的空间感受"。对于自然光线的追求还使得许多体育馆在设计之初就以材料和形态为出发点,力求以体育建筑形体上的变化来生成侧高窗,通过形式多样的透明界面将柔和的自然光线投入到运动空间之中。

随着材料技术的发展,玻璃材料的种类日益增多,一些种类的玻璃的材质特征直接决定了建筑外表的外观效果。例如,釉面玻璃带给建筑在光线下迷人

a)　　　　　　　　　　　　　b)

c)　　　　　　　　　　　　　d)

图 2.39 体育建筑中玻璃材料的广泛运用

a) 围护表皮；　b) 玻璃顶棚；c) 入口大厅；d) 采光天窗

的色彩效果，而 U 形玻璃在更多简约精致的体育建筑中得到了引人瞩目的运用。作为新颖的建筑型材玻璃，除了具备隔声、隔热、防水、可作结构构件等良好性能之外，还可以利用其缤纷的色彩感觉和朦胧的光影效果，直接附身于体育建筑的围护界面。它们的合理运用使得体育建筑的用材更为精炼，也创造了简约、明快，但又与众不同的视觉效果（图 2.40）。

图 2.40 釉面玻璃及 U 形玻璃在体育建筑中的运用效果

设计者们不仅仅关注于玻璃材料独一无二的表现力,而且越来越重视传统玻璃幕墙造成热工损耗过大的问题,通过研发和应用新型材料及构造系统,如双层通风玻璃幕墙或者节能玻璃来达到节能减耗目的。例如,在北京五棵松体育馆的外立面上,建设者安装了面积达到 4.8 万 m^2 的玻璃肋单元式玻璃幕墙,全部采用中空 LOW-E 玻璃材料,节省了场馆的能源消耗。体育馆还采用了科技性较高的纳米自洁玻璃,这种自洁玻璃还能增加透光率,具有防雾、耐腐蚀、杀菌防霉等特性。其表面具有特种结构的纳米 TiO_2 薄膜,在阳光和水的作用下,该薄膜具有自清洁功能[28]。水在薄膜表面会均匀铺开形成水膜,水膜携带着玻璃表面的灰尘污渍随重力滑落,从而达到自清洁效果。

五、薄膜材料

膜结构作为结构体系的一种已经逐渐被大众所熟知,通常膜结构的材料优势体现出的是以最简洁的张力形式来覆盖大跨屋面。膜结构通常以高强薄膜材料及加强构件(钢结构或拉索)通过一定方式使其内部产生一定的预张应力以形成某种空间形状,可作为覆盖结构并能承受一定的外荷载的空间结构形式。膜材料所构成的建筑围护界面也表现了力的平衡美,体现出受力最为合理的结构形式。采用轻质膜材,同时辅以柔性拉索、轻型钢桁架的结构形式,可以构建经济实用但又整体美观的围护体系,很好地达到覆盖大空间的目的[29](图2.41)。而随着膜结构体系的完善,以充气薄膜材料来统一传统体育建筑的屋顶

图 2.41 简约的薄膜材料有效地覆盖了大空间

和墙面,以整体性的围护方式来覆盖大跨空间,使得建筑立面屋面一体化,从而为体育建筑创造出新颖且简洁的围护体系,这种材料运用方式和设计方法使得建筑的结构与表皮更为融合(图2.42)。可以说,在逐渐成熟的技术支撑下,当代的薄膜材料利用其自身的结构承载形式和材质表现特点,构筑

图 2.42 充气膜结构使得体育建筑的围护体系更为精炼

出体育建筑最为统一的围护表皮。可以说薄膜材料结合其支撑体系，表现出大跨度建筑中最为明晰的结构与形态，摈弃了其他传统材料在某种形式上的虚假装饰与拼贴。

对于薄膜材料在体育建筑的围护体系中的应用，人们还可以更多地关注于其快速的搭建方式和对材料运用的节省理念。例如，利用造价相对便宜的 PVC 及 PTFE 膜材和成熟的骨架支撑方式，可以针对多种气候，在不同地区快速便捷地建造气膜体育馆。其功能可以包括各类球类运动、游泳、健身等，这类新型体育设施还可以利用无眩光照明技术和空气交换系统，以很小的建造代价来创造适宜的运动场所。建设中完全采用膜材料作为围护体系，在运行中不产生对环境和空气造成污染的物质，具有真正意义上的环保性能（图 2.43）。

图 2.43 经济的薄膜材料具有快速搭建的优势

随着材料技术的不断发展，设计者也注重于运用薄膜可调节的透光性，使体育建筑的围护界面投射出更具韵味的表象效果。如北京水立方游泳馆和慕尼黑安联球场等体育场馆正是利用 ETFE 薄膜材料与光电技术的结合，从而打造出具有划时代意义的体育建筑新形态。安联球场的设计者赫尔佐格就曾经说过："我个人被服装和纺织品所深深吸引。我母亲是一个裁缝，身边总是围绕着纺织品原料，我被它们所吸引。"因此，赫尔佐格认为建筑的形式和功能之间的关系除了像皮肤和肌肉及骨骼外，还可以借鉴以人类的衣服为建筑的表皮赋予丰富的个性。于是在安联球场的设计中，体育场面积约 4 200m² 的巨大曲面形体被 1 056 块菱形半透明的 ETFE 充气囊板包裹，总数达到 2 061 组的内囊发光装置可以发出白色、蓝色、浅蓝色、红色，同时发光状态内的强度、频率、闪烁时间都能用遥控装置控制[30]。从而以材料和光电技术让体育场能够进行丰富的信息传达或华丽变身。因而，薄膜材料作为围护表皮，能够最大程度上的突出其材料自身表现力，也使人们对大型公共建筑的形态审美，从过分猎奇而回归于基本原型的理性表达，并专注于对材料构造的细部挖掘与运用（图 2.44）。

图 2.44 德国慕尼黑安联球场的 ETFE 膜材结合了先进的发光装置

六、聚碳酸酯板材料

玻璃材料的透光性在建筑围护体系中得到广泛运用，创造出重要的室内外交融界面，但玻璃也有着自身安全性较差等问题。相对而言，聚碳酸酯板（PC板）是一种可循环利用的工程塑料制成的新型建筑采光材料，它是以聚碳酸酯为主要成分，采用共挤压技术而成的一种高品质板材，并通过材料加工技术形成丰富的类别（图2.45）。由于其表面覆盖了高浓度的紫外线吸收剂，除具抗紫外线的特性外并可保持长久耐候，永不褪色。聚碳酸酯板是相同厚度玻璃质量的50%，隔热性能比玻璃提高25%，冲击强度是普通玻璃的250倍，并具有良好的透光性、抗冲击性及耐紫外线辐射性能，同时还具有良好的尺寸稳定性和成型加工性能，比传统玻璃具有明显的技术性能优势[31]，如表2.7所示。

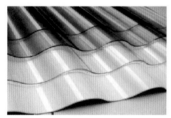  

a)   b)   c)

图2.45 种类丰富的聚碳酸酯板材料
a) 波纹纤维板；b) 双层中空板材；c) 三层中空板材

表2.7 聚碳酸酯板与玻璃材料的性能对比

冲击强度对比		传热系数对比	
材　料	冲击强度（J）	材　料	K值[W/(m²·K)]
4mm 玻璃	2	4mm 玻璃	5.8
6mm 安全玻璃	10	4/12/16mm 双层玻璃	3.0
4mm 有机玻璃	12	4mm 实心有机玻璃	5.3
6mm 普通聚碳酸酯板	160	1.2mm 波纹纤维板	6.4
		6mm 聚碳酸酯板	3.7
		8mm 双层中空聚碳酸酯板	3.6
		10mm 双层中空聚碳酸酯板	3.3
		10mm 三层中空聚碳酸酯板	2.6

人们已经将聚碳酸酯板为作为采光面，大量地运用在建筑围护系统中的各个部位，如隔声墙体、入口顶棚、中庭、走廊等位置的采光位置（图2.46）。在体育建筑上，聚碳酸酯板材通过自身良好的透光特性和安全性能，主要广泛地应用在大型体育场的屋面上，还可应用于隔离墙、教练席、包厢以及通道等部位。

图 2.46 运用在建筑各个采光面上的聚碳酸酯板

当今的体育场馆不仅要有独特的设计理念，还要满足严格的安全性、耐候性和合规性要求。经过不断研发的聚碳酸酯板材，具有玻璃的透明度和质量轻、耐冲击性强、易于成型为紧凑形状等独特优势。而今后的体育场馆对安全性、舒适性、耐用性的要求更高。通过选择这种高性能的板材，设计者可在实现玻璃所具有透明度的同时，消除其质量大、设计有局限性及易碎性等缺点。并通过对聚碳酸酯板材料添加特殊涂层和色彩而增添美感，获得优异的耐候性、更强的透光性和易维护性，并为观众带来了令人满意的安全体验。

聚碳酸酯板材产品，已经成为很多国家体育场馆的首选材料。例如，GE公司的 Lexan Thermoclear 板材是全球50多个体育场馆的指定材料，在2010年南非世界杯赛场上，几座壮观的新球场都采用了聚碳酸酯板作为体育场上空的顶棚材料。高性能的聚碳酸酯板材，提供了光线柔和的遮蔽场所，也给观众们带来了全新的空间体验[32]。约翰内斯堡的足球城市球场设计独特，灵感来源于在南非被用作传统烹饪罐的瓦盆。经久耐用的聚碳酸酯板材顶棚象征着沸水溢出罐子顶端并从侧边流下，既使得自然光线柔和地投入到场地之中，又保护了数万名观众免受天气情况变化的影响（图 2.47）。

图 2.47 南非世界杯的球场顶棚大量运用聚碳酸酯板

　　在体育建筑中，以聚碳酸酯板统一作为墙体和屋面，构成整体围护表皮的例子并不多见，深圳龙岗大运会体育中心是形态特征鲜明的示例，整个体育中心包括体育场、体育馆、游泳馆三个场馆。大运会中心体育场馆屋面的"水晶"造型由完整的三角形体块组成，而其构件单元又由若干个三角形聚碳酸酯板块组成。其外表上统一的聚碳酸酯板材料在周围自然景观和灯光设计的衬托下，使得场馆宛如巨型的晶莹水晶，给人以几何原型的感染力和强烈的视觉冲击力（图 2.48）。但是在取得耀目形态的同时，这些场馆也面临了用材不适宜地域气候的问题，深圳炎热潮湿的气候需要良好的自然通风条件，聚碳酸酯板虽然晶莹透光，但使得整个体育场被包裹的过于严实，在很大程度上影响到了自然通风效果。

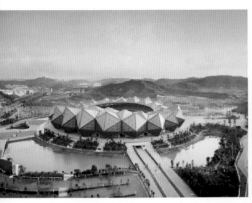

图 2.48 以聚碳酸酯板构筑成的"水晶"大运会场馆

因此，在运用聚碳酸酯板材料作为体育建筑的外围护表皮时，也必须考虑到当地的日照条件和气候特点，而不是为塑造光鲜新奇的形象而一味勉强使用。例如，西班牙 Bakio 市体育中心的局部内外墙面采用透明的聚碳酸酯材料，除去材料本身的优化起到了绝热的作用，设计者并且对基地的周边环境与日照方向都进行了仔细的考虑，在材料的使用上注重引导自然通风，建筑西侧运用的聚碳酸酯板则遮挡住地中海地区较为强烈的太阳光照，为内部的游泳馆与休息空间提供了柔和的光线。并且，聚碳酸酯板材料在光线下反映出的肌理使得这个场所保留了几分私密感。而到了晚上，人工光源通过立面散发出温和的光芒，整个运动中心以低调但适用的姿态融入到了整个地形环境之中（图 2.49）。

图 2.49 西班牙 Bakio 市体育中心的聚碳酸酯板表皮

七、木质材料

人们已经可以从很多实例中看到，木材的结构支撑功能在当代的大跨度建筑中获得了新生，胶合木木材有效地改善了天然木材的各项性能，而新的节点构造和施工技术使得新型木材的结构承载能力得到更有效的发挥。在适宜的环境条件下，木材良好的受力性能和强大的稳定性对于建造大跨度结构有着广阔的发展前景。而作为建筑围护表皮材料，木材同样可以表现出其自身的优异特征："建筑为展现木材的独特品质提供了绝好的媒介，木材质轻、可塑性强、强度大、保温隔热，作为建筑的表面材料，它生动自然，更是一种可持续材料，也是建筑业中唯一具有环保证书的材料[33]。"

作为唯一可再生的主要建筑材料，木材从能源利用和空气、水污染等方面比较，它对环境的影响也最小。就能耗而言，混凝土结构是木结构的 1.2 倍和 1.5

倍；而钢结构产生的空气污染为木结构的 1.7 倍，混凝土结构为 2.2 倍。因此，木材在其全生命周期中体现出真实的节能及可持续性能，大量运用成熟的木材作为围护表皮材料，可以真正的促进今后建筑用材中的生态化趋势。

室外木材主要分为两种：室外防腐木材和人造板材。前者是为了改进天然木材耐候性差的缺点，随着防腐技术在高效、环保层面上的发展，木材的室外运用更多的出现在墙身与立面之中。防腐木材的构造层次逐渐得到成熟发展，多样的连接形式能够保证木材的整体使用寿命和天然节能效果。除去防腐天然木材，人造板材在建筑立面中也得到广泛运用，以木材为基本材料的人造板材，其耐久性和耐候性得到了极大改善，其围护墙体的构造拼接方式更接近于石材幕墙体系，围护体系中通风、保温等功能材料与木质表皮材料相互结合，成为成熟的围护系统。在外观上利用厂商提供的板材模数化尺寸，更能创造出具有丰富的肌理和拼接效果的建筑外观[34]（图 2.50）。

图 2.50　室外木材为建筑所达成的立面效果

在设计者们运用大量木材作为建筑的墙体及表皮材料时，木材的丰富外观促进了建筑形式的多样性发展。设计者甚至以木材的外观变化来诠释建筑的成长过程。材料构件，如木质百叶可以在立面层次上移动，木材的色泽及肌理因为时间的流逝也会发生变化——这些都可以自然地去改变建筑的形象。另外，建筑外观及细部往往与室内的装饰用材相互协调，木质的梁柱、吊顶以及室内地板与建筑表皮形成了协调融合的内外界面，以木材本身良好的亲和力而创造出宜人的室内空间，人们追求舒适自然的心理需求在与木材的接触中得到了满足（图 2.51）。

图 2.51 室内空间的木质材料具有良好的亲和力

木材不仅能为体育建筑带来亲切自然的外观，也可以利用其材料的适宜触感为各类运动带来合适的场地界面。在当代体育馆中大量采用了可以灵活拆卸和拼装的木地板作为运动地面材料。而运动场地的转换造就了高效的场馆利用率，以较小的成本为体育建筑的可持续发展创造了运行基础。例如，工作人员在几小时之内就可为美国洛杉矶斯台普斯球馆做到两只不同球队的专用地板转换，并且可以移去木地板转换成为冰球场地。通过比赛时间的合理安排，这座球馆基本上每天都能够成为体育迷们体验运动激情的城市胜地，也使得场馆生机蓬勃，充满活力（图 2.52）。

图 2.52 美国洛杉矶斯台普斯球馆的地板可灵活转换

第四节　体育建筑金属屋面系统的材料运用

从以上文中的分析可以看出，体育建筑中运用的材料种类丰富多彩，而本节单独对体育建筑金属屋面系统的材料运用和构造功能进行重点剖析。其原因在于：体育、观演、会展等大跨度建筑有着区别于一般建筑的最显著特点——大跨度结构及屋面。无论从空间造型还是结构选型的角度来看，体育建筑的与众不同之处都彰显于它们巨大的屋面，不论是体育场的雨棚，还是体育馆的屋面，都成为体育建筑结构与造型设计的关键点。近年来，大跨度屋盖结构有了飞速的发展，越来越多地采用混合张拉等自重轻、受力合理、技术先进的空间结构。随着结构形式的发展，大跨屋面的结构材料，从刚性钢混到柔性拉索、再到刚柔并济的混合结构，这些结构形式上的变化都关联于对所选结构材料在受力性能上的不断挖掘，总体目标都是为了减轻结构体系的自重，更高效地发挥结构材料的力学性能。在结构体系逐渐以成熟的方式建立之后，大跨屋面上的覆盖材料同样希望达到自重轻，减少对结构体系的压力，但又必须安全可靠。因此，体育建筑的屋面材料往往成为设计之重，承担起为体育空间和场所提供庇护的重任。

目前，按照材料的组合体系进行分类，大跨度屋面的覆盖层可以分为柔性蒙皮层及刚性覆盖层两大类。前者大都由钢或木结构与膜材料所构成，自然形成了刚性骨架与柔性蒙皮而组成的空间结构（图 2.53）。其围护性能还具有质量特轻、耐久、防火、自洁、透光性能好等良好性能。但相对而言，由于设计

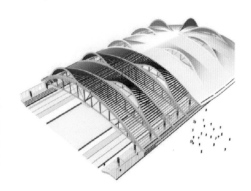

图 2.53　刚性结构与柔性蒙皮所覆盖的大跨空间

理念、施工条件、气候特征、维修条件等因素影响，当今世界上的大量体育建筑，都将刚性覆盖层作为其大跨度屋面的设计选择。一方面，刚性覆盖层具有较为完善的构造层次，基本上都是由金属类面板结合各类功能材料，组成金属屋面系统。由于金属屋面与钢结构的材料性能接近，因此能够以精准的连接方式构成稳固安全的结构体系。金属屋面，首先为体育建筑的内部空间遮风避雨，并且在防水、保温、隔声等功能要求上通过成熟的构造系统来统一完善[35]。另一方面，金属屋面往往与金属幕墙、玻璃幕墙等材料以多种方式相互交接，摒弃屋顶与墙体的传统划分，形成完整统一的围护表皮，使得体育建筑整体形态更能表现出"流体雕塑"的当代特征（图2.54）。

图2.54 金属屋面系统的运用为体育建筑
塑造了丰富的形态

一、大跨度金属屋面的主要材料类型

随着材料运用理念和实践的不断成熟，一些具有良好性能的金属被开发成新型的屋面建筑材料，广泛地应用于体育场馆、会展中心、博物馆、机场、车站等大跨度建筑，并逐渐向普通建筑扩展（图 2.55）。这些金属材料的类型主要有以下几类。

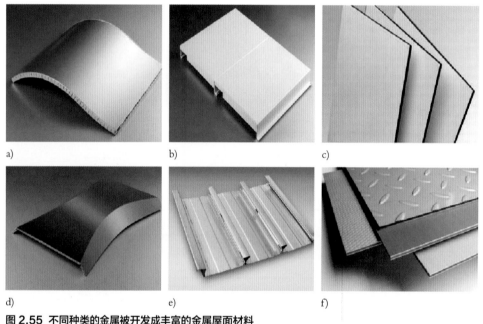

图 2.55 不同种类的金属被开发成丰富的金属屋面材料
a) 铝合金板；b) 不锈钢板；c) 钛锌板；d)；铜板；e) 压型钢板；f) 复合金属板

（1）铝合金板。常用铝镁锰合金板。强度高、质量轻、延展性和导电性好，具有抵抗多种酸性侵蚀的能力，连接方便，材质具有超过 40 年的使用寿命。种类分为非涂层产品（无规则锤纹和有规则压花纹样）和涂层产品（聚氨酯、聚酯、环氧树脂、氟碳等涂装铝板和预辊涂铝板）。

（2）钛锌板。主要成分是金属锌，加上少量的钛、铜、铝混合冶炼而成的钛锌合金板。具有极佳的柔韧性、延展性、多样性，极强的"自愈"功能，使用寿命可达 100 年之久。有原色、预钝化板（蓝灰色、青铜色）类型。

（3）纯钛板。纯钛含量达 99.97%。具有无可比拟的物理优越性能：强度高、质量轻、密度小、耐酸碱，极高的强度质量比。有原钛、发丝或锤纹处理、氧化膜发色类型。

（4）铜板。采用无磷去氧还原铜。在所有金属中铜的延性最好，其加工性能不受温度的限制，低温不变脆，具有良好的可焊性和防火不燃性，超凡的稳定性和抗腐蚀性。有原铜（紫色）、预钝化板（咖啡色，绿色）、镀锡铜等类型。

（5）不锈钢板。含铬量不少于11%的铁合金。具有良好的加工性能，超强的耐腐蚀性能。表面有金属光泽质感。

（6）镀铝锌钢板。镀铝锌钢板的铝锌合金结构是由55%铝、43.4%锌与1.6%硅在600℃高温下固化而组成，其整个结构由铝—铁—硅—锌形成致密的四元结晶体，从而形成一层防止腐蚀的强有效屏障，具有良好的耐腐蚀性等性能。

（7）压型钢板。采用镀锌钢板、冷轧钢板、彩色钢板等作原料，经辊压、冷弯成形。具有轻质高强、施工方便、抗震防火等优点。

（8）各类复合板。如钛锌复合板、钛铜复合板、铜铝复合板等。在一层金属板上覆以另外一种金属板，以达到在不降低使用效果（如防腐性能、机械强度等）的前提下节约资源、降低成本的效果。

在多种金属材料的分类中，铝材及其合金在体育建筑的金属屋面中运用的最为广泛，为现代建筑向舒适、轻型、耐久、经济、环保等方向发展发挥了重要的作用。铝板和大气接触时会在表面产生一层氧化铝薄膜，这层氧化膜就保护了内层铝板防止被进一步腐蚀。这层氧化膜具有很好的耐化学性，因此造就了铝及其合金材料的优异耐久性能。如建于1927年的美国匹兹堡市附近的一座体育馆，采用铝板作为屋面材料，在建成61年后（1988年）有关部门进行检查，发现屋面状况仍然良好。有关部门曾做过检测，每年铝板因腐蚀而损失的厚度为0.5μm，如果是0.7mm厚的铝板，即使经过100年的大气腐蚀后还能有0.65mm厚。所以，可以认为铝屋面材料是最经久耐用且经济的屋面金属材料之一。

随着材料合成技术的迅速发展，复合金属板往往能够将不同金属元素各自的优异性能相互结合。例如，一种较为新型的钛锌塑铝复合板，这种复合板自上至下依次由钛锌板、第一高分子黏结膜、PE塑料芯层、第二高分子黏结膜和涂层铝板共5层复合而成。暴露在大气中的钛锌板表面会逐渐形成一层致密坚硬的碳酸锌防腐层，防止板面进一步腐蚀，即使有划痕和瑕疵也在这个演化过程中完全消失，因而具有卓越的抗腐蚀性能、使用寿命极长、表面划痕可自我修复、表面色彩绚丽、颜色均匀、美观、持久等特点（图2.56）。

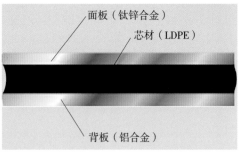

面板（钛锌合金）

芯材（LDPE）

背板（铝合金）

图 2.56 钛锌塑铝复合板具有卓越的物理性能

二、金属屋面系统的构造层次

当今，包括体育建筑在内的大跨度建筑所大量采用的金属屋面系统，包括支撑、覆盖、保温、防水等功能，构成了较完善的屋面系统。其系统中包括多种材料所构成的构造层次，这些材料通过有序的组合，发挥出各自的效能。金属屋面系统从构造的简单与复杂程度上来看，有单层压型板屋面、双层压型板复合保温屋面、多层压型板复合保温屋面、压型钢板复合保温防水卷材屋面、保温夹芯板屋面等[36]。其应用的范围如下：

（1）单层金属板屋面。用于没有保温隔热要求的建筑。

（2）双层金属板+保温层屋面。用于有保温隔热要求的普通工业与民用建筑。

（3）双层金属板 + 保温层 + 防水透气层 + 隔汽层屋面。用于有节能及气密要求的工业与民用建筑，或潮湿环境的建筑。

（4）金属屋面面板+防水垫层+保温层+隔汽层+吸声材料+穿孔金属板。用于有声效要求的重要建筑，如机场航站楼、体育建筑、会展建筑等。

因此，可以看出，金属屋面的构造层次随着使用功能的变化逐渐丰富，系统的概念因此清晰和完整起来。单层的金属压型板屋面属于构造防水的范畴，排水能力强，但防水能力弱，系统构造一旦出现缺陷，渗漏问题无法避免。另外，由于金属构件相互连接，细部处理不好易形成热桥，造成保温层或室内出现冷凝现象。因而当代大部分体育馆建筑都运用了构造层次丰富的金属屋面系统，此类屋面的构造集金属板屋面的轻质简约与卷材屋面的良好防水于一身，充分发挥了各自的特点，同时加强了系统的气密性能，提高了保温隔热能力，也有效防止了屋面雨噪声问题。

在当代的体育建筑所采用的金属屋面中，直立锁边铝镁锰合金屋面系统成为得到广泛推广与运用的典范之一（图 2.57）。这首先主要得益于铝镁锰合金的优异性能，这种合成金属板材经过先进的连续阳极氧化工艺，使其具有质量轻、结构强度适中、耐候、耐渍，易于焊接加工，正常使用下，原材料寿命长达 50 年。其系统性能及措施主要体现在：

（1）防渗漏。采用直立锁边固定方式，排水截面大，现场压型，面板纵向无搭接，表面无螺钉穿透，屋面板肋侧面设置反毛细水凹槽，防渗漏性能良好。

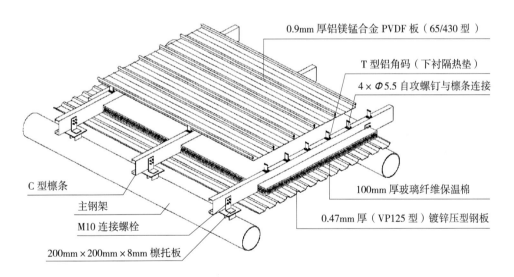

0.9mm 厚铝镁锰合金 PVDF 板（65/430 型）

T 型铝角码（下衬隔热垫）

4 × Φ5.5 自攻螺钉与檩条连接

100mm 厚玻璃纤维保温棉

0.47mm 厚（VP125 型）镀锌压型钢板

C 型檩条

主钢架

M10 连接螺栓

200mm × 200mm × 8mm 檩托板

图 2.57 在体育场馆中得到成熟运用的铝镁锰金属屋面系统

（2）透气性能。底板采用穿孔压型镀锌钢板，屋面板是直立锁边方式，中间填充保温吸声玻璃棉，因而不会妨碍屋面板底的空气流动，不会将湿气滞留在板内；防潮贴面（吸声棉），主要作用是保温降噪。

（3）温度变形能力。采用直立锁边方式，铝合金固定座仅限制了屋面板在板宽和板高方向的移动，并不限制屋面板因温度变化时产生的位移。

除去屋顶系统，体育建筑在墙体也大量采用金属墙面系统。金属幕墙不仅仅与屋顶能够构成完整的形态特征，其构造系统的性能也表现出以下优势：第一，通过双重折边锁定使墙面连接成为一个整体，防水性能优越；第二，表面无螺钉外露，免除污染与老化问题，建筑物外观完整；第三，墙面系统可以与结构整体的防雷击体系紧密连接，作为防雷击闪极；第四，墙面板与支承层连接采用隐藏式不锈钢扣件，不锈钢扣件与纵向金属屋面板同步位移，形成的连接方式可解决因热胀冷缩所产生的板应力，不会因板应力影响造成墙面的胀裂、变形和摩擦。

三、金属屋面系统的综合性能

无论从外部造型还是结构承载等不同角度来看，屋面系统都成为大跨度建筑中的设计之重，各类金属屋面已经以成熟的姿态出现在体育建筑之中。从上节所述铝镁锰金属屋面的构造就可以看出，作为围护系统的一部分，金属屋面系统同时需要满足体育建筑在内外界环境中的保温、防水、隔声、抗风、耐火等多个方面的设计要求。因而，大部分体育建筑工程的金属屋面也基本采用了集防水、保温、隔声、抗风等功效为一体的轻质环保型建筑材料，表现出了金属屋面系统在满足物理要求方面的综合良好性能。同时，构造中的各类功能材料也成为金属屋面系统发挥优势的基本元素。

以南京奥体中心为例，其训练馆和比赛馆都采用了铝锰镁金属屋面系统（图2.58）。并凭借国产企业的自主研发能力，吸取国外同类屋面板的优点，开发出了国产相关的系列直立锁边金属屋面系统，节约了大量引进进口材料的资金。

图 2.58 南京奥体中心的训练馆和比赛馆均采用了铝镁锰金属屋面

根据南京奥体中心的使用性质和要求，该工程金属屋面板系统具备了可靠的防水性能和较高的耐久性，以及合理的吸声、保温性能。设计者运用了较成熟的屋面构造，其中训练馆的复合保温金属屋面构造如图 2.59 所示。

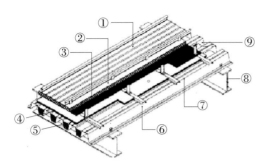

① 65/415 t=0.9mm 铝镁锰合金屋面板
② 2.0mm 厚橡胶沥青高分子自粘卷材
③ 100mm 厚聚氨酯发泡板 55kg/m³
④ 80×50×20×1.5C 型钢衬檩
⑤ 50mm 厚离心玻璃棉吸声层
⑥ 16kg/m³ 无纺布吸声膜
⑦ HV-200，25/200 t=0.5mm 镀铝锌穿孔压型钢板
⑧ 250×75×20×2.0 高强度热镀锌 Z 型檩
⑨ 高强铝合金支座

图 2.59 南京奥体中心金属屋面的构造层次

根据性能指标的要求，南京奥体中心的场馆主要采用了国产 HVS 系列屋面板，其材料即为强度高、自重轻、化学性能相对稳定的 3004 系列铝镁锰合金。这种屋面板可以在工地现场辊压成型，屋面板先进的板型设计可自然弯曲或制作加工成双曲及扇形屋面等复杂的形状，满足了场馆建筑曲面造型的要求（图 2.60）。同时，这种屋面板专门的锁边机械将屋面板与支架连接成为一个防水及抗风的整体，无须用螺钉穿透屋面板，满足了防水抗渗、保温隔声、抗风耐久、防雷击、防结露、温度适应变形等多个方面的设计要求[37]。在这其中，防水、保温、抗风等是金属屋面系统综合性能中的重中之重。

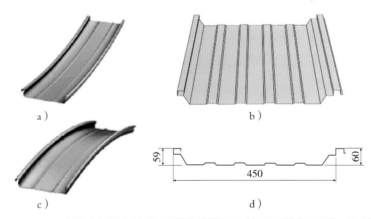

a）

b）

c）

d）

图 2.60 国产 HVS 系列屋面板满足了金属屋面的物理要求（尺寸单位：mm）

1. 防水抗渗性能

为了满足南京地区的最大排水量，设计者采用了沟宽 415mm、肋高 65mm 铝镁锰合金压型屋面板和沟宽 450mm、肋高 60mm 镀铝锌板，都具有防水可靠的性能，通过计算当地的最大降水量，屋板凹槽的积水深度不超过肋高，完全满足防水要求。同时屋面板之间采用锁口和暗扣连接方式，无须螺钉穿透屋面板，增强了屋面的整体性，并且板与支座在温度变化下可自由伸缩，避免了

由于温度变化屋面板伸缩引起的扣盖咬合缝发生错位而产生屋面渗漏的现象。

设计者还在屋面构造中采用了相交沥青自粘防水卷材，其特点主要为满粘，对水分有自锁性。如果在施工中有较大划伤，由于"贴必定"和基层紧密贴合，所以阻止了水分在卷材和基层之间流通。只要划伤部位楼板没有裂缝，渗透的可能性将大大减小。这种材料的运用使得屋面防水更为稳固，即使出现裂缝，其漏点也非常明显易找，修补容易，费用低。而独特的"自愈"功能，若有较小划伤和钉扎也能自行愈合。所以类似"贴必定"的新型卷材，依靠完全自粘紧密融合的特性，解决了陈旧防水卷材搭接不可靠的弊端。

2. 隔声保温性能

为满足体育中心的保温及隔声要求，工程的保温棉采用了 100 厚的发泡板作为聚氨酯保温层，保温材料严格符合建筑热工要求，其物理性能有：

（1）吸水率 　　　　　　　　$\leqslant 1\%$

（2）防水耐用年限 　　　　　$\geqslant 25$ 年

（3）热导率 　　　　　　　　$\leqslant 0.022W/（m \cdot K）$

（4）现场发泡时与混凝土、金属、木质基面平均粘接强度 $\geqslant 40kPa$

（5）密度 　　　　　　　　　$\geqslant 55kg/m^3$

（6）适应环境温度 　　　　　$-50℃ \sim 150℃$

（7）在 $70℃ \pm 1℃$ 时照射 $48h$，尺寸变化率 $\leqslant 1\%$

（8）抗压强度 　　　　　　　$\geqslant 0.3MPa$

同时，工程采用 50mm 厚离心玻璃棉隔声，并防止材料冷凝，对室外噪声、雨声和空中噪声均有良好的消除及减弱功能。其主要的材料特性有：

（1）重度 　　　　　　　　　$\geqslant 16kg/m^3$

（2）工作温度区间 　　　　　$\leqslant 121℃$

（3）热荷重收缩温度 　　　　$\geqslant 250℃$

（4）耐腐蚀性 　　　　　　　无化学反应

（5）抗霉菌性 　　　　　　　不生霉

（6）吸湿性 　　　　　　　　$49℃$、相对湿度 90% 时 $\leqslant 3\%$

（7）湿气渗透率 　　　　　　$\leqslant 0.013g/（24h \cdot m^2 \cdot mmHg）$

（8）不燃性 　　　　　　　　满足国标 GB 5464—1999 中 A 级不燃性材料

3. 抗风抗震性能

抗风及抗震性能对于大跨度建筑来说尤为重要。首先，膜材及阳光板等轻质屋面材料虽然能够减轻建筑屋顶的自重，但来自于水平方向的风荷载却成为结构稳定与安全的重大隐患（图2.61）。而对于相对稳固的金属板屋面来说，抗风性能也同样重要，因为在不少大跨度建筑的金属屋面上，落后的固定方式决定了其抗风性能的不足。比如采用螺钉穿透式固定的屋面板，螺钉帽与屋面板的接触面积很小，在遭遇大风时，屋面板由于反复承受正负风压，钉孔处产生应力集中导致撕裂，最终导致屋面板及其下部的轻质保温材料容易被大风吹落。

图 2.61 金属屋面系统中的抗风性能尤为重要

而南京奥体中心场馆中的屋面系统首先根据当地提供的基本风压值，对屋面板、檩条等受力体系进行结构验算，并根据风荷载情况，在满足屋面板本身受力要求下设置连接配件，在屋面檐口及封檐包角位置设置钢管骨架，提高檐口封板的抗风能力。其所采用的直立锁边屋面板，采用铸压铝合金固定支座与檩条固定，再将屋面板卡在固定支座的端头上，然后用电动锁边机将板肋锁在固定座上。这种先进的直立锁边固定方式不需要穿透板面，因而屋面板没有任何损伤，也就难以产生应力集中问题[38]。设计者将这种金属屋面系统在建设工程质量安全监督检测总站进行了抗风试验，效果良好。这种金属屋面系统也被选定成为了一些沿海城市中大型公共建筑的屋面替代材料，以此来应对台风对传统压型钢板屋面的破坏。

另外，针对大跨度建筑抗震与抗风的必要性，阻尼器的相关先进技术和材料在许多体育场馆上得到了成熟的运用。例如美国芝加哥战士体育场、希腊2004和平与友谊体育场以及我国广州大学中心体育场、广州亚运会自行车馆等场馆都在其大跨屋面上运用了阻尼器减震系统。这种液体黏滞阻尼器能够保证大跨屋面的整体稳定性，并大幅减小了温度荷载的影响。一旦遭遇强风、强震，体育场馆的大跨屋面结构与支撑结构之间有相对运动时，阻尼器将产生阻尼力，一般一个阻尼器就可产生和承受几十吨的水平力，从而吸收、消耗振动能量，保证了体育建筑大跨结构在强风、强震下的稳定与安全。例如，坐落于美国太

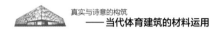

平洋沿岸地震带中的西雅图 SAFECO FIELD 棒球场具有巨大的可开合屋面，还必须时常面临太平洋沿岸大风的威胁。而设计者在其钢结构桁架与柱子的适宜连接处使用了大量阻尼器以及位移和应变传感器，使其承受地震力和风荷载的能力大大增强，从而在结构安全设计方面节省了 420 万美元的开支，成为典型的使用效益和经济双向收益的工程项目（图 2.62）。

图 2.62 西雅图棒球场可开合屋面上的阻尼器

第五节 本章小结

从材料的丰富分类和多样运用中可以看出，建筑设计首先考虑的就是材料，当代建筑空间与形态的千变万化离不开建筑材料的物质支持。材料在分类中并没有绝对的新旧和位置之分，如何合理的综合运用和挖掘传统及新型材料，发挥各自功效是建筑不断获得新生的正确方式。而随着材料科学和技术手段的不断发展，不同的材料与不同的技术达成多样性的表达，让一座座建筑更加清晰地展现出面向世人的种种姿态。

通过本章中对于体育建筑由表及里的材料分类分析，可以看出，再庞大宏伟的体育建筑也是通过不同类型的细微材料所构筑，与其他建筑一样，体育建筑的空间品质与形态特征在很大程度上同样取决于所用材料特性的综合表现。充分认识材料的物理功效和视觉表达，对体育建筑设计意义深远，通过对材料内在的受力性能与外在的表现特质进行理性的分类和运用，结构材料的力学逻辑和表皮材料的视觉传达会在当今大型的体育建筑中得到广泛体现。进而言之，针对体形相对庞大的体育建筑来说，无论归于何类和用在何处，各种建筑材料都应该剖析其"材"，并尽可能的减少浪费而充分发挥每一块材料的功效。因而，设计者们重视充分有效地利用各类材料和资源，让材料自身的特性充分融入到建筑当中，体育建筑的生命历程才能够更为健全而活跃。

第三章
结构材料的应用逻辑与性能发展

> 我们时代有一些人创造了一些美的乐曲，之所以美，只不过因为这些东西是根据逻辑，根据理智……根据所用材料的准确，必须遵循自然法则而建造起来的。

> ——凡·德·费尔德

当今世界丰沛的物质生产力极大地推动了各类建筑材料的广泛应用，但材料也经常沦为人们随意选用和替换的构件产品，这种肆无忌惮的随意性和无序性使得许多由结构所支撑的建筑形态与空间沉沦于过于模式化的境地。从符合建造逻辑的建构意义上来看，材料则是融合建筑结构、技术、构造等诸多构筑因子的最基本元素，只有将材料应用中的逻辑性体现出来，材料才能以物质载体的角色来展示建筑技术思维与艺术思维的结合与表现。

体育建筑大都属于大跨度结构，符合材料物性中力学逻辑的结构设计是其成功耸立的基石，人们将适宜的结构材料与高效的结构体系相互融合是对力学逻辑的明证。并且，在符合材料力学性能的结构形态上完全能够衍生出造型逻辑的美学意义，因此，在体育建筑中，建筑之美并不仅是材料的种种"表象"，而是可以溯源于力的自然传递和消解之中，这两者可以以材料为载体表现于：

（1）材料性能在大跨结构受力中的充分利用。

（2）材料特征在大跨结构表现中的合理彰显。

前者是尊重建筑材料自身的力学特征，并且挖掘各种材料的组合受力性能，以先进或适宜的施工技术将材料运用体现在完善的大跨结构体系之中，符合逻辑的结构体系及材料运用也体现大跨建构材料更高层次的结构价值。后者的结构表现则致力于根据现象推理出建筑内在的机制和原理，大跨及体育建筑的结构表现反证于视觉逻辑，清晰明了的结构形态使人们从建筑内外部空间判断出建筑是以何种材料及结构形式建造出来的，而建筑提供的结构信息更应是真实而避免虚假牵强的装饰。结构形态具有严谨且合理的力学逻辑，而这种理性的组织规律可以在体育建筑结构体系上自发形成整体并富有秩序的视觉条理[39]。

大量实践证明，符合力学与美学之中的逻辑关系，是体育建筑结构用材及表现的应用法则，也是对体育建筑结构体系的优化调整和美学选择。力学与美学的在结构形态及表现上的统一，才能使体育建筑达到建构层面上的"真实与诗意的构筑"。因此，体育及其他大跨度建筑的建筑构思和结构构思需要同步进行，符合逻辑的结构用材和表现应该贯穿于大跨度建筑设计的各个环节，尤其是在大型体育场馆中，结构表现同时也是一种对建筑材料性能的充分认识，粗犷稳重的混凝土、富有张力的拉索、亲近自然的木材……多种材料在构筑出体育建筑结构"骨骼"的同时，也直接化身为其外观"容貌"上的表现元素（图3.1）。设计者们根据材料性能和结构承载受力性能，巧妙的发挥创造出形式合理且美观的结构构件，既能够充分发挥材料潜力，又做到了合理用材和节省材料。

图 3.1 各类工程材料在体育建筑中表现出"真实与诗意的建造"

第一节 体育建筑的大跨度结构发展

符合逻辑的结构体系和材料运用是大跨空间结构的构筑基础，而大跨度空间的塑造始终是体育建筑设计中的最终目标。因此材料成为从物质到建筑的实现角色，在进行结构体系搭建与表现的同时，也表现出独有的体育空间艺术。对于体育建筑，大跨度结构体系起到支撑和覆盖空间的作用，结构材料的适宜运用体现在力学、美学、经济等多个层面。材料性能与工程技术的完美结合，最能体现其结构体系的价值。这在很大程度上归功于大跨度空间结构体系的严谨逻辑性，同时也印证了人类不断探索空间结构体系的理性诉求。

当建筑跨度达到一定程度后，一般平面结构往往难以成为合理的选择。在实际的三维世界里，任何结构物本质上都是空间性质的，空间结构的卓越工作性能不仅仅表现在三维受力，而且还由于它们通过合理的曲面形体来有效抵抗外荷载的作用。当跨度增大时，空间结构就越能显示出其优异的技术性能。事实上，从国内外工程实践来看，大跨度的体育建筑多数采用各种形式的空间结构体系。从挑战极限的愿望来看，人们还在不断追求更大的空间，大跨空间结构成为最近30多年来发展最快的结构形式。大跨度和超大跨度建筑物及作为其核心的间结构技术的发展状况已成为代表一个国家建筑科技水平的重要标志之一。

一、当代大跨建筑结构发展的主要动因

大跨建筑结构作为一门专门的学科，其特殊的形式与特征在很大程度也决定了结构材料的发展。经过大量工程实践的总结，人们把大跨度结构发展的动因归结为：

（1）经济发展和社会需求；
（2）材料的发展；
（3）新型制造工艺施工技术；
（4）结构计算理论的优化；
（5）计算工具的进化 [40]。

可以看出，除去社会发展的宏观因素，材料和技术既是大跨度建筑结构设计发展的核心所在，也是理性逻辑在体育建筑空间结构中的具体表现。20 世纪的几位设计大师在建筑与结构相结合的道路上扮演了重要的领路人角色，如富勒、奈尔维、奥拓、沙里宁等，他们都将结构设计与建筑设计融为一体，注重材料的真实力学性能。1965~1967 年，被称作"外星人建筑师"的富勒为蒙特利尔世博会兴建美国展览馆而辛勤工作，他们采用轻质金属和聚合材料建成别具一格的球形展馆，轰动世界。此后不久，富勒将巨球结构用于美国路易斯安那州的联合油槽汽车公司修理大厅，结构球体直径达 117m，高 35m，成为当时世界最大净跨现代建筑。与同龄人富勒类似，"混凝土结构大师"奈尔维发掘出钢筋混凝土材料在创造新形状和空间量度方面的潜力，将体育馆等工程结构转化为美丽的建筑形式。奈尔维擅长用现浇或现场预制钢筋混凝土建造大跨度结构，这种建筑在当时具有高效合理、造价低廉、施工简便、形式新颖美观等特点（图 3.2）。

图 3.2 富勒与奈尔维发掘出材料潜力来创造大跨度空间

虽然经历了许多建筑思潮的洗礼，但建筑与结构的紧密结合一直是大跨度建筑所力求表达的。20 世纪末以来，社会审美心理趋向多元化，大型公共建筑逐渐摆脱后现代主义繁琐装饰的困扰。在理性回归的共鸣下，有很多著名建筑师跟随着结构主义大师们的引领，以大跨建筑的结构体系为创作基础，以建筑师与结构师的双重身份，将结构设计同样作为己任，进行了许多大型公共建筑的创作。

　　例如，圣地亚哥·卡拉特拉瓦、诺曼·福斯特、伦佐·皮亚诺等高技派大师，他们首先具备了扎实的结构设计知识，卡拉特拉瓦的博士论文题目即为《空间结构的可折叠性》，福斯特则拥有着在结构设计领域代表着崇高地位的英国"工业建筑皇家设计师"荣誉。这些技艺高超的建筑师们在大型公共建筑的创作中游刃有余，往往将令众多建筑师们望而却步的结构设计精准地运用在建筑设计之中，并以精炼合理的结构承载形态作为建筑形态的表现形式，将结构系统中的受力逻辑转换于建筑形态上的美学韵律，成为一种结构"表现技术"。

　　工程技术与材料的发展也紧密地结合在结构表现技术之中，如"自密实混凝土"在卡拉特拉瓦作品中的广泛应用。自密实混凝土表面光滑细腻，可形成坚挺锋利的轮廓边缘。自密实混凝土的出现，使混凝土材料从只能表现粗犷美的单一模式中解放出来。在卡拉特拉瓦的许多作品中，棱角分明、排列整齐的混凝土构件将传统混凝土材料的雕塑感和新型自密实混凝土材料特有的细腻感融于一身，使钢筋混凝土结构也能表现出在以往只有钢结构所擅长的刚柔相济的美感（图3.3）。

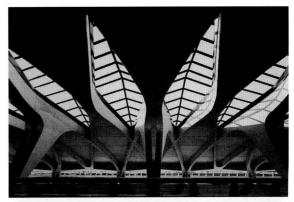

图3.3 卡拉特拉瓦运用的自密实混凝土构件

　　因此，随着技术与材料的发展，材料应用表现出的构筑原则和美学意义也对今后的体育建筑提出了更高的要求。而随着可持续发展及节能环保观念的普及，人们希望大跨结构自身的材料能够变得更加轻质、高强，并运用适宜而不完全是高代价的先进技术来塑造灵活高效的大跨度空间，使得对材料的运用做到最基本的优化与节约。建筑跨度的增加，一方面是结构形式的革新，更重要的方面是建筑材料重量的降低。从火山灰到砖石、混凝土，再到钢材、复合材料和膜材，人类建筑结构史也是材料发展史。混合结构拓展了大跨建筑在材料应用上的范围，受力的合理性使材料性能得到更大发挥，木材、纸张、复合塑料等轻质的非传统材料也在大空间结构上得以应用，在一定程度上降低了大跨建筑的自重。

在体育建筑结构体系发展的历程上，符合结构逻辑的新型材料也随着结构形式的不断优化而得到大量的运用。例如，钢筋混凝土壳体向网壳方向发展，桁架上下弦的压杆与拉杆被拉索取代。受力更合理，材料更节省的张拉整体结构也开始大量应用（图 3.4），轻巧透明的薄膜结构更是迅速赢得人们的青睐。这些新型的结构形式与材料的运用为体育建筑创造了优美简洁、体形流畅的建筑形态和空间。因此，人们对不同材料性能的挖掘与应用贯穿于整个大跨结构体系的发展过程之中，结构材料性能的不断提升也成为大跨度建筑不断发展的主要动因。

图 3.4 张拉整体结构在体育建筑中大量运用

二、当代大跨建筑结构的主要类型

当代体育等大型建筑功能综合，规模各异，相应的大跨空间结构种类也丰富：

（1）平面结构体系（Plate Structure System）；

（2）空间结构体系（Space Structure System）；

（3）组合结构体系或称为混合结构体系（Hybrid Structure System）。

前两者可以被认作属于较为传统的空间结构，其具体分类较为广泛，主要有拱结构、桁架结构、钢架结构、薄壳结构、折板结构、空间网格、悬索结构、膜结构等。其在大跨建筑中的适用条件如表 3.1 所示 [41]。

表 3.1 传统空间结构类型的结构参数与适用条件

结 构 类 型	受力特点	结 构 参 数	适 用 条 件
拱结构	压	矢跨比：1/8~2	18~200mm
桁架结构	弯	高跨比：1/10~1/5（平面），1/14~1/10（立体）	6~70mm
钢架结构	弯	截面高跨比：1/20~1/15。矢跨比：1/10~1/15	12~100mm
薄壳结构	压	矢跨比：1/2~1/8。厚度：30~100mm	3~200mm
折板结构	弯	高跨比：1/15~1/8。厚度：30~100mm	6~40mm
空间网格	压/拉	高跨比：1/20~1/10（网架）。矢跨比：1/8~1/10（筒壳），1/7~1/2（球壳）	6~120mm
悬索结构	拉	垂跨比：1/20~1/10	200mm
膜结构	拉	厚度：0.45~1.5mm	160mm

　　从表 3.1 可知，传统的空间结构形态具着有不同的受力特点，早期主要以受压及受弯为主，空间网格及索膜材料的应用将钢支杆或钢索杆的受拉性能充分发挥，并相应地创造出丰富的大跨建筑造型。我国的空间结构发展正向更深的层次迈进，其主要特点为：网架的应用仍是最大的主流，在大量中小型体育设施中，网架以其简便经济的特点得到广泛运用。而网壳的跨度进一步加大，薄壳结构基本已经不采用。悬索结构由于施工技术能力的原因很少采用，但张拉整体结构及膜结构正处于研究的高峰，也在机场、会展中心、体育场馆等大型公共建筑中得到了大量实践。这些传统的空间结构形态都是人类悠久建筑历史中智慧与实践的产物，尽管各个类型都有着不同的发展渊源，但它们都在各自的时代背景下体现出现时的技术水准与材料性能。其中，结构材料的承载性能一直体现出材料运用在结构受力系统上的最基本逻辑关系，也是人类对于大跨度建筑真实建造技术水平的不断印证。

　　无论从仿生学角度、理论模型分析或者工程实践中，都证明了轴向拉、压是符合最佳结构体系的力学机制，而刚柔混合结构充分发挥了材料轴向受力特性。因此，在当代大跨空间结构的类型演变中，上文总结的第三种分类——刚柔相济的刚柔混合结构，由于其对各类材料性能的充分利用，已经逐渐得到了更为广泛的应用。可以看出，材料和技术对于大跨度空间结构的发展至关重要，当代大跨及体育建筑的空间结构形式虽然种类丰富。但其发展进程与不同材料的应用息息相关，基本上遵循了"刚性—柔性—刚柔混合"的进化途径，由从初始混凝土及钢材料充当了主要的承载任务，随着钢索及膜材的发展，逐渐发为柔性构件与刚性构件联合运用的混合结构[42]。

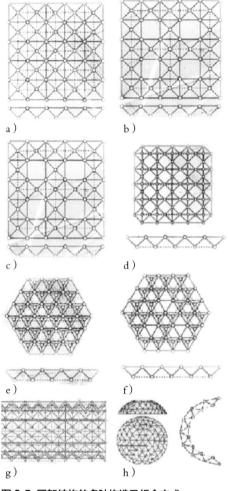

图 3.5 网架结构的多种构造及组合方式

a）正放四角锥；b）正放抽空四角锥；c）三角锥；
d）网架筒体；e）棋盘形四角锥；f）斜放四角锥；
g）抽空三角锥；h）球壳

1. 刚性结构

建筑物的"刚性结构"是针对以刚性承载材料为支撑的结构形式，如平面网架、多品桁架等。大跨空间结构与钢结构的发展是密不可分的。相对于早期大跨建筑中大量采用的混凝土，钢铁材料的受拉及受压性能更为完善，并且易于利用杆件之间的传力形式，可以塑造成多样的结构组合形式，在大量体育建筑中一直得到了广泛的应用。

刚性结构中最具代表性的是网架。网架结构由很多杆件以一定规律组成的网状结构，它在 20 世纪 60 年代以后崛起于结构舞台并很快取代了钢筋混凝土壳体结构，成为当时主要的大跨度空间结构形式。按外形可分为平板网架和曲面网架；按其构造方式多种多样，主要以三角锥、四角锥等锥体单元组成（图 3.5）。网架结构有许多优点：杆件之间相互起支撑作用，形成多向受力的空间结构，整体性强、稳定性好、空间刚度大、有利于抗震；当荷载作用于网架各节点时，杆件主要承受轴向力，能充分发挥杆件材料的强度；结构杆件规格统一，有利于工厂化生产和施工；网架结构的多形式也可用于不同形状的平面，并创造出丰富多彩的建筑形式。

在国外许多体育馆建筑中，国内常用的网架结构也经常精炼为形式更为简单的管桁结构。体育馆屋顶上的主要承重构件依然是钢材或木材，但其材料强度已经比以往具有了更高的承载能力，其屋面覆盖材料自重的减轻也为结构形式的精简化提供了更多的可能性（图 3.6）。在材料性能与施工技术的双重保障下，简洁明了的多品桁架结构也使得体育建筑大跨度屋面得到可靠的保证，能以更少的结构材料来构筑最基本的运动空间。管桁结构由于能够精简材料、施工便捷，其身影也频繁出现在大型体育场工程之中，以巨型悬挑构件的结构形式支撑起许多巨大的顶棚[43]。国家体育场"鸟巢"，更是将其巨型主桁架进行整体契合与搭建，与立面支撑结构、顶面次结构形成了统一的大跨空间结构体系（图3.7）。

图3.6 体育建筑中的多品桁架结构使得结构材料得到精简

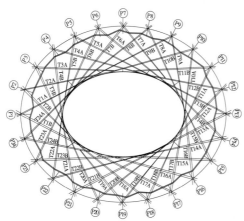

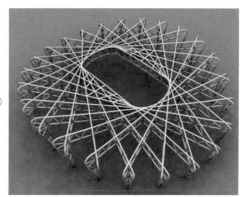

图3.7 "鸟巢"体育场中的巨型桁架结构

图3.8 运用悬索结构的日本东京代代木体育馆

2. 柔性结构

早期定义的柔性结构相对于刚性结构，包括张拉整体结构、膜结构、索桁架等。从当今的空间结构发展趋势来看，这些结构形式都可以归类于混合结构。而柔性结构可以特指悬索结构，悬索结构的出现与应用为大跨刚性结构进化到刚柔并济的混合结构起到了重要的过渡作用。日本东京代代木体育馆更是以悬索结构最大限度地发挥出了结构、材料、形态的高度统一（图3.8）。

受拉性能卓越的悬索结构体系以钢索为主要材料，高强度拉索逐渐也在高效率的空间结构体系中成为一种不可或缺的元素。悬索结构往往由索网、边缘构件和下部支承结构三部分组成。包括各种索膜结构、索网、索桁、索网架（壳）、预应力网架（壳）及张拉整体和非整体（非自平衡）。索网的边缘构件是悬索网的支座，索网通过锚固件固定在边缘构件上，悬索下部支承结构一般是受压构件，常采用柱结构。按外形和索网的布置方式可以分为单曲面悬索和双曲面悬索，单层悬索与双层悬索。结构中高强度材料——索的优点得以充分发挥，钢索材料只承受轴向拉力，悬索结构利用钢索来受拉，混凝土边缘构件来受压，因而能充分发挥材料的力学性能，节约大量材料、减轻结构质量，比普通钢结构建筑节省钢材 [44]。悬索结构能跨越巨大的空间而不需要在中间添加支点，为建筑功能的灵活安排提供了非常有利的条件，并且能创作出各种新颖独特的建筑造型。

悬索结构在体育场的顶棚结构上更为多见，但也面临着柔性结构易失稳的弊端。对比意大利都灵球场（Stadio Delle Alpi）在改建前后的结构形式，虽然改建后保留了对体育场顶棚上的斜拉悬吊结构，但改建后明显加入了巨型钢桁架而去掉前者结构上较多的周边悬吊支撑体，以此来提升整个球场的稳定性和刚度，并且塑造出更为简洁的外部形态（图 3.9）。对于当代大型体育馆，由于悬索结构在施工上的高要求以及使用时稳定性的问题，大量采用了具有刚柔

a)

b)

图 3.9 改建前后的意大利都灵球场

a) 改建前的结构形态； b) 改建后的结构形态

混合因子的结构体系。因此，能够提供稳定性更好的刚柔混合结构，越来越多地出现在了体育建筑之中，也将不同结构材料的力学性能发挥得淋漓尽致。

3. 刚柔混合结构

刚柔混合结构是利用柔性结构抗拉性能和刚性结构抗压、抗弯性能共同协作，以提高结构整体性。刚柔混合结构体系中的张拉整体化就是将结构材料的受力状态优化，真正实现材尽其用。当代刚柔混合结构的类型主要有：张弦梁结构、张弦气肋梁、预应力网架（壳）、斜拉网架（壳）、张弦（立体）桁架、索桁结构、弦支穹顶和索穹顶结构等诸多形式。

张弦梁结构属于刚柔混合结构中的典型类型。这种结构由刚性构件上弦、柔性拉索、连以撑杆而形成混合结构体系，预应力的施加和完善的结构杆件组合使其成为一种成功的自平衡结构体系。张弦梁结构实际上是把抵抗弯距的截面离散为底部拉索和竖向压杆，它充分利用了高强拉索材料的强抗拉性，通过施加预应力减轻刚性压弯构件负担，改善整体结构受力性能。张弦梁的受力机制为：通过在下弦拉索中施加预应力使上弦压弯构件产生反挠度，结构在荷载作用下的最终挠度得以减少，而撑杆对上弦的压弯构件提供弹性支撑，改善结构的受力性能。一般上弦的压弯构件采用拱梁或桁架拱，在荷载作用下拱的水平推力由下弦的抗拉构件承受，减轻拱对支座产生的负担，减少滑动支座的水平位移[45]。由此可见，张弦梁可充分发挥高强索的强抗拉性能，使压弯构件和抗拉构件取长补短，协同工作，达到自平衡，充分发挥了刚柔两类结构材料的优势（图3.10）。

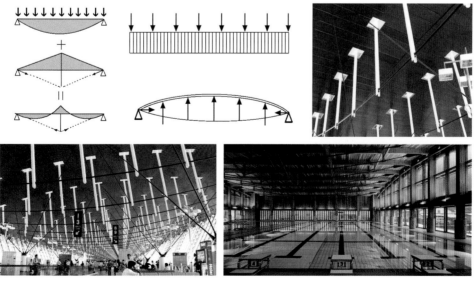

图3.10 张弦梁受力特征及典型结构形式

张弦结构在混合结构的整体张拉体系中得到了多类型的发展，施加预应力的"张拉"和"整体"因素在结构受力方面的优势，使得由索、撑杆、刚性结构组成的张弦结构表现出灵活的结构形式和优越的结构性能。这类结构已经成为很多大型体育建筑的首选，由撑杆连接抗弯受压构件和抗拉构件而形成自平衡体系。这类结构的刚度由受拉和受压单元之间的平衡预应力提供，在施加预应力之前，结构几乎没有刚度，并且初始预应力的大小对结构的外形和结构的刚度起着决定性作用。由于张拉整体结构固有的符合自然规律的特点，最大限度地利用了材料和截面的特性，可以用尽量少的结构材料建造超大跨度建筑。

例如，典型的弦支穹顶结构体系，由上部单层网壳、下部竖向撑杆、径向拉杆或者拉索和环向拉索组成，其中各环撑杆的上端与单层网壳对应的各环节点铰接，撑杆下端由径向拉索与单层网壳的下一环节点连接，同一环的撑杆下端由环向拉索连接在一起，使整个结构形成一个完整的体系，结构的传力路径也比较明确（图3.11）。在正常使用荷载作用下，内力通过上端的单层网壳传到下端的撑杆上，再通过撑杆传给索，索受力后，产生对支座的反向推力，使整个结构对下端约束环梁的横向推力大大减小。与此同时，由于撑杆的作用，大大减小了上部单层网壳各环节点的竖向位移和变形。

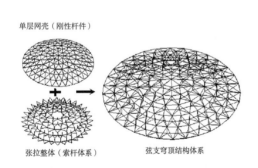

图 3.11 大型体育建筑中的弦支穹顶结构体系

　　而索穹顶作为张力集成体系的精华创作，具有着其特殊的优越性。首先，它大量采用预应力钢索而较少使用压杆，能够充分利用钢材料的抗拉刚度。其次，使用薄膜等轻质材料作为屋面材料，使得结构自重相当轻。美国亚特兰大GEORGIA 体育馆的屋顶质量还不到 30kg/m² （图 3.12），并且索穹顶结构可达到相当大的跨度，而随其跨度增大单位面积质量并不明显增加，其结构跨度可达到 400m 左右 [46]。当然，运用索穹顶仍然要避免柔性结构中结构松弛或风振所造成的拉索材料弹性失稳问题，对在施工技术和预应力张拉计算及设计方面要求很高。

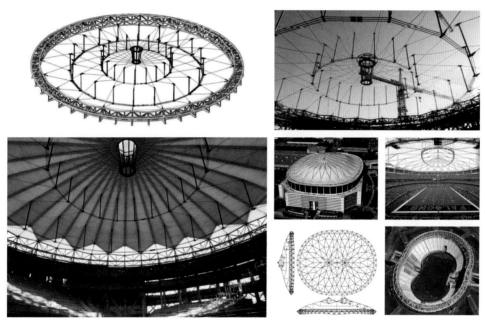

图 3.12 索穹顶结构充分发挥了材料的受拉性能

三、体育建筑大跨结构的发展趋势

　　当代体育建筑的类型繁多，功能也越发综合化。如果我们将能够容纳十万余人的超级体育场和规模适宜的社区活动中心进行对比，无疑它们在外部形态、使用功能、材料运用等诸多方面都有着巨大的差异，但是当代体育建筑在结构设计上的共识是一致的，即 都希望它们的结构形态做到精炼高效。因此，体育建筑在经历了数代的发展之后，其空间结构的选型也逐渐根据其自身的规模定位、造价限制、使用对象等各个方面的条件，具有了一些相对熟练的应用模式。

这种结构模式不一定是最为美观或是高技术的，却是最为适宜的。

时代的发展要求今后的体育建筑能够适应多功能使用与灵活性，以可持续发展理念的实现来使得其相对庞大的系统健康运行。功能依旧成为体育建筑的生存之道，随之而来的是其内外部空间也有相应的发展。而可以提供这些变化的物性基础来源于大跨空间结构的发展。虽然基于体育工艺设计的标准，体育场馆的空间与规模已经基本定型化，但随着计算技术、新型材料及空间结构分析理论的发展，各种新型空间结构体系，如可展开折叠结构、开合屋盖结构、张拉整体结构以及各种混合结构体系在体育场馆、展览馆等建筑中广泛应用，开创了空间结构的新局面。先进的结构体系与工程技术以材料为媒介而有机结合，使得体育建筑的空间转化不仅限于由场馆局部设施变换所带来的场地变更，并且出现了超级大跨度空间、可转换弹性空间等发展趋势。

1. 适宜的结构形式

传统的体育建筑分为体育馆及体育场两种类型，体育场馆下部支撑结构的形式与上部大跨度结构体系有很大关联。经过大量工程实例的总结，体育场馆下部支撑系统的结构一般有以下形式：

（1）钢框架结构；

（2）钢筋混凝土框架结构；

（3）钢筋混凝土框架 – 抗震墙结构；

（4）主支钢筋混凝土筒结构；

（5）巨型框架或巨型拱结构。

体育场馆的下部支撑结构与其他大型公共建筑具有类似性，分类相对简单的结构形式在工程中已经得到熟练的运用。而体育场馆大跨空间的结构形式种类繁多，首先，不同规模及等级的区别限定了体育场馆在大跨结构形式上的选择范围。其次，一般来看，体育馆建筑的大跨结构跨度相对较小，因此以简洁的刚性结构为主，当代大型体育馆较多采用了整体性更强的混合结构。而当代体育场一般都具有较大的尺度，其宽广的顶棚结构多利用了支撑构件的悬挑或吊拉形式，同样将混合结构中的张拉形式加以广泛的运用。无论是尺度合适的健身馆，还是庞大宏伟的体育场，其大跨结构形式的选择都应该符合适应性，结合自身跨度、地质条件等方面的特征，以最为简明精练的承载方式来构筑结构体系。并且这种"适应性"不仅仅体现在单一的结构因素上，还包含了经济造价、地域文化、生态减耗等诸多因素。运用高成本和高代价的技术与材料并不是建造体育建筑所追求的正确之路，适合自身条件和要求的才是高效和持久的。

对于各类体育馆建筑，人们在生活中可以看到，由于大量校园型及城市区域型体育馆的功能具有明晰的针对性，其根本要求即为使用者提供一个舒适适宜而又无浪费的运动空间。所以在今后的大量中小型规模的体育馆建筑设计中，刚性受力体系中的立体桁架和空间网架依旧会得到广泛运用。这类结构具有稳定的空间杆件系统，它们的设计、制作也发展的较为成熟，施工、吊装简单，减少了高空焊接作业。但刚性结构的侧面稳定性较差，为了使体育馆的屋盖形成整体空间刚度，需要很多支撑，耗钢量较大。而柔性受力体系中的悬索结构可以以最少的自重建造大跨度的屋盖，充分发挥材料性能，耗材少、自重轻，但由于其相对的不稳定性和张拉技术难点，已经大量被成熟的混合结构所代替。因此，从减少材料用量和技术创新的角度来看，随着施工技术和材料性能的不断发展，运用最能发挥材料性能的混合张拉结构是体育馆建筑的统一发展趋势（图3.13）。

图 3.13 混合张拉受力的大跨结构形式更能发挥材料的综合受力性能

与体育馆建筑相比，由于绝大多数体育场建筑的围护体系既希望创造遮蔽风雨的环境，但又希望不完全封闭，当代体育场的顶棚应尽量选用受力合理、自重较轻的结构形式与材料。出于结构形态的整体化表现，体育场的看台支撑体系与顶棚的结构形式往往在外观上以材料构件所统一。顶棚的结构形式从应力状态上可分为无预应力与有预应力两大类；按照对于钢材材料用量的多少排序，主要可分为型钢、桁架、网架、网壳、张拉膜5类（图3.14）。其中，张拉膜结构以通透轻薄的外观形式被人们所熟知，用钢材料量最少。而网壳和网架相对用钢量也较少，但若顶棚不规整，则会大大增大用钢量。此种结构多用于边缘受力（整体受力），比如深圳龙岗体育场为了塑造与众不同的造型，采用了空间折板单层网格（网壳）的形式。另外，在许多跨度较小的体育场顶棚中，都采用了桁架或型钢作为悬挑构件的结构形式；一些大型体育场如希腊雅典奥林匹克体育场的顶棚设计，也可以利用巨型拱与钢梁作为型钢结构形式的拓展。

a)

b)

c)

d)

图 3.14 体育场的巨大顶棚运用了多样的结构形式
a) 张拉薄膜；b) 异形网壳；c) 空间折板；d) 型钢悬挑

2. 超级大跨空间结构

在体育建筑中，人类改造自然的追求不断反映在大跨建筑屋顶跨度的扩展之上。近几十年来，各种类型的大跨空间结构在美、日、欧盟等发达国家发展很快。大跨度和超大跨度建筑物及作为其核心的空间结构技术的发展状况已成为代表一个国家建筑科技水平的重要标志之一。目前，尺度达 150m 以上的超大规模建筑已非个别。这些超级大跨度建筑不仅成为了城市中最具识别性的构筑物，也以宽广的"胸怀"包容了人类更多的功能要求与活动形式。它们所采用的结构形式丰富多彩，并且采用了许多新材料和新技术，使得以往科幻小说中的"超级"大跨度空间不再成为空想，人们对于大跨度空间结构上的执着挑战也成为人类工程技术不断进步的印记。

　　国外一些在 20 世纪所建造的体育场馆，就以其宏伟而富有特色的超级大跨度建筑成为当地的象征性标志和著名的人文景观。在 1975 年建成的美国新奥尔良"超级穹顶"（Superdome），直径就已经达到了 207m，长期被认为是世界上最大的球面网壳；1983 年建成的加拿大卡尔加里体育馆，采用双曲抛物面索网屋盖，其圆形平面直径 135m，是体育建筑大跨屋盖中运用悬索结构的里程碑性实例（图 3.15）。20 世纪 70 年代以来，由于结构用织物材料的改进，张

图 3.15 美国新奥尔良"超级穹顶"与加拿大卡尔加里体育馆

拉膜结构或索膜结构获得了发展，美国曾建造许多规模很大并且技术先进的气承式索—膜结构，美国亚特兰大为 1996 年奥运会修建的"佐治亚穹顶"，采用新颖的索穹顶结构，其准椭圆形平面的轮廓尺寸达 192m × 241m（图 3.16）。这些"超级"体育建筑不仅仅以其巨大的身形成为当地城市公共空间与活动的象征，而且当自然灾害等事件出现时，它们以广阔的"容量"和强健的"躯体"成为城市中的庇护之地，成为人们心理上的精神寄托。

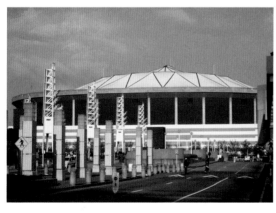

图 3.16 美国亚特兰大"佐治亚穹顶"

图 3.17　广州国际体育演艺中心具有符合国际赛事的"超级大跨度空间"

在我国，中等规模的体育馆跨度一般在 70m 左右，但随着国际赛事如 NBA 比赛在中国的推广，体育馆的屋顶跨度和内部空间也有了国际化标准的演变。例如广州萝岗区的国际体育演艺中心，完全按照 NBA 赛事的标准所建造。其总建筑面积 12 万 m^2，场馆内有 18 000 个观众席、60 个豪华 VIP 包厢、1 270 个贵宾停车位，规模宏大，是融体育、演艺活动为一体的"超级"大型综合性场馆，对今后符合国际化标准的"超级大跨度体育馆"的建设起到了重要的引领作用（图 3.17）。

这座"超级体育馆"的屋顶结构采用钢结构，单边尺寸都超过 100m，跨度更达到了 147m。钢屋盖为双向主次平面型钢桁架体系，钢屋盖上表面造型为椭球面，下表面为水平面。屋盖主要由 10 榀主桁架、2 榀次桁架、4 榀边桁架及支撑和联系梁构成[48]。同时，这座场馆在施工中还应用了大量新技术和新材料，例如高强混凝土预应力管桩施工技术、聚丙烯纤维抗裂混凝土、柔韧性聚合物水泥防水胶等。这些新技术与新材料的运用为体育建筑结构体系的发展提供了必要的物性基础。

发展到今日，一些大型体育场馆的跨度更随着体育赛事在功能上的综合与拓展，表现出在其跨度上的"超级尺度"。建筑师与工程师们结合工程材料性能上的提高，甚至以建造大跨度桥梁的结构设计方式来创造一座座体育建筑上的工程奇迹。例如，美国达拉斯牛仔体育场可以容纳 10 万人，它采用了大跨拱架技术，是世界上首座将所有质量用两个全球最大的内部拱架来支撑的体育场，其跨度达到了惊人的393m，可以说真正建造了一座承载人们体育活动的微型"城市"（图3.18）。因此，体育建筑在精炼高效的构建原则下，还会面临越发巨型化的发展趋势，为其而打造的超级大跨度空间对结构体系和材料提出了更高的要求。

图3.18 达拉斯牛仔球场有着超级尺度的大跨空间

3. 可开合空间结构

虽然大型开合屋盖结构从20世纪50年代已经开始应用和发展，但对于空间结构历史悠久的演变过程来说，其属于一种持续发展的新兴结构形式。现在很多体育场馆不仅承担着一般的体育赛事，更成为当地各类重要活动发生的"容器"，赛事赛后的各种活动也呼唤着体育建筑中弹性可转换空间的生成。可开合屋面的成熟运用使得体育场馆一体化，具有全天候复合型的使用功能，为体育建筑的可转换弹性空间创造了广阔的发展前景。

可开合屋面具有多种开启方式，其稳定性及便捷性是首要的，基本上都采用了拱架、拱形网壳、部分球壳或平板网架等刚性钢结构作为移动屋盖单元的受力结构。世界各国已建成的200多座各种形式的开合屋盖结构和近20年建成的大型开合屋盖建筑，主要有日本Misaki体育场、澳大利亚墨尔本市民体育场、美国米勒棒球场等，这些体育建筑的跨度都在200m以上[49]。其屋顶材料同样要求坚固耐久，并且在开合时能够适应屋面的移动与变形。符合标准的膜材、金属板及其他轻质材料依旧得到大量使用，例如我国南通体育会展中心的可开合屋面，根据采光位置，采用了金属板及阳光板，创造出了符合功能转换的可变化空间。

当代超级大空间的发展与可开合屋面的运用往往紧密联系在一起，形成今后大型体育建筑的综合发展趋势。美国达拉斯牛仔体育场除了其超级尺度的大跨度外，同样还具备了全世界最陡的可开合屋面，并且利用超级电子屏幕使得观众在亲身感受赛事氛围的同时，也能随时体验到比赛的细节魅力。达拉斯牛

图 3.19 波兰华沙体育场具有拉索与薄膜材料构成的可开合屋面

仔体育场可开合屋面的应用使得赛事规模、经济效益以及影响力都得到了很高的提升，成为创造当今体育场馆可转换弹性空间的一个成功范例。为 2012 年欧洲杯赛事所建造的波兰华沙体育场也具有可开合的大跨屋面，相对于牛仔球场屋顶上的刚性滑轨，其体育场屋顶增加的三角形桁架结构使其在传统的辐条车轮结构上有所创新，屋顶外部设有一圈受压环，斜拉的三角形钢索从外立面基部升起，屋盖的悬臂力矩被三角桁架所分散，将受压环上的压力分散，完美解决了承重问题。其薄膜材料创造出轻质化的可开合屋面，在结构和材料的运用上无疑更为先进和精巧（图 3.19）。

可开合屋面也逐渐在一些应用更为普及的中小型体育建筑中得到了实现，并产生了良好的社会效益和经济效益。例如，同济大学游泳馆也采用了可开合式的屋面（图 3.20），主体部分屋面采用水平滑动的开启方式，最大开启率达到 42%。其钢结构屋盖采用张弦梁与拱形桁架相结合的结构形式，固定部分采用梭形张弦梁结构（索单元 + 梁单元 + 杆系单元），活动部分采用单层加劲桁架结构体系[50]。这样的结构组合使得游泳馆的空间形态遵循于不同气候下的功能要求，也使材料和技术的运用价值得到了真实的体现。

图 3.20 同济大学游泳馆的可开合屋面及杆件细部

第二节　大跨结构体系中的材料特性

　　建筑结构的分类，归纳起来有以下四种：一是按结构材料分类，这是较为通行的一种方法，如砌体结构、木结构、混凝土结构、钢结构、铝合金结构、复合材料结构、膜结构，甚至还有纸结构等等。二是按结构布置分类，分为平面结构和空间结构。三是按结构形态分类，分为实体结构、线形（骨架）结构和面系结构。四是按结构受力分类，结构受力状态有拉、压、弯、剪和扭五种。从整体作用来看，可分为抗拉体系、抗压体系、抗弯（剪）体系。

　　无论何种分类形式，任何结构体系与结构材料的选择都是相辅相成的。材料的选用对于大跨结构体系的发展有着不可分割的关联作用。大跨建筑由单一发展到多样化的结构形式、由较重结构的发展到轻盈型的结构体系、由传统的刚性结构发展到刚柔结合的混合结构，其材料的运用始终贯穿于大跨结构的演变与发展之中。首先，材料自身的受力特征和自重在很大程度上决定了大跨建筑形式及其适合跨度，而多种结构材料如钢与木、薄膜与拉索等材料的组合运用可以使得不同材料的性能得以充分发挥，综合体现出大跨及体育建筑追求结构体系受力合理、节省材料的可持续发展趋势。

　　再者，从力学及材料学等综合学科方面来寻求设计的灵感，越发成为当代大跨度建筑结构表现的潮流。结构表现通过熟悉结构形态的受力特征，根据力学逻辑构思建筑的形态立意，这种方式也比先验的形象创作更具学理性——通过对结构中力的解析，理性地组织空间、场所、材料等元素，并综合以均衡、比例、尺度等形式处理，使结构形态自然地成为体育建筑创作的原点。其中，微观的材料构件和宏观结构体系成为具有互补关系的影响因子，体育建筑通过流畅的结构承力形式，展现出微观上材料的合理受力状态，最终呈现为形态和空间的统一。

　　另外，人们总是在对新型结构材料提出更高的性能要求，新材料一旦得到批量生产和运用，会以其新的优势逐步改变建造产业中的原有模式，在大跨结构中甚至会改变结构形式。例如，人们正在不断研发玻璃材料作为结构材料的承载性能，在今后必定能看到其在体育建筑上结构与围护角色上的统一。同时，随着符合地域特征与节能趋势的"低技派"回归，人们对传统材料的性能进行不断地再挖掘，使其对地域条件的适宜性得到更好的表达。

一、结构形态的材料特性

了解结构体系中的材料特性，并在建筑设计中恰如其分地运用材料，充分发挥材料的自然属性和力学性能，同时经济地使用材料，既是建筑师的重要素质，也是建筑师力学意识的基本组成部分。由于材料性能的差异，某些材料可能比别的材料更适用于特定的结构体系与形式。正如路易斯·康把材料看成是一种属于自然法则的"天赋"，他强调说："任何一种材料都具有最适宜于它的结构形式"，"要忠实于材料，并知道它究竟怎样，那么你所创造的东西就会是美的"[51]。对建筑师而言，只有对材料本身有了充分的了解和认识，才使它们有可能在丰富或者称为混沌的选择之中脱颖而出。

当代体育建筑结构形态的发展主要沿着结构与建筑有机结合的脉络，结构与建筑在技术与艺术的和谐统一，首先建立在材料力学性能的体现之上，再依据结构逻辑性达到视觉上的美学表现，材料作为力学与美学二者的物质媒介，使得体育建筑创作的本质内容既符合自然规律，表达形式又丰富多样。因此，在众多影响因素中，可以说材料对于体育建筑的结构形态起着决定性的关联作用。建筑材料在大跨度建筑结构表现中的建构策略包括：通过材料组合产生质感对比、充分发挥材料的力学性能、体现时代特征和理性的材料建构。

大跨及体育建筑的结构和材料互相依存与制约，材料的更新或发展必然导致新结构形态的诞生；而新的结构形式必须使得材料的力学特性和表现潜力得到更加充分的发挥。同时，结构形态的塑造能真实的反映结构的几何特征、受力特点和力的传承方式，为体育建筑的内部空间与外部造型树立起真实且合理的原型与框架，充分发挥出体育建筑设计中技术美学的魅力。

1. 材料力学

人们运用材料进行建筑及工业生产的过程中，首先需要对材料的实际承受能力和内部变化进行研究。对于大跨及体育建筑更是如此，设计者们应该为跨度越来越大的屋顶找到最合理的承载支点与受力方式。对材料的力学研究使人们能清晰、准确地把握材料在各种外力作用下产生的应变、应力、强度、刚度、稳定和导致各种材料破坏的极限。其功能主要体现在以下具体方面：

（1）研究材料在外力作用下破坏的规律；

（2）为受力构件提供强度、刚度和稳定性计算的理论基础条件；

（3）解决结构设计安全可靠与经济合理的矛盾。

可以看出，材料的力学研究包含了建筑及结构的安全、稳定以及经济因素，以力学意识出发来综合考虑建筑功能、技术、艺术等诸多问题是大跨结构形态设计的基准点。而建筑师在结构构思过程中需要的力学意识，不同于工程师娴熟而精确的结构计算，而是应用建筑结构的基本力学概念进行概略的推理和初步的判断。但对于受力特征更为突出的体育建筑来说，建筑师们应该努力做到既要掌握各种结构体系的受力特征，又要熟识相应材料的物理特性与受力性能，并且结合不同的材料特性，掌握不同结构形态的受力特点和结构传力中的普遍规律。因此，基本的材料受力特征和力学知识是建筑师们所必备的，以此来强调材料力学在体育建筑设计中的重要性。

在体育建筑的结构材料运用历史中，建筑史上混凝土的出现使拱券结构如鱼得水，而钢铁的大量使用则促进了钢架、网壳、悬索等大跨结构的发展。富勒潜心研究张力杆件穹隆结构，实现了其"压杆的孤岛存在于拉杆的海洋中"的理想，从而别开生面地表现了金属的力学潜力[52]。奥托发明的索网建筑，使钢索材料的受拉性能发挥到极致，体现了材料技术的本体美（图3.21）。而金属材料一直以其稳定的力学性能及截面形式的多样性，使其具有比其他材料更灵活的造型能力。金属材料在与其他材料如膜材组成结构体系时，通常以拉索、短压杆等形式完成对其他材料形成的骨架结构的加固和稳定，也使得体育建筑的形态轻巧，受力明确。

图 3.21 德国慕尼黑奥林匹克公园中的索网结构

当代体育建筑运用大量混合结构体系，其结构设计的目的同样在于：充分发挥材料本身的力学性能，将刚柔材料的力学性能进行优势互补。材料中应力的合理转化是指结构不再仅仅依靠材料截面作用受力，而转化为向量作用或形态作用，可以看到力的传递路径简单，以轴向拉、压为主，主要为平面内力；或者将原来单一的平面受力体系向空间受力体系转化，构成多向承载和传力机制。一般说来，结构受力轴向拉、压受力优于横向受弯，结构设计的目的也是尽量将依靠截面抵抗弯、剪转化为轴向拉、压[53]。

综合而言，受力合理即首先表现为力流的简捷，而凡顺应力流、充分利用

材料性能、合理节省用料的结构，一般都会成为美且适宜的构建形式。对于结构设计而言，材料的力学性能最为关键。与结构有关的材料的主要力学与物理性能，体现在重量、强度、刚度以及温度变化或破坏时产生的效应。人们成熟掌握和运用材料力学知识，还可以为体育建筑的可持续发展做出扎实的铺垫，使材料在相同的强度下可以减少材料用量，优化整体结构设计，以达到降低成本、减轻重量等目的。因此，结构受力合理是节省材料从而降低造价的源泉，体育建筑的结构选型应正确表达力学概念与结构原理的合理性，发挥材料力学在体育建筑设计中的作用，以顺畅的力流传递表达出真实而不冗繁的结构形象，以适宜的材料散发出简约而不造作的建筑美感。

2. 材料自重

建筑物承担的竖向荷载除活载之外，主要是承重结构的自重和非承重构件的自重及装饰材料的自重。建筑物承重结构自重在建筑总重量中所占的比例因结构体系不同，一般占总重量的 75% 左右。因而，想优化建筑的结构设计，必须减轻结构构件的自重，选用新型建筑材料势在必行。

在对材料性能充分挖掘的前提下，使用现有的结构材料建造体育建筑的大跨屋面，其跨度存在着不可逾越的极限。这是由结构材料的强度和其自重之间的矛盾所决定的。增加跨度则需要增加材料，而增加材料则必然增加结构自重，当增加的材料不足以抵抗增加材料的自重时，结构跨度达到极限。结构的功能在于承受和传递荷载，但其自重是不可避免的干扰因素，结构的自重与能承受的荷载的比值越小，就越显得轻盈。突破跨度极限的重要途径就是使用高强、轻质的材料，合理选择结构形式，充分发挥材料的力学性能。结构材料自重的减轻体现高效性，从经济、生态或文化角度都是一种贡献，谋求轻质结构也是大跨空间结构的力学宗旨之一。

其实，减少屋面材料的自重一直是大跨结构的追求，历史上每个经典的大跨度建筑，其结构设计都考虑到了当时的材料自重问题。古罗马时期的大量穹顶建筑，由于技术所限，一直在利用各种方式来减少混凝土穹隆所产生的巨大侧推力。但从罗马万神庙（跨度 43m）到英国伦敦的千年穹顶（跨度365m），单位结构重量减少了 99.9%，而跨度增加了 9 倍。这表明建筑跨度的增加，一方面是结构形式的革新，另一方面更重要的是建筑材料重量的降低。从火山灰到砖石、混凝土，再到钢材、复合材料和膜材，人类建筑结构史可谓材料发展史。薄膜材料的出现极大地拓展了大跨建筑在材料应用上的范围，其轻盈的材料自重使得大量体育建筑的屋面不再沉重压抑。另外，木材、纸张、复合塑料等轻质的非传统材料也在大空间结构上得以应用，在一定程度上，都降低了大跨建筑的自重。

当代大跨空间结构也一直向着节省自身材料荷载，充分发挥材料效能的方向发展，这种发展趋势要求体育建筑必须适宜降低结构及屋面材料的自重，但又必须保证安全稳固。降低结构自重的途径，一方面是研究开发合理的结构形式，另一方面是研制运用轻质、高强的新型建筑材料。当代体育及其他类型的大跨度建筑，都追寻着轻质、高强的屋面材料。例如，未来为2018年俄罗斯及2022年卡塔尔世界杯所建造的一大批体育场馆，基本上都是以成熟的施工技术来将轻质、高强的顶棚加载于各类承重结构之上（图3.22）。当代大型体育建筑大量采用刚柔并济的混合结构，通过合理地引入张拉结构中的柔性因子，在充分发挥结构材料力学效能的同时也达到降低材料自重的目的。

图 3.22 未来体育场的设计追求稳固且轻质的大跨屋顶结构

随着结构力学与计算机设计的发展，科学的计算使结构断面越来越小，轻质、高强材料以及张拉、悬索技术的广泛使用，使结构形态获得了前所未有的轻盈感。例如，人们可以使用拉索代替桁架结构的下弦杆，形成索桁架结构。索桁架可以有效降低结构的用钢量，达到经济化的要求。这种结构的轻盈化也不仅体现在单纯的结构设计之上，更注重了与功能设置、场地材料等方面的相互呼应，例如位于新西兰奥克兰的福赛斯巴尔体育场具有南半球最大的 ETFE 薄膜屋面（图3.23）。人们希望球场的自然草皮能生长在一个完全固定的屋顶之下，但又希望演唱会、球赛等活动能最大化的融于良好的室外环境。于是设

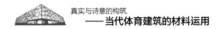

真实与诗意的构筑
——当代体育建筑的材料运用

计者将巨型索桁架的承重性能和薄膜材料的通透性能发挥的淋漓尽致，达到了完美的设计效果。

图 3.23 新西兰福赛斯巴尔体育场具有南半球最大的 ETFE 薄膜屋面

从专业的材料性能上来看，今后的大跨度结构体系将会是利用先进的复合材料，其最大的特征就是自重轻，具有较高的比刚度和比强度，这种具有未来话语权的性能优势必将推动和决定体育建筑用材的走向。但同时，轻型的材料往往价格昂贵、不够经济，材料自重减轻的优点往往不能有效地转变为结构造价方面的显著效益。因此，这就要求设计者们对结构的整体受力体系进行仔细的分析，在最适当部位运用轻质材料来减轻结构，达到"好钢用在刀刃上"的经济效果。

3. 材料组合

对于大跨度建筑结构，人们可以将结构分解为几个相对独立的部分，使每一部分都具有各自不同的功能，使每一处的材料都能最大程度的与构件的功能相配合。例如，加拿大温哥华的冬奥会速滑馆（Richmond Olympic Oval）的结构中包含了木材、钢材和钢筋混凝土等多种材料。其结构分工清晰明确：木结构作为主体屋顶结构和主要表现形式决定建筑的整体结构形式和空间造型特点，钢材作为辅助结构穿插与木结构之中，并运用于大量的节点设计之中，对应节点中复杂的力学要求，而钢筋混凝土结构则作为整个速滑馆建筑的基座（图3.24）。

图3.24 加拿大温哥华冬奥会速滑馆的结构体系中的材料组合

因而，体育建筑中的材料组合应本着各得其所、各尽其"材"的原则进行合理的分工，常见的结构材料组合方式有以下几种：

（1）受压构件与受拉构件的材料组合

例如有些桁架结构利用混凝土或者木材作为上弦材料承受压力，利用钢材作为下弦材料承受拉力。受压构件和受拉构件使用了不同的材料，从而使力学上的拉紧状态充分表现出来。材料组合改变了单一混凝土或木结构构件通常给人笨重的感觉，同时结构的经济性也更加突出。

（2）受压构件与受弯构件的材料组合

例如设计中可以将受压的混凝土拱作为一级承重结构以实现较大跨度的优势，而将受弯型钢结构网架作为二级结构，布置在与拱相垂直的方向上，以跨越较小跨度。

（3）受拉构件与受弯构件的材料组合

例如有些悬挂结构体系是由受拉的钢索与受弯的钢筋混凝土水平构件组合而成。无论是从建筑物的使用空间来看，还是从结构受力来分析，拉起的钢索和倾斜的受弯钢梁的组合都是十分合理而巧妙的。

在传统的体育建筑中，往往以较为单一的受力方式表达出明晰的结构形式。其结构材料在空间结构中的运用紧密关联于其受力性能：拱形内部空间在建筑上多表现出强烈的内聚力，其结构单元材料也多用耐压且自身稳定、不易屈曲的混凝土或双层钢网壳；屋面反翘的空间形态在建筑上具有轻盈活泼的外张力，在结构上多采用悬索、薄膜等轻型高强抗拉材料；出挑深远的半开放空间，选用薄膜结构或纤巧的透空钢架则更富有时代感。

　　而在当代许多体育建筑的结构体系中，追求减轻结构自重，创造结构稳固但却不沉重的大跨屋面成为结构工程师们的理想。于是，设计者充分利用多样材料与技术的综合运用优势，为体育建筑塑造出精炼合理的结构组合体系，所以经常会在结构体系中出现受压、受拉构件与受弯构件同时出现的实例，钢、膜、索等受力构件也成为结构体系中组合运用最为频繁的材料。例如，英国伦敦奥运会的自行车馆，其支撑看台的网格体系运用了稳固的环形钢桁架，而以张拉索网直接支撑起呈下陷状的双曲抛物线形屋顶形态，完整而又轻盈的大跨屋面结合合理的照明与声学设计，在室内空间中拉近了运动员和观众的距离[54]（图 3.25 ）。

图 3.25　英国伦敦自行车馆中的环形钢桁架与索网结构共同支撑起了其屋面

　　在大跨建筑结构的材料组合中，建筑师应洞悉材料的力学潜能，通过力学逻辑构思立意，即通过对结构中力的解析，理性地运用材料。注意灵活地组织结构传力系统，并综合以均衡、比例、尺度等形式处理，实现"力量在制约中生成"的结构演绎，使材料建构成为建筑创作的原点。同时，这也是当代体育建筑结构构思中涉及经济价值创造的一条基本思路。如果将材料的力学性质得以充分发挥，结构实效无疑将得以提高，这种物尽其用的材料处理方式也是减少体育建筑中物质消耗，降低建造成本的最理想选择。

二、结构表现与材料美学

"形是力的图解"——在一座座令人感到震撼或优美的体育建筑中，技艺结合是其构筑目标的最高层次。技术综合了结构的承载力量，艺术包容着空间的独特魅力，而材料运用正是技术与艺术的契合方式。对于大跨及体育建筑的结构材料，其价值不应仅限于建立尺度巨大的空间，成为简单意义上的技术支撑构件，而更重要的是挖掘其建筑类型的美学内涵。结构材料在许多体育建筑中与围护材料、屋面材料、乃至装修材料都浑然一体，质朴纯真却透发出其特有的韵味。

结构永远是体育建筑成功构筑的立足之本，而从结构层面进行表现，也成为当代体育建筑的重要特征。结构表现能够贯穿于体育建筑设计的整个过程，同时更加注重设计理念与手法的可操作性。甚至在许多实例中，结构表现已经成为体育建筑的创意出发点。这种设计理念将建造中的"真实"与"诗意"相融合。当结构的传力方式通过结构构件清晰地表达出来，体育建筑就会以强烈的逻辑感使观赏者感到愉悦或震撼，同时由不同材料构筑成为的结构元素，往往会以优雅与轻盈的表现力来消解体育建筑内在结构系统的复杂性和沉重感（图3.26）。

图3.26 体育建筑的结构表现能够具有优雅与轻盈的表现力

结构表现以结构的内在规律为指导，努力创作出富有表现力的结构形象，这种创造性的设计过程为体育建筑的创作提供了较大的灵活性和自由度。建筑师们在酝酿体育建筑的空间造型艺术效果的同时，也注重了要从结构的受力方式、受力系统来分析和揣摩结构形式的基本特征，分析结构基本特征和体育运动动态特征的内在联系，力求使结构形态具有运动美学的特征，从而达到结构形态和运动动态美的高度统一，结构构件也由单一支撑功能上升到结构表现的高度。

在结构表现中，材料能够发挥自由塑形的巨大潜能，使得体育建筑的个性得以在理性的构筑逻辑上得到充分表达，并且具有非凡的艺术表现力。结构表现与材料美学在体育建筑上是相辅相成的，例如，国家体育场"鸟巢"网格状钢管外立面将钢材的美学特征用到极致。"水立方"游泳馆采用 ETFE 膜材将游泳馆"水"的晶莹剔透表现得淋漓尽致。丰富的材料类型本身就具有多样的表现特征，无论是传统的砖石材料、混凝土材料、玻璃材料、金属材料，还是新型的工程塑料、膜材、合金材料、复合材料等等，都能成为当代体育建筑形象创作的素材。例如混凝土的朴素粗犷、玻璃的通透晶莹、金属的光亮纤巧、膜的洁白轻盈……而当这些材料化身于结构体系之上，其材料特质可以由于体育建筑规模尺度的特殊性而得到更为强烈的表达。

结构表现与材料美学在具体的形象创作中经常是成为互为表里的统一体。例如膜结构，它既是体现材料美学的创新，也是结构表现的创新典范。传统材料美学在体育建筑的空间及造型设计中起到了推波助澜的作用。材料美学的新含义在体育建筑中的发展也得到了更广义的表达：结构与表象这一对传统的矛盾体可以以材料为介质而相互融合，从而表现出材料美学的进化内涵。当代体育中的结构表现有着多种表达途径，其具体反映于三个方面：即结构系统的整合化、结构构件的表象化和结构材料的仿生化。

1. 结构体系的整合化

在体育建筑中，结构材料常常以承重或张拉构件的形态角色彰显出力与美，但结构构件往往需要按照受力部位而分别考虑，随着当代审美趋势和科学技术的发展，建筑形态变得日趋复杂化，建筑结构观念的本质也已经发生了转变：原来的简单线性分析力的传递方法已经逐渐变为结构体系整体受力。结构由内而外的影响建筑形态的产生，结构逐渐成为体育建筑表现的主体，并且把建筑的各个部分有机的整合起来，结构体系不再是"离散、机械"的，而是"整体、有机"的[55]。体育建筑结构体系的整体化主要表现为整合生成和拓扑变化这两个方面。

首先，体育建筑整体结构的逻辑表达反映了建筑师对于结构力学逻辑的遵循，建筑形态通过具有力学美感及符合内部功能的结构体系整体的表达出来。体育建筑的整体结构按照整合生成的方式，将以往分离的大跨屋面和围护立面相整合，同时使得建筑的结构、空间和形态成为相互关联的整体性表达。使得结构的生成即是建筑形态的产生，而结构反映建筑的内部逻辑，材料成为将结构与围护系统相互整合的统一元素。GMP 设计的南非曼德拉世界杯体育场，其轮廓显示了整体结构体系清晰的设计，按规律排列的叶片状屋顶组件共同围合出花瓣形状的主体轮廓（图 3.27）。这些构件采用的白色聚乙烯材料使得体育场的外部形态整体统一，温和的色彩与质感又缓解了巨大的体育场体量，使其完美地融合在当地蓝天碧海的美好环境中。

图 3.27 南非曼德拉体育场的立面及屋面整合生成与表现

再者，当代体育建筑整体结构借助非线性设计的理念及工具，对基本几何原型进行了令人惊叹的拓扑变化，也同时反映了建造技术的进步。许多体育建筑的结构采用不同截面高度的纵向主横梁和横向联系次梁，组成三维网架体系，使其形外部形态轻灵飘逸，动势十足。例如位于伊朗的这座体育场设计，其形态来源于最基本原型的拓扑生成，异形屋盖以椭圆的原型进行拓扑变换，成为富有韵律的双曲不规则曲面屋面。由金属材料所构成的屋盖与围护体进行了整体性的衍化与变形，形成了极具动势的建筑形象（图 3.28）。

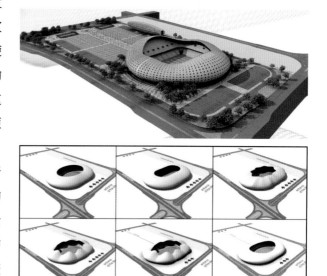

图 3.28 以几何原型拓扑变化而成的体育场方案

另外，在当代体育建筑中，结构材料往往化身于形式新颖富有美感的承载构件，以其构件上的统一元素来表达结构表现中的整体性特征，并以巨大的结构支撑构件展现出力量的美感。位于克罗地亚萨格勒布的多功能体育馆（图

3.29），其基本形状和结构要素主要来自 39m 高的预置混凝土圆柱的表现，86 根圆柱围绕体育馆来确定其体积以及立面，这些富有美感的混凝土结构构件表现出材料美学和结构力学的完美结合，也使其外部形态忠实于毫无遮掩的结构

图 3.29 克罗地亚萨格勒布竞技场的形态忠实于结构表现

表现。而中国国家网球馆被赋以"钻石"的美称，整个外观上利用其结构设计，以 16 组 V 形柱列为特点，重复的三角形图案在圆形轮廓上强调了结构表现的整体效果（图 3.30）。作为真实承重构件，巨大的三角形结构构件体以强烈的几何特征给人以稳定坚固的感受，还在整体外观上赋予体育馆美好的表现寓意。

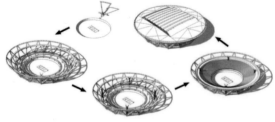

图 3.30 中国国家"钻石"网球中心的结构生成与表现

不难看出，以往体育建筑的结构形态往往限于固定化、手法化以及机械地选择，是与创造性的结构表现相对立的，创造力常常无奈地屈从于结构受力的体现方式。而富有整体性的结构表现是在遵循体育建筑结构形态受力性能上的

优化表述，其整体性综合考虑了结构受力与外观形态的统一体现，逐渐摆脱以往与外部形态割裂的结构选型，在尊重结构受力原则的前提和基础下，以整体性的思维方式进行体育场馆的构筑，尤其在外观表现中，以结构的内在规律为指导，努力创作出富有表现力的结构形象[56]。

2. 结构构件的表象化

当代体育场馆通过高技术手段打造出很多突破性的外部形态，但是在技术理性和结构技术创新方面仍然还是有很多的不足，往往是首先追求与众不同的外观表象，再拿结构技术去与之相配，这违背了体育建筑创作的理性和出发点。随着体育建筑形态审美及技术水平的不断发展创新，当代体育建筑也逐渐表现出结构表皮一体化的发展趋向。当代体育建筑中的结构与表皮之间的清晰的关系已经逐渐模糊化了，这种"骨骼"与"皮肤"一体化的趋势首先是建立在"编织结构"的发展基础之上，"编织"中包含了结构与表皮两类组织，它们共同表现出了编织的、网格的、折叠的、交互的多种效果，并且这种形态使结构表现整体化更为细化和深入，体育建筑结构材料的力学性能和美学表达得到了完整统一。

在这种表达方式中，结构构件更为富有细节和表象化，它们使结构与围护材料相融合，一起构成体育建筑的外观界面。结构构件通过"编织"等技术方式成为表皮元素，结构体系与围护表皮的逻辑关系更为清晰，当结构致密到一定程度而形成面的感觉时，它对所包裹的空间进行镂空状的遮挡，结构与表皮的割裂就消失了，体育建筑的结构与界面、空间和形体各类要素自在生成。例如在俄罗斯的克拉斯诺达尔，为2018年世界杯所设计的这个体育中心中（图3.31），结构

图 3.31 俄罗斯 2018 年世界杯体育场设计方案的"编织结构"

成为表皮的一部分，由不同材料所编织出双层外表整体结构，通过几何化和涌现的发生机制，将结构界面的生成融合于统一的建筑形体。这时，结构材料和体系并不局限为支撑骨架，而是往往通过构建形态来作为整体性的造型表现元素。

对于较小规模的体育建筑，也逐渐体现出这种表现方式。法国马赛的这座体育馆，其立面及屋面都采用了按受力规律所斜交的型钢杆件，这些并不笨重粗大的杆件既是支撑建筑的承载结构，也形成了围护建筑的独特表皮（图3.32）。整个体育馆的建构形式清晰简洁，表现出与众不同的立面效果。通透的立面拉近了运动者和建筑的距离。这类清晰的"编织结构"会得到广泛的拓展与运用，其结构构件的表象化令人耳目一新，为体育建筑创作提供了新的思路。

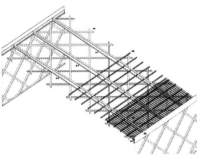

图 3.32 法国的这座体育馆将精致的型钢结构构件作为表皮元素

3. 结构材料的仿生化

在自然界的生物中，其生命体的构成始终贯彻着一条基本原则：用最少的材料和最合理的形式获得最完美的效果。例如动物的骨骼支撑着全身的重量，还要抵抗运动中的外力；薄薄的贝壳不仅可以自由开合，而且承受了水、沙的巨大压力。人类不断在设计中把建筑结构和自然中的结构形式相联系，最终回归符合自然法则和逻辑的仿生环境之中。将结构材料仿生化，其目的是用最小的材料消耗取得最大的有效空间，其基本原理主要包括：以最小的表面积来创造最大的容量；最小限度的使用材料；通过选择合适的形式来分散和有侧重地分布内力，最大限度发挥材料的强度；保持细部形式的连续性以均匀分布内力，创造出尽可能高的强度质量比。

从仿生角度来看，结构体系带有"开放性"，其结构形式即可以在宏观上与气候、空气及日照等环境因子相结合，也能够以材料构造的微观结构去溯源自然界中各类物体的组织结构，甚至体现出生物体新陈代谢的有机特征。虽然当代体育建筑利用许多新材料和新技术创造了丰富的空间结构形式，但往往发现生态化的仿生结构是最符合力学逻辑和自然美感的，因而，体育建筑结构材料的仿生化，一方面融合了当代建筑创作的生态、自然有机的观念；另一方面吸取了现代科技的研究成果，形成了一种新的美学维度和价值体系，体现生命形式的本质并符合生态平衡要求。

具体而言，体育建筑结构经常从自然界生物形态外表特征进行提取，用"再现"的设计手法传递自然形态特征，表达建筑设计主旨。在当代体育建筑创作中，对植物形态的模仿是比较常见的仿生方式之一，它不仅可以取得新颖的造型，而且往往也能为发挥新结构体系的作用创造出非凡的效果[57]。如杭州奥林匹克体育中心体育场的设计造型源自钱塘江岸的"白莲花"（图 3.33）。建筑外部采用"开孔金属板 + 纤细钢杆件"的建构体系，并通过覆盖的薄膜材料来实现江南丝绸般的编织肌理。

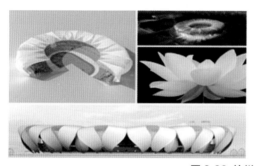  

图 3.33 杭州奥体中心的结构与造型源于对莲花花瓣形态的提取

进而，建筑师需要在结构仿生的细节上进行更多的通过提取和抽象，找出自然界中结构形式及内部构造之间的内在联系，或者从生物的微观结构中提取结构特征，将建构材料形成逻辑性很强的结构体系。常见的有网织结构、泡沫结构、生物壳体、生物骨骼等等。著名设计公司 Cox architects 设计的澳大利亚墨尔本矩形体育场的整体形态富有趣味，而其创作灵感来源于水泡（图 3.34）。仿生圆拱屋顶由钢结构支撑。建筑形体上安装了数以万计的 LED 灯，镶嵌在每个"水泡"单元的结合处，创造了绚丽的建筑夜景。另外，体育建筑的结构形式也可以从自然界中细微的构筑物形式中提取元素，形成符合受力特征的结构体系。如移动蜂巢体育馆的主体框架由六边形可充气模块组成，外表酷似常见的蜂巢（图 3.35）。这类正由概念化转向实践化的体育馆可以在 2 周内建成，1 周内移除，30 个标准集装箱即可容纳下整个体育馆的全部部件，其建造材料具有灵活的运用性与节能上的环保性，在未来势必会成为体育建筑的发展趋势之一。

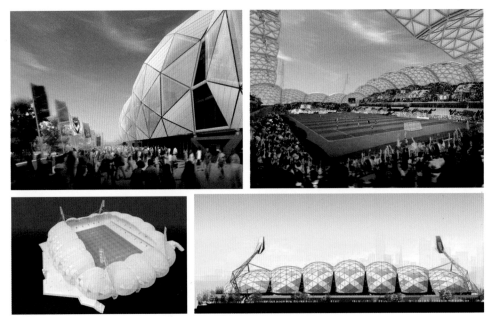

图 3.34 澳大利亚墨尔本矩形体育场的形态创作灵感源于水泡

图 3.35 灵活运用材料的移动蜂巢体育馆及其建造过程

三、结构优化与材料节省

虽然结构表现成为一部分体育建筑反映力学和美学逻辑的结合点，但仍不少当代体育建筑设计被其外部造型要求所"绑架"，屈从于飘逸或者扭转的形式，违背了体育建筑特有的建构本质——结构逻辑性，从而造成了建筑"理性内核"与"感性外壳"的对立矛盾。从材料运用的角度来看，这些体育建筑或是运用了不适宜的结构材料使体育建筑的"骨架"沉重烦琐，或是采用了千篇一律的围护材料导致体育建筑的"面目"粉饰过多，这些弊端都使得结构与形态成为别扭的组合体，耗费了大量的材料浪费，背离了材料运用在建筑中应遵循的经济性和适宜性原则。因此，体育建筑设计必须避免脱离本体的夸张外形和虚假结构而导致材料浪费，而能够达到这个目标的最有效方式就是结构设计的优化。

结构大师奈尔维在 1956 年的《结构》中就写道："结构的正确性与功能和经济的真实性一样，是形成建筑令人信服的美学价值的充分必要条件。"而这种"结构正确性"就是明确地指向优化的结构选材和结构形态。支撑起建筑的结构必须是牢固的，必须足以承受各种形式的外力，包括建筑物的自重、雪荷载、风荷载和各种活荷载等等。结构的正确性即为合理性，是结构形态发挥其效能的基础。结构形式、材料运用、构造处理等无不影响着结构效能的最终实现。结构合理性最终就是对合理的重力传承关系的解读，必须体现出结构最优化的原理、平衡的原理以及由此产生的应力分配的规律，并与建筑艺术形式和功能的要求相一致。对于未来的体育建筑，建筑师和结构工程师要承担两个责任，一方面要实施可持续发展战略，一方面要保证结构安全。前者要省材料，后者可能要多用些材料，看似是矛盾的，但这两者的结合点就是优化设计。从优化设计的角度来看，对体育建筑结构材料的节约有三个层面上的认知。

1.结构材料的适宜选择和优化运用

材料的适宜性主要体现在针对不同跨度的所表现出的适宜力学性能，避免"小马拉大车"或是"杀鸡用牛刀"。选用结构材料时应首先充分认识材料各自的独特受力性能与规律。例如砖石结构抗压强高但抗弯、抗剪、抗拉强度低，而且脆性大，往往无警告阶段即被破坏。钢筋混凝土结构有较大的抗弯、抗剪强度，而且延性优于砖石结构，但仍属脆性材料而且自重大。钢结构抗拉强度高，自重轻，但需特别注意当细长比大时在轴向压力作用下的杆件失稳的问题。而当代大跨建筑中经常运用刚柔相济的混合结构，也是力求最大化发挥不同材料的组合效能。同时，各类规模和用途的体育建筑应当视自身条件而因地制宜，从材料的地域性、经济性以及可实施性等多方面考虑材料的适宜性选择。材料性能的发挥必定使得材料节省，因此熟知与掌控材料性能是人们对结构体系进行优化的必备条件，对材料的适宜性选用也成为结构设计优化的良好基础。

2. 结构形态的优化设计

一座体育建筑拥有适宜的结构选型是其安全稳固的最基本保证，而在混合结构等结构形式得到大力发展的当今，体育建筑结构材料的节省是源于结构本体优化的效果，结构的优化设计追求最合理地利用结构材料的性能，使各类材料的结构性能充分结合和发挥，也使各类结构构件或构件中各几何参数得到最好的协调[58]。例如日本著名的静冈小笠体育场，其屋盖结构采用悬臂三角形空间钢管桁架，桁架总长 50m，悬挑约 40m，每榀桁架通过 6 根钢管与看台后侧的 V 形钢管柱铰接，在桁架后部设稳定索，可将钢桁架定位并平衡悬臂梁的弯矩。为了平衡风引力，在看台钢筋混凝土边柱顶向上增设抗风索，从而保证结构在各种荷载条件下均处于稳定状态。可以看出，通过对体育建筑结构形态的优化设计，最常见的混凝土、薄膜、钢柱、钢拉索等结构材料完全可以以合理的组合形式协同发挥材料效能（图 3.36）。

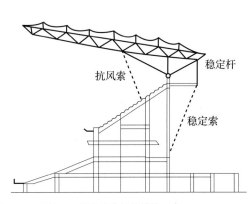

抗风索

稳定杆

稳定索

图 3.36 日本静冈小笠山体育场的结构形态

显而易见，体育建筑的结构优化也需要多种结构材料的综合性能的共同努力。例如随着大跨屋面的轻质化，高强的拉索在大跨结构中的应用逐渐增多，其相关的索网、索穹顶等结构也成为当代体育建筑进行结构优化的显著趋向。但体育建筑对结构的优化并不是要求一味地运用相对先进的张拉结构，张拉结构也往往要求着高标准的预应力张拉施工条件。在体育建筑中，通过对传统混凝土结构的优化组织，综合经济性和可实施性也可以创造出优化的结构体系，并通过可靠度结构计算，进行结构材料的量化，在制作工艺和施工技术成熟的保障下，实现传统材料在其全寿命周期中的最合理化利用。优化后的结构体系使材料得到最大化的利用，依附在传力体系之上的围护系统也必定精炼得体，在结构体系的合理要求之下，当代体育建筑的综合功能空间相应地集聚成为紧凑但并不狭促的集约形态。同时，这也是围护材料节省的最有效方法，这种摒弃夸张造型的理性态度展现出体育建筑结构的真实美学价值。

3. 构件节点的优化设计

在构件的优化设计中，节点设计成为结构构件性能在细节层面上的提升关键，精确合理的节点设计使得整体结构的连贯更富力学逻辑，各类荷载的传递路径也更为简捷有效。结构节点能否实现有效、严谨而逻辑的连接是结构设计最为关键的因素。当代大型体育建筑的外部形态直接依附于受力体系，其往往具有组装式的结构体系及复杂的形体交接关系，需要对结构中的大量节点进行力学验算和模型试验。

但人们也可以看到，节点构造越复杂，其可靠性越低，导致不必要赘余内力使节点受力变得不清晰。过于复杂的造型，其受力状态也将很复杂，难以进行精确的受力分析和把握其在真实工作环境下的工作状态。并且冗繁的构造也会妨碍相邻构件，引起不必要的赘余内力使节点受力变得复杂。而简单的节点构造，受力途径简捷，施工制作方便。因此，在当代体育建筑中，应该尽量避免为了追求异形形体而花费大量人力物力去制作复杂的构件与节点，精致、简洁、高效的节点设计同样也是体育建筑回归理性逻辑的真实反映（图3.37）。而且，

图3.37 体育建筑应追求精致简洁并受力高效的节点设计

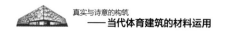

节点设计的精炼化可以节省大量材料，对节点形式的优化可以结合结构构件的形态，让受力杆件在相互联系中最有效的进行传力，相应地也会减少大量结构构件，并以简约的受力结构限定出简洁的表皮形态，以力的"引领者"角色来促使结构体系和围护材料的节省。

第三节　体育建筑结构材料的性能发展

材料技术的综合发展使得构筑物质世界更为丰富与精彩，材料技术在这些方面的发展，也必将对今后建筑材料的运用产生巨大的影响。今后建筑材料主要有以下几种发展趋势：第一，从均质材料向复合材料发展。以前人们只使用金属材料、高分子材料等均质材料，现在开始越来越多地使用诸如把金属材料和高分子材料结合在一起的复合材料。第二，由结构材料为主体向材料多功能并重的方向发展。第三，材料结构的尺度向越来越小的方向发展。如以前组成材料的颗粒，尺寸都在向微米方向发展。第四，由被动性材料向具有主动性的智能材料方向发展，新的智能材料能够感知外界条件变化主动做出反应。第五，通过仿生途径来发展新的工程材料 [59]。

发展至今日，当代科学的发展使人们已经有可能按照使用要求设计并生产建筑材料，也就是说"材料科学"正向"材料工程"过渡，在基本的建材和新型材料中都能体现这种材料性能提升的优越性。从材料的进步来看，人们在可持续层面上对传统材料的潜在性能不断挖掘，以"低技术"的适应性来表达出最为实用的地域性。而新型材料的发展趋势也逐渐崭露头角，结合今后寻求可持续发展和环境效应的发展趋势，结构材料的创新与运用在其性能表现上体现出了如下几个方向：高强、轻质、自然化、耐久性及可重复利用等。

对于大跨体育建筑，不同类型的结构材料成为其坚实的构筑基础，也带来了建筑创作上更富有艺术性的表达元素。而在土木工程的发展史上，每一种先进材料的产生及运用，其本身意义较相关结构形式的创造更加深远。很多材料在力学性能上的不断提升不仅体现出材料科学的迅速发展，也促使着工程结构技术得以显著的进步。因此，体育建筑结构材料的性能发展主要体现在两个层面上：

（1）研发钢材、混凝土等固有结构材料的高强性能；

（2）利用多类复合材料的综合性能。

不难发现，人们一直对传统的结构材料进行着更高强高性能的探索和研究，使得体育建筑的结构材料在遵循其受力逻辑的基础上，能够提炼与展现出更好的结构性能，这些性能的提升表现于更好的强度、更轻的自重、更良好的耐久性等方面。而相对先进的复合材料，具备了自重轻、结构可设计性强、耐腐蚀、抗衰老等优越性能。工程复合材料的广泛运用使得大跨度结构的结构性能及稳定性大幅度提高，跨度可以大幅度增加，结构造型多样，同时工期短。随着复合材料的发展，其产量的增加及价格不断下降，形式多样的复合材料也必将成为体育建筑中重要的结构材料。

一、高性能工程结构材料

工程结构材料的发展是工程结构技术和理论发展的基础，新型高强结构材料的研发一直是大跨度结构技术发展的突破口，每一次高强结构材料的研发成功，都会带来大跨度空间结构技术的飞跃与发展。在目前和未来相当长时期内，土木工程结构的主要材料将仍然是混凝土和钢材，因此，高性能混凝土和高性能钢材是大跨度体育建筑结构材料发展的主要方向。同时，在土木工程中逐渐运用高性能结构材料，人们也必须重视高强度结构材料的理论进展，使结构理论与工程实践更完善地相互结合。

1. 超高强高性能混凝土

混凝土材料作为最基本的结构材料，以其低廉的价格、简单的施工及良好的力学性能深刻地改变了结构形式，进而影响了建筑的艺术形式。材料科学的发展使钢筋混凝土成为按照功能要求生产建筑材料的先例，即根据设计强度等级配制不同的混凝土，根据结构分析配置钢筋，而不是单纯利用现有材料。各种新的混凝土，如蒸压加气混凝土、泡沫混凝土、轻骨料混凝土等保温隔热混凝土的相继问世，推动了按功能要求生产材料的发展。而高强度混凝土的开发，标志着这一材料进入新的发展阶段。混凝土的抗压强度由过去的 20 ~ 25MPa 提高到 50 ~ 60MPa，某些特殊用途的超高强混凝土可达 130MPa。

高强度混凝土已在特种工程、超大型结构及高层建筑中获得运用。在高层建筑中采用高强度混凝土或轻质混凝土可以减少柱及剪力墙等承重构件的截面积，相应地增加使用面积，增高楼层数量，经济效益明显。例如，澳大利亚墨尔本 55 层 Bour Re Place 的高层建筑，混凝土强度由 40MPa 提高到 61.2MPa 时，平均每层可节约 9.9 万美元，施工费减少了 15%[60]。同时，未来的混凝土必须从根本上减少水泥用量，必须更多地利用各种工业废渣作为原材料，必须充分考虑废弃混凝土的再生利用，未来的混凝土必须是高性能与耐久的，而耐久和高强都意味着节约资源。

从混凝土的生产工艺学上来讲，大量运用材料科学的一些原理可以使产品在强度、弹性、韧性和可塑性上比今日的更为优越。新建筑材料的应用往往伴随着新的结构形式和造型方式的变革，新性能的各种钢筋混凝土结构形式逐渐形成。如高性能混凝土结构、纤维增强混凝土结构、钢骨混凝土结构、钢管混凝土结构等等，混凝土结构材料将向着轻质、高强、高性能方向发展，结构形式也将向多元组合拓宽，以适应体育建筑大跨度、多功能的需要。其中，超高强高性能混凝土也将逐渐得到显著的应用。

图 3.38 大型工程结构逐渐运用高性能工程材料

超高强高性能混凝土鉴于其超高的强度和耐久性能已经在重要的高层建筑、大跨桥梁建筑结构中得到较为广泛的应用。目前，在实验室配制超高强高性能混凝土的技术已经具有一定的普遍性，在我国的多个城市已有工程陆续成功进行了试点应用。随着大型体育工程在结构形式上与桥梁设计、高层设计的相互结合，人们也逐渐将超高强高性能混凝土运用在大型体育建筑工程中，体现出这种新材料在新环境下的适用性和经济性（图 3.38）。可以预见，超高强高性能混凝土可以通过自身材料的高强性能来为今后更为稳固且高效的结构体系充当坚实的物质基础。

随着体育建筑结构自重轻质化的发展，混凝土材料更多的是运用在看台部分，这部分需要大批量的生产规模。要真正实现超高强高性能混凝土在大型体育建筑工程中的大规模应用，可连续性批量供应的超高强高性能预拌混凝土的开发是必须的。超高强高性能预拌混凝土的生产工艺，存在着使用材料较为复杂、质量过程控制标准缺乏、生产无法全过程自动化控制、生产效率较低等问题。在这种情形下，必须探索出相对易于实施的普通化生产工艺，使得大多数商品混凝土企业都能参考该工艺，优质高效地生产超高强高性能混凝土。生产工艺普通化能够提高产品质量稳定性，也保证了生产过程的环保高效，使得超高强高性能混凝土在体育建筑中在体现性能优势的同时也符合经济环保的发展要求。

2. 高强度钢材

当代先进钢铁材料的综合含义是："在环境性、资源性和经济性的约束下，采用先进制造技术生产具有高洁净度、高均匀度、超细晶粒特征的钢材，强度和韧度比传统钢材提高，钢材使用寿命增加。"从 20 世纪 90 年代开始，世界上主要产钢国家为了节约钢材，节约资源和能源，保护环境，就已经相继开展了新一代高性能钢铁材料的研发。其中日本在 1997 年提出了"超级钢"计划，韩国在 1998 年提出了"高性能结构钢"计划。而我国也在 973 计划中提出了"新一代钢铁材料重大基础研究计划"，研制成功了新一代高性能碳素结构钢，使化学成分相同的普碳钢的屈服强度由 200MPa 级提高到 400MPa 级和 500MPa 级，并已在汽车、建筑和工程机械等领域大量应用 [61]。由于高性能钢的强度提高了 1 倍，因而不仅使用寿命可以提高 1 倍，而且用钢量可以减少 50%，这对于建设节约型社会、环境友好型社会，以及实现经济可持续发展有重大的意义。

同时，建筑功能与形式的演变推进着很多新型的建筑结构用钢应运而生，特别是针对体育建筑空间及功能综合化的进一步要求，大型体育建筑也逐步呈现出了一种超级大跨度化的趋势，很多普通钢材就不再胜任这类建筑的建造，而高性能钢材能够为大跨度及体育建筑塑造出更为宽广的空间。体育建筑结构的高性能钢材不仅具有高的强度，高的塑性和韧性，还具有其他良好的性能：例如抗震性、抗低温性能、易可焊性、高抗火性等等，这些显著提升的性能都能够保证建筑工程的设计施工质量，使体育建筑等大型土木工程更加安全可靠，也以"高质低量"的方式相应地减少了钢材的消耗。

先进的钢铁材料蕴含着广阔的运用及发展前景，而高性能钢材的发展主要得益于其加工方式的改进，钢材性能取决于钢材的成分与生产工艺。不同的成分、不同的生产工艺使得钢的材性具有明显的差异。如热轧钢材与冷加工钢材、软钢与硬钢、普通钢与特种钢。我国在钢结构建筑中使用的钢材主要有：普通

图 3.39 高强度的低合金钢与钢索产品

钢（如 Q235、Q335）、高强钢、铸钢、锻钢、特种钢。当代先进钢铁材料技术发展表现在钢铁生产和应用的各个方面，由于冶金技术的发展，钢材的强度有很大的提高，经过热处理的高强低合金钢，其最低屈服强度为 620~690MPa，而普通的碳素钢屈服强度为 195~275MPa。在功能需要的地方采用高强度的钢材，可以大大降低钢结构的耗钢量。随着大跨混合结构的不断推广，人们不断在钢缆及钢索材料中加强高强度、高性能、高抗腐性索产品的研发工作，出现了涂铝锌高强度钢绞线、高密度聚乙烯护套高强钢绞线等高性能工程产品（图 3.39）。这些能够充分发挥材料轴向抗拉性能的材料也通过加工技术的创新与应用，不断提升着自身的强度与韧度等性能。

在体育建筑钢结构材料的运用实例中，国家体育场"鸟巢"无疑是最具有现实意义的。"鸟巢"钢筋铁骨的形式在材料的耗费程度上虽然存在着弊端，但其高强度钢材 Q460 钢的研发及成功运用却为国产高性能结构材料的发展写下了辉煌的篇章。具有超级跨度的"鸟巢"如果使用低强度的钢材，将使钢材的断面增大，在受力比较复杂的情况下，会带来一系列的问题。比如，110mm 厚的高强度钢材，如果换成低强度钢材，厚度至少要达到 220mm，而钢板越厚，焊接越难。而除了焊接不便，低强度钢材体积和负重大是另外一个不足之处。钢材出厂后并不是直接使用到建筑上，而是要焊成方形柱或矩形柱来使用，如果用低强度的钢，需要把柱子焊得很大，大尺寸的钢结构不利于加工制作。如果用高强度钢，柱子就可以焊得很小，重量和占地面积都要小，也更加方便于加工制作。

作为低合金高强度钢材，Q460 钢在受力强度达到 460MPa 时才会发生塑性变形。而"鸟巢"使用的 Q460 钢材还要求具有着特殊的形状、性能和技术要求，因此其钢构件的焊接也成为难点所在。研究人员通过不断地改进工艺和性能实验来打造这种高性能钢材的综合性能，例如在保证这种高性能钢材低碳当量的

基础上，适当增加了微合金元素的含量来保证钢材的可焊性，并采用了细化晶粒等方法解决低温冲击韧性的问题[62]。

通过不懈的努力和实践，研发人员使 Q460 钢达到了"鸟巢"的使用要求。最终，以高性能国产钢材 Q460 所构筑的 124 根钢管柱、228 根斜梁、600 多根斜柱、112 根 Y 形柱与空间曲形环梁相互交织，支撑起了整个鸟巢的钢结构体系，使其以令人称奇的姿态展示在全世界的目光之中（图 3.40）。

图 3.40　"鸟巢"体育场运用了 Q460 高性能钢材

二、复合材料

现代高科技的迅猛发展促使复合材料在航空、汽车、机械等方面得到广泛的运用，复合材料对现代科学技术的发展有着十分重要的作用。复合材料的研究深度和应用广度，及其生产发展的速度和规模，已成为衡量一个国家科学技术先进水平的重要标志之一。而建筑是全球复合材料最大的市场之一，尤其在中国及亚洲其他地区正经历着强劲的发展。据专事复合材料市场研究的美国一家公司报告，中国建筑市场的复合材料用量正以双位数的速率增长，而北美洲在 2013 年前的预计年增率为 5%，欧洲的平均年增率在 6% 以上。

复合材料是指两种以上的材料组合在一起形成的非均匀材料。在工业界最常采用的复合材料是加强纤维复合材料。在现代工业界，复合材料是指人工制造合成的二相或多相材料，通常一相为加强材料，另一相为基质。常用的加强材料有玻璃、铜、石墨或碳化硅。常用的基质材料有各类聚合物，如高分子聚合物、低分子聚合物、热固性聚合物和金属、陶瓷等。加强材料通常采用纤维或颗粒两种形式。复合材料产生和发展的基本思想是充分发挥加强材料和基质的不同材料特性并有机组合，使复合材料具有传统材料（如钢材）所不具备的物理、化学及力学特性。其最重要的优点是具有非常高的强度对重量比及刚度对重量比。从表 3.2 中可以看出，玻璃钢、碳纤维等复合材料与传统金属材料相比，在拉伸强度、比强度、弹性模量等的材料性能方面都具有着明显优势 [63]。此外复合材料还具有成型方便、耐腐蚀、防震隔热、隔声、可智能化等多方面的性能优势，已经在当今的建筑工程中得到多方面的展示与发挥。

表 3.2　传统金属材料和复合材料的几项性能对比

材料名称	密度（g/cm³）	拉伸强度（MPa）	弹性模量（MPa）	比强度（拉伸强度/密度）	比模量（弹性模量/密度）
钢	7800	1030	210000	0.13	27
铝	2800	470	75000	0.17	27
钛	4500	960	114000	0.21	25
玻璃钢	2000	1060	40000	0.53	20
碳纤维	1450	1500	140000	1.03	97
有机玻璃	1400	1400	80000	1.0	57
硼纤维	2100	1380	210000	0.66	100

随着空间结构的形式趋向多元化，相应的理论研究和设计技术也逐步完善。各种新型空间结构体系，如可展开折叠结构、开合屋盖结构、张拉整体结构以及各种混合结构体系等，在体育场馆、展览馆等大跨度建筑中也得到广泛应用。但由于传统材料的性能和自重限制使得大跨度结构的成本居高不下，而复合材料的优异性能更能配合于新型的结构体系，并且复合材料也可以对已有结构进行良好的加固与改善，例如人们在建筑工程中已经较多的采用碳纤维复合材料来提高和改善建筑工程的承载能力。

另外，尤其对于一些形式新颖的体育建筑来说，往往在其表皮采用复合材料将结构构件与表皮材料相互融合，共同承受荷载和传递荷载，使得结构支撑、连接、表面一次现场合成，使结构性能及稳定性大幅度提高，而跨度可以大幅度增加，工期短。因此，复合材料完全可以在体育建筑设计中结合先进的结构形式，成为未来大跨度建筑中理想的结构材料。

1. 玻璃钢

人工合成的复合材料不但强度高，重量也更轻。特别是由纤维与结合物组成的复合材料性能更佳。当代复合材料中最为常见的是玻璃丝增强树脂，俗称玻璃钢（Glass Fiber Reinforced Plastics 简称 GRP），具有"比钢强，比铝轻"的优越性能，而被称为钢铁的竞争者。作为新型工程材料，玻璃钢由于其可设计性和易成型性，已被越来越多的应用于土木工程领域，使工程设计由传统的"选用材料"逐步进入到"设计材料"的新阶段。

玻璃钢材料沿纤维主向的抗拉强度可达普通钢材的 2~3 倍，其比重为1.5~1.8，则其比强度比普通钢材高近 10 倍。同时，由于玻璃钢由流质的树脂及柔软的玻璃纤维及其织物制作，它可以被做成任意的形状和表面而不需要特殊处理和装饰。由于其轻质高强，可以增大结构的跨越能力，利用玻璃钢这种复合材料强度高、刚度小的特点，在体育建筑的大跨结构中，可将其广泛的运用在大跨屋面的拱形结构、张拉结构以及体育场的悬挑雨棚之上（图 3.41）。其可能实现的跨度可以比现行的钢网架或预应力混凝土屋盖大得多，其具体的应用方式可以归类如下所示。

图 3.41 玻璃钢可以成为大跨度建筑的适宜材料

（1）很多体育建筑的大跨度屋盖设计成壳体结构，最简单的形式是圆柱壳和球壳。可以将壳体的杆件由若干玻璃钢材料进行现场拼装，并由于材料重量轻、连接简单，能够缩短建造工期，减小下部结构负荷，节约工程投资。

（2）由于玻璃钢具有一定的刚度，其连接较之膜材更简单方便，因此可以先用玻璃钢作为纤维织物张拉成形，再涂刷树脂，其整体性更加优于一般膜材。

（3）传统的人型体育场悬挑雨篷一般采用的是钢网架加覆盖层或预应力混凝土结构，但安装复杂、造价偏高。而玻璃钢悬臂结构设计中可以以刚度控制，其截面高度根据悬挑长度决定，从根部到端部可做成变高度设计，充分体现出这类复合材料的性能与技术优势。

2. 碳纤维

与常见的玻璃钢材料一致，其他复合材料最大的优点是重量轻，单位密度的强度指标都很优越。目前大量人造纤维复合材料已成功地用在修建连续体的壳体与折板上。它也可以用来制作索、棒与管。许多类型的复合材料可以作为优良的添加剂，和固有结构材料进行性能上的优化组合。在今后的大量混凝土工程中，不仅要求新浇筑的混凝土具有自身的高强度，还应具备良好的施工性以及延性、耐久性等高性能，这就要求人们寻找一种能抗腐蚀的配筋材料代替混凝土结构内的中、低强钢筋（配置于普通钢筋混凝土结构）和高强钢丝、钢绞线（配置于预应力混凝土结构）。而近十几年来，国际上已开发了多种高性能非金属增强材料——纤维增强复合材料（FRP）。这些新型增强材料包括：玻璃纤维（GFRP）、芳纶纤维（AFRP）、碳纤维（CFRP）[64]（图3.42）。不同纤维材料通过一定的制作工艺与特定的树脂材料复合而成相应的纤维增强复合材料。其最显著的特性：抗腐蚀能力强，即耐久性好；具有很高的材料抗拉强度，且自重小；弹性变形能力和抗疲劳能力强。实践证明，这些复合材料是增强和改善混凝土结构和钢木结

a)

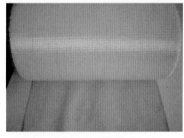
b)

c)

图3.42 多种高性能非金属复合材料
a) 玻璃纤维（GFRP）; b) 芳纶纤维（AFRP）; c) 碳纤维（CFRP）

构的一种新的优良材料和途径。

　　在土木工程的领域，碳纤维材料具有更广阔的应用前景。因为它的性能好而稳定，它的乱向短纤维加入混凝土中，可大大提高混凝土的抗裂性、延性和承载力。将碳纤维筋配置在混凝土内，可取代钢筋，即使混凝土结构处于较恶劣的环境下，也没有被腐蚀的危险。用碳纤维制成的布或薄板，贴于混凝土结构的外表面，其加固效果十分理想，不仅可大大提高受弯、受剪或受扭以及受压承载力，而且能减少裂缝宽度，甚至可提高外包柱的延性和抗震性能。用钢索建造悬索桥时只能跨越 1000~2000m，而如果将碳纤维索代替钢索去建造悬索桥则可跨越 3000~4000m 及以上。因为悬索桥上悬索的自重在总荷载中占有相当的比例，而碳纤维的密度只有钢索的 1/4。用碳纤维复合材料所建造的斜拉桥，桥的自重应力占总设计应力的比例，由使用钢筋混凝土时的 80% 下降到了 20%。

　　位于美国缅因洲皮茨菲尔德的尼尔桥，从外观上看与其他桥梁没什么区别，而桥下的拱桥是由碳和玻璃纤维织物建造而成的（图 3.43）。23 支碳纤维复合材料管道充气后被弯成具有一定弧度的拱桥，并在建造现场灌注树脂。很快，管道变坚固，然后进行安装并浇注混凝土。管道一旦变坚硬，就会具备抗腐蚀性，硬度也会增加，是钢硬度的 3 倍。在拱桥上铺盖纤维增强材料，以起到装饰的作用，而拱桥埋在地下的深度约为几英尺。通过长时间的使用证明，这座桥梁具有轻质、便捷的特性，不仅在外观上与一般桥梁一样，就连成本也相差无几。

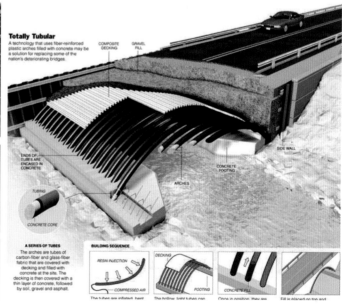

图 3.43 采用碳纤维材料所建造的美国缅因洲皮茨菲尔德尼尔桥

并且复合材料所制成的管道使得其外壁混凝土免受河水及其他自然因素的侵蚀，从而延长了桥梁的使用寿命。

由于碳纤维所具有的一系列优点，其大跨及建筑结构领域的应用日益广泛。目前国外已经开始建造新型的碳纤维与玻璃纤维混合复合材料结构建筑物，甚至是全复合材料大跨度结构建筑物。如美国的开合式银顶体育场（图 3.44），使用先进的复合材料如碳纤维，密度只有钢材的 1/5 左右，而抗拉强度比高强度钢材还要高出 1 倍以上。碳纤维材料以其轻质和高强度向建筑界提出新的可能性。日本滋草津市第二小学校体育馆在屋顶改造工程使用了碳纤维材料作为新的屋顶，其轻质高强的结构特征使得建筑在改造过程中免去了对原建筑梁柱等构造体的大规模改造，也从而减少了施工工序并降低了相应的改造费用。

图 3.44 美国开合式银顶体育场采用了先进的碳纤维材料

其他类型的高技术复合材料的运用也是今后体育建筑新的特征之一。另一种高强轻质材料是建筑织物，它的出现使膜结构步入永久性建筑的行列。建筑织物需要一个强度较高的基材，目前常用的有聚酯和玻璃纤维织物，表面涂敷防护性能好的涂层如聚氯乙烯、聚四氟乙烯或有机硅树脂等。这种新型材料还能够将承重与围护体系相结合，其最大的优点是重量特轻，使大跨结构的自重有了革命性的变化；此外在耐久、防火自洁、透光方面都具有良好的性能。在穹顶结构、索支撑玻璃结构等新结构体系中都有复合材料的使用。沙特阿拉伯首都利雅得的奥林匹克体育城，使用了玻璃纤维增强复合材料，其整体索网屋顶的网格结构每一节都衬有涂覆聚四乙烯的玻璃纤维衬垫，而整个索网则采用玻璃纤维增强复合材料作为覆盖层结构。

三、复合木材

从结构材料的发展方面来看，将木材作为大跨结构用材同样值得加以不断地挖掘和运用。作为从大自然中吸取的精华元素，木材一直为建筑塑造着符合原生态的健康骨骼和容貌。而与高性能的混凝土、钢材以及先进的人工复合材料相比，复合木材因其良好的生态性、技术的精良性、造型的独特性，同样极大的拓展了大跨木结构建筑在体育建筑设计领域的发展。

当代大跨木结构是建立在在复合木材的不断研究的基础之上，各类加工技术使得天然或人工木材的性能得到极大的提升。传统的复合木材是一种经过改进和加工的新型木材，剔除天然木材中的木结、裂纹并经过充分干燥，通过黏结加压的方式，将小尺寸的板材组合加工，形成尺寸和形状都相对自由的结构用材。而当今常见的无机质复合木材是以丰富的速生人工林杨树木材为原料，以含硅、铝、硼、磷元素的离子化合物为浸渍溶液，采用双离子扩散的方法，通过浸渍木材后，使离子在木材孔隙内或细胞壁上发生沉淀反应所得到的复合材料。由于生成了不溶于水的沉淀物填充在木材的孔隙内，所以改善了木材的热分解特性和强度性能，其耐久、耐湿和耐火等材料性能都得到了很大的提高，并具有了较好的强度重量比和无须定期维护的优良胜能，使其在许多场合下可代替金属结构[65]。当代的复合木材也特别重视技术性的连接程序，如从复合木材的材料特点，到材料之间的连接而导致的构造问题，再到连接成整体之后的结构体系的问题等。复合木材建筑在结构形式上不再受传统建造方法的限制，开拓出许多独特的结构形式。例如弯曲集成材的使用为木结构开拓出曲线形态，这是利用复合木材形状的相对自由通过对直线结构进行变形获得的造型变化。

同时，当代大跨木结构还多表现为由木构件和钢构件的组合形式，其中木构件作为主要的结构构件，决定了整体结构形式和空间造型，而钢构件作为辅助构件，保持结构的稳定性，应对节点复杂的力学要求。钢材和木材都具有着刚柔相济的良好受力性能，其结构体系对抗震十分有利，这类复合的大跨结构的经济性优势十分明显，其造价明显低于钢或混凝土结构。因此，人们可以利用复合木材的加工技术，制造出从天然木材不能获取的大断面和长大材等优质工程木材产品。由于这些产品能够保证满足大跨木结构设计所需的强度性能，所以在日本及北欧等发达国家，设计者们充分利用了当地天然木材储量大的优势，并结合复合木材的加工技术所创造出的良好性能，在许多体育馆等大型建筑物都采用了复合木材作为其结构材料（图3.45）。

图 3.45 具有良好性能的复合木材及大跨木结构在当代体育建筑得到重视与发展

第四节　本　章　小　结

"结构"是反映物质存在状态和逻辑关系的关键语汇，在一座座形态各异的体育建筑表象身后，其构筑"流源"正是符合受力逻辑的结构体系。因此，无论人们的审美意识如何拓展，不断变化的体育建筑形态依旧建立于结构逻辑的理性基础之上。在遵循结构逻辑的构筑基础之上，体育建筑还追求着艺术化的表达形式，而理性质朴的结构表现依据自然法则和科学规律选择合理的结构形式，把力学逻辑思维和视觉逻辑、结构的理性和建筑的艺术性结合起来，赋予体育建筑以情感的秩序和艺术的表达，也使得材料成为体育建筑技术理性与艺术感性相结合的物质媒介。

同时，体育建筑结构形态的进化与结构材料的发展是相辅相成的，结构材料的力学性能决定了大跨空间结构形态的发展，其在体育建筑结构体系中创造出的各类承力形式与美感，更体现出材料运用在大跨度空间上的结构价值。今后体育建筑的结构形式越发趋向于适宜化与高效化的可持续特征，这也决定了其结构材料运用表现出高强复合等综合性能的发展趋向。任何一种新材料的出现或已有材料性能的提升，都将带来一次工程技术新的革新，具有性能优势的新型材料运用也必然会推动体育建筑结构体系以及空间形态的更新与发展。总之，选用或创造适合材料的结构形式，充分发挥材料的结构特性，做到节材精用，是塑造合理而优美的体育建筑结构体系和空间形态的必由之路。

第四章
围护材料的形态特征与表皮语汇

> 体块被围护的表皮所包裹……而建筑师的任务是使包裹体块的表皮生动起来，防止它们成为寄生虫，遮没了体块并为他们的利益而把体块吃掉。

> ——柯布西耶

作为外扩形体与内蕴空间的统一体，体育建筑应具有深刻的内涵、鲜明的个性和优美的形态。如上章所述，优化合理的结构为体育建筑的形态与空间提供安全可靠的骨架支撑，从而创造符合逻辑的理性空间与感性形态。传统体育建筑的形态注重反映结构规律，而当代体育建筑的外形表现已经不仅仅限于结构的内在理性，并通过技术与材料美学来表达感性的艺术形式，使得内部空间与外部形态成为"壳"与"核"的统一体。在这种"由表及里"的完整形态表现中，材料成为体育建筑的形态与空间是否能够"表里如一"的关键控制因素。

材料的运用方式和精细程度决定着建筑的品质，这就在一定程度上对以往较为简单的围护材料提出了更高的要求。附着在整体形态表层上的围护材料系统，不仅起到围合内部空间的作用，也成为体育建筑造型的表皮语汇而备受关注。当代体育建筑已经不再是单一过分的强调体块、平面、立面的形态构成方式，转而强调建筑材料的使用方式及构造方法，通过其外观上精彩的材料语汇

表达出体育建筑的丰富形象。一些围护材料根据使用功能和技术要求，发展为精致的建筑表皮，使得体育建筑在形态表现上突破以往钢筋混凝土所构成的封闭庞大体块，在建筑的整合表皮上也表现出视觉传达的设计趋势。

随着技术进步，非线性形态的体育建筑实例也逐渐出现在人们的视野之中，例如哈迪德设计的英国伦敦奥运会游泳馆，其外部形态和围护表皮更加整合统一在其独特的造型之中，建筑师始终在理性的空间构建与感性的形态表达中找寻融合点，参数化设计也成为未来的实践方法和理念之一。无论创造出何种形式的外部形态，体育建筑最基本的共同目标就是优化结构体系以及发挥材料性能，某些过分追求夸张形式与炫目表皮的体育建筑造成大量结构及围护材料的浪费。这种设计忽略了的精准合理的结构体系才应是体育建筑的精华所在，而体育建筑的围护部分占很大面积，其材料更应该做到节约用材，并最大限度的发挥每一块材料的自身功效。相对于体育建筑的大跨空间结构的特殊性，以往建筑师更多的是将围护材料处于被支配性，而今后在体育建筑设计中将围护材料的运用作为一种内外部形态的设计策略，关注材料运用的主动意识，可以使体育建筑在结合城市环境、形态表皮、细部构造以及环保节能等方面都起到良好的促进作用。

第一节　围护材料在体育建筑形态表现中的特征

黑格尔说过："建筑是抗拒地球引力的形态艺术"。追求形象上的与众不同成为了当代体育建筑发展的动因之一，然而当今体育建筑的外部形态面临着理性构筑与感性表达的矛盾。在"大事件"的政治背景或形象要求的影响下，体育建筑往往成为外观上的被绑架者，某些设计过于追求奇异的形体和炫目的表皮，为了表现扭转或变异的形态而增加结构设计的难度，也造成了围护材料的盲目堆砌和体育建筑室内空间的浪费，这其实是体育建筑设计中最应避免的[66]。但从整体发展趋势来看，人们已经在围护体系上将以往被动拼贴的材料逐渐演变成为体育建筑丰富形象的展示者，玻璃、混凝土、金属板材、木材、聚碳酸酯板、薄膜等各类围护表皮材料成为体育建筑的合体外衣，这些材料使得体育建筑的美学特征得到更为细致的表达（图 4.1）。

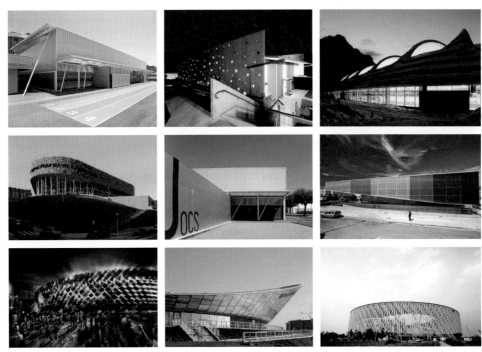

图 4.1 丰富的围护表皮材料成为当代体育建筑的悦目外衣

进而，体育建筑的构筑逻辑追求理性完整，其外观形态与内部空间是相互依存的，结构和表皮也并不是对立的关系。一部分趋向结构表现的体育建筑更使得其结构体系与表皮材料相互交融。因此，各类围护材料的运用最终为建筑建立起完整的形态，无论设计者是希望以低调的材料展示出耀目的形体，还是意图在简约的形体中引发人们对材料细节的关注，当代体育建筑围护材料的运用与其形态表现途径都息息相关，因此设计者可以首先将体育建筑的形态特征作为切入点，从整体到细节的构筑逻辑去分析材料运用的具体方法。

一、当代体育建筑的形态表现途径

传统建筑师熟练于以结构技术为理性基础的造型创作方式，体育建筑的外部形态多是以大尺度的规整几何形体出现，如圆形、矩形、菱形、三角形等，形态表现简洁规整。而当代一些体育场馆的空间形体表现出更为自由的形态，以体现时代潮流作为创作的主导。在此理念指导下，当代体育场馆设计表现出新颖甚至奇异的形态构成形式，可以说简洁规整的理性主义和扭转变异的非线性表现都成为了今后体育场馆形态构成的表现趋势（图 4.2）。

图 4.2 同样的功能平面的不同形态

　　无论以什么样的准则来评判体育建筑的建筑形态，它们都是时代演变和更新的产物，设计者应该以客观的态度去审视它们之间的合理结合点，面对某些体育建筑过于追求异形形态而引人眼球的失衡态度，理性回归的呼声又逐渐在当代体育建筑的表现中得到了重视。建筑师应综合社会、经济、技术、人文等因素，运用结构逻辑和形象思维，赋予体育建筑情感的秩序和艺术的属性。以真实质朴的技术和蕴意深刻的空间艺术进行塑造，并尽量阐释出体育建筑表里如一、形意关联的美学内涵。

　　在今后的体育建筑形态表现中，设计者们倾向于在理性的结构基础上表达富有韵律而变化的形态关系，以基本几何原型上的拓扑生成和变形来创造整体外观，并重视围护表皮材料的细节设计，使之成为空间形态上的美感延伸。总体而言，体育建筑基于以下几点因素来展现其外部形态：功能、结构、环境、材料、当代数码科技等特性，这些因素作为表现语汇，综合限定并塑造出了当代体育建筑丰富多彩的外观及空间形态。

1. 功能空间的原型生成

　　柯布西耶在《走向新建筑》里曾把建筑划分为体量、平面和表皮这三个要素。在他看来，体量作为纯粹几何体块的创造是建筑艺术的基础，平面是建立三维的手段或生成要素，而表皮的处理可以强化或破坏体量。在这三者中，体育建筑的体量始终遵循于功能空间的本质需求，当代体育建筑所承担的综合功能也对体育建筑的对应空间提出了更多的限定。以往的体育建筑往往表现出单调呆板、厚重庞大的形态，而建筑表皮的发展使得体育建筑的功能空间得以展现出多样性的外观形式，也使得功能空间的原型生成有了更深入的内涵。

　　体育建筑的外观形态应与其功能空间相匹配，而不同的运动项目对体育建筑中的平面尺寸、净空高度、空间形式要求不同。传统的体育建筑内部平面空间与比赛场地和观众坐席息息相关，其基本几何形忠实地生成外部形态。体育场建筑体型庞大，其基本几何形给人以最大视觉感受，从古罗马斗兽场到当代的鸟巢体育场，绝大多数体育场都遵循了近椭圆形或矩形平面所带来的功能空间（图 4.3）。

图 4.3 古罗马斗兽场与当代鸟巢的形体轮廓都遵循着相近的几何形

　　相对而言，体育馆建筑比赛厅的平面形状多种多样，有正方形、长方形、多边形、圆形、椭圆形以及不规则形等（表 4.1）。比赛厅内部空间在满足必要净高的前提下确定具体尺寸。在确定比赛厅规模与内部空间后，比赛厅形体也大致确定，并结合观众席的布置方式来调整比赛厅形体。观众席的布置是以比赛场地为中心对称展开，此形体也是简洁的对称体。而通过对观众席布置方式的改变，如单边布置、对边布置、局部加减等方式，能够丰富比赛厅形体变化[67]。如肯尼亚国家体育馆，通过调整八边形观众席座椅，得到花瓣一般的平面形状，从而丰富了外部形体。新建成的中国国家网球场也根据当代网球赛事转播要求及人们观看的最佳视线关系，改变了传统矩形平面，确定了其均质化的平面形状及相应外部形态（图 4.4）。

表 4.1 体育馆的场地尺寸及比赛厅适用平面形状

场地规模	场地尺寸（m）		观众席规模	比赛厅适用平面形状	
小型	以篮球场尺寸为准	38×20	中、小型	▭	▭
中型	以手球场尺寸为准	44×24	大、中型	⬡ ▭	▭
				◯ ▭	◯ ▭
大型	以冰球场尺寸为准	70×40	大型及特大型	▭	
				◯ ▭	◯ ▭

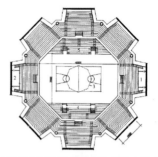

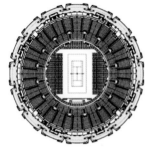

图 4.4 肯尼亚国家体育馆与中国国家网球场的平面与外部形态

可以看出，满足场地规模、赛事种类以及观众看台的要求成当代大型体育场建筑空间形态的基本生成条件，符合自然法则的椭圆形、矩形、多边形等基本几何体始终表现出对功能的忠实满足，进而根据当代艺术审美思潮的变化，这些基本几何形通过局部的拓扑变化，衍生出了多样形式的形态。并且，当代体育场建筑的基本原型经常与某种寓意相结合而进行具象或抽象的形态设计，例如克罗地亚的"火山"体育场位于连绵山脉的环境之中；中国台湾高雄体育场的连绵屋面象征着龙的形态；深圳宝安体育场的支撑杆件塑造出城市"竹林"；卡塔尔为 2022 年世界杯所设计的这座体育场像一座海边巨大的游轮，其屋面轮廓在外观上呈现出复合功能空间的连续起伏（图 4.5）。

图 4.5 结合寓意的当代体育场建筑呈现出抽象或具象的形态设计

对于不同类型的体育馆建筑，其发展趋向于满足各类功能的综合需求，在城市环境中越发表现为"体育综合体"（Sport complex）。综合体的表现形式由于主体及辅助空间内的功能综合而丰富，但是在当代"简约主义"的设计潮流之中，设计者们同样尽量地将多样功能统一在整合的形态之中，而将围护材料上的外观表皮作为形态上的细部表现（图 4.6）。

图 4.6 整体富有细节成为今后体育综合体的形态表现趋势

因此，体育建筑的主体功能空间始终是其原型生成的基准，虽然外观形态的构成理念趋向于丰富多彩，但对体育建筑功能空间的"量体裁衣"是人们应该始终坚持的设计理念与实践方法。坚持功能空间的原型生成，忠实于体育建筑的结构理性和符合逻辑的美学拓展，可以自然地生成优化形体。并且使得体育建筑不沉迷于追求怪异炫耀的形态，避免不必要的空间与材料浪费。

2. 结构形态的美学扩展

在体育建筑创作中，结构技术既是获得理想形态的技术保证，也是形态表现的主要决定要素。M.E 托罗哈说："结构设计与科学技术有密切的关系，然而却在很大程度上涉及艺术，关系到人们的感受、情绪、适应性以及对合宜的结构造型的欣赏。"结构形态作为一种造型设计方法，是大多数建筑师在体育建筑创作中首先考虑的因素，从结构形态的受力、几何以及功能等几个特征属性出发，体育建筑应按照自然法则和科学规律选择合理的结构形态，深入理解结构受力方式，灵活运用结构元素的几何特征，把握结构功能与形象的统一，进而在此基础上，将结构形态与建筑美学结合，从而塑造出与内部空间完美结合的体育建筑外部形态。

体育建筑的结构选型，常常把结构表达与艺术处理作为美学的最终目的，在基本形体确定后，可通过结构处理实现形体的丰富变化。选择适当的结构形式实现基本形体，体育建筑的形态忠实于完整的功能空间，同样也依附于最基本的结构选型之上。其创作过程往往是根据不同类型结构选型的塑型特点，以满足功能平面为目标，自然地生成符合结构受力的围合平面。由结构选型所塑造出的围合平面分为两种类型：直线围合平面和曲线围合平面。前者的结构受力形式较为直接，无论是钢架、桁架、平面网架这类刚性结构，还是膜、悬索等柔性结构，都可以根据体育建筑的功能要求生成简洁明了的围合式外观。而曲线围合平面的结构选型稍显复杂，但可以更好的结合体育建筑的功能布置，并且创造出更富曲线美感的体育建筑形态[68]（图4.7）。

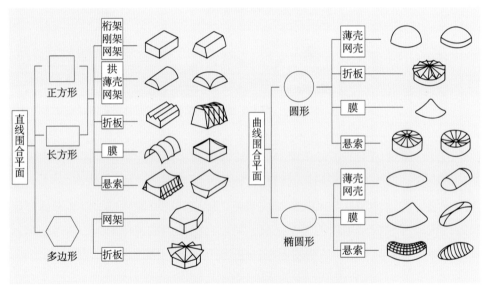

图4.7 结构选型可以自然地生成基本的直线及曲线围合平面

随着大跨度结构技术及材料的进步，传统结构体系所生成的这些基本几何形体已经不能完全满足人们对体育建筑形态的审美要求，结构形态的美学扩展成为体育建筑结构表现中新的创造方法，可以分为结构变异、结构夸张等不同方式。这其中，结构变异主要体现于结构构件在遵循受力逻辑的形式变化上。而结构夸张与结构牺牲在一定程度上为了迎合夺人眼目的建筑造型，都放弃了局部结构的真实性，其消极影响应该得到更加细致的考量。

结构变异主要体现在结构构件的多序组合与形态变形，多序组合是结构变异的重要表现途径方法，通过对完整结构形态的裁剪和对同种或不同种结构的拼接，使体育馆建筑形体自由多样，在整体形态上使原本较为单一或完全对称的体育建筑形体变得更为丰富。如英国拉文斯科雷格体育馆，通过将其桁架结构进行高度变化上的有序排列，从基本的矩形进化为具有韵律感的形体，并且利用错落屋面之间的侧高天窗为室内带来自然光线（图 4.8）。结

图 4.8 英国拉文斯科雷格体育馆的结构变异直接创造出其形体的韵律

构构件的形态变形是在受力范围允许的情况下，通过适当调整构件的尺寸、角度以及节点等方法，在结构细节上创造出更有独特个性的细部表现。也可以利用不同构件受力的最佳角度，在支撑或张拉的形态上做出多样化的表现形式。例如法国的这座体育馆，在其桁架结构上运用斜向支撑的杆件，充分利用三角型支撑结构的稳定性，并在室内外创造了与众不同的场景和更有利的采光面（图 4.9）。

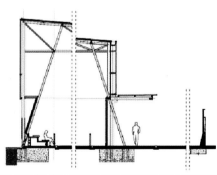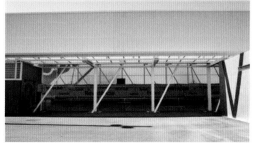

图 4.9 支撑构件的角度变化创造出更有个性的细部表现

图 4.10 结构构件的细部对比使得体育建筑形态各异

在大型体育场的形态设计上，结构构件也经常被设计成结构表现中的重点元素，同样是为了 2012 年欧洲杯所建造的波兰华沙体育场和乌克兰基辅奥林匹克体育场，在屋面上都采用了张拉膜材料的轻质顶棚，而起到张拉支撑作用的立柱杆件，则根据自身结构受力的最优状态，呈现出不同形式的外观与细节（图 4.10）。

结构夸张是指从追求结构审美出发，结构处于绝对主导地位，是形象表达的直接载体；此类创作结构并不局限为支撑建筑的骨架，而是通过夸张构建形态来作为整体装饰的成分以及特殊的造型表现元素。结构夸张在一定意义上是为了实现某种造型或意象而迫使结构理性的让步。例如为我国九运会所专门兴建的广州奥体中心，其巨大的顶棚为了彰显飘逸形象，采取不合理的平板钢结构来迎合建筑造型，故用钢量与同类建筑相比明显增加，其 21 根巨型支撑体也牵强地寓意 21 世纪，使结构在不合理状况下屈服于建筑形式。

不难发现，当今很多视觉冲击力强的建筑结构往往并不合理，针对这种结构的极端化表现，设计者们应提倡简化建筑、净化形象，保持体育建筑结构创作构思的清晰，以创造符合结构逻辑的建筑形象。只有在体育建筑空间及形态的塑造上做到结构优化与材料节省，才能符合大跨度建筑遵循建构逻辑的美学真谛。

3. 地形环境的完整契合

体育建筑形态设计不仅受到自身客观因素的制约，还会受到外界客观因素的影响，即体育建筑身处的环境因素。这里的环境因素主要指地形条件与地域气候，设计者们结合地域气候，在体育建筑形态上进行开窗等细节设计，这也关乎今后体育建筑可持续节能的发展趋势。而地形条件包括了山地、丘陵、高原、平原、盆地、谷底等不同的基地建造环境，对地形环境的改造或融合对体育建筑的整体形态起到重要的限定与塑造作用。

对于任何一个大型公共建筑来说，其场地设计与形态设计都应该是相辅相成的。通常，在较常见的地形地貌里，如地形变化及地势起伏不显著、缺乏自然风貌或无明显特色，其对体育建筑造型设计的影响较小，建筑形态较为自由；在有特征的地形条件中，如地形变化与地势起伏较为明显、自然风貌富有特色，其对体育建筑造型设计则影响较大。

首先，虽然体育建筑的比赛场地和观众坐席在很大程度上对于其外部形态进行了较为严格的限定，平坦规则的场地也成为体育建筑的首选。但在城市用地逐渐紧张的环境中，也有很多体育建筑依据地形环境的特殊性，创造出了独有的形体特征。例如深圳罗湖体育馆，用地近似不规则的三角形，设计者将体育馆功能完整地融合于接近梯形的建筑轮廓之中，巧妙地在不规则的场地结合处设置公共空间，并利用三角形屋檐口创造出与众不同的外部空间形象（图 4.11）。由法瑞尔设计的肯尼迪游泳中心（kennedy town swimming

图 4.11 深圳罗湖体育馆的外部形态较好地结合了自身的地形环境

pool）位于中国香港寸土寸金的狭窄地形之中，但设计者将这个项目的功能整合到香港西岛轨道交通站之中，充分利用了基地用地。并在其立面上利用钛锌板材料的金属质感与可塑性，在拥挤的城市空间中创造出了一个独具识别性的建筑形态（图 4.12）。

图 4.12 位于狭长地形环境内的香港肯尼迪游泳中心

图 4.13 瑞士苏黎世联邦理工学院体育中心表现出隐于自然环境的形态

另外，当代许多体育建筑都渴望成为"地景建筑"发展趋势中的典型代表，这些位于优美自然环境中的综合型体育设施与地形条件的融合更为具体，人们往往根据建筑所处范围内的坡度、地势、地面、植被的具体情况以及山体、水体等自然风貌，进行景观与建筑充分融合的形态设计。例如瑞士苏黎世联邦理工学院的体育中心，建筑空间与景观界面完整融合，从远处望去，整个建筑深嵌入倾斜的场地之中，与山地上的自然草坡融为一体。建筑只有西侧立面可见，室外的空间像是流动于整个开阔的前厅，沿着绿色的斜坡又与开放的空地融合。简单的屋顶绿化与玻璃材料完全融合于美好的自然环境之中（图4.13）。这种"地景建筑"的形态生成也说明了人们越发希望建筑融于城市肌理或自然环境之中的谦虚态度。位于克罗地亚著名的 Zamet 体育中心（图 4.14），其整体形态更富有生成逻辑，建筑体量在场地与功能相结合的基础上自在生成，建筑形态与原有基地的衔接亲切自然，而不再是追求庞大严肃的身躯。

图 4.14 克罗地亚 Zamet 体育中心的形态生成过程

随着人们可持续发展观念的深入，"地景建筑"不仅仅限于小型体育设施，修建高大的看台和悬挑的顶棚也不一定耗费巨大的成本。例如一个精致的山地高尔夫会所和一个位于中东沙漠中的庞大体育场，其形态都可以美妙的融合在富有自身特征的地形环境之中，既美观又实效。同时，这类建筑往往结合覆土或绿化屋面，在体育建筑的围护表层上使用绿色建筑材料，利用自然生态元素进行可持续的节能设计。因此，未来的体育建筑中以适宜的成本来融合地形环境，可以将更多的资金注入到场地、器材、服务设施等更具实效的方面，使体育建筑充分融入环境和社会生活，真正满足人们的运动需求[69]。

4. 自由流畅的异形表现

虽然基本功能、结构几何、地形环境等因素都是期盼体育建筑设计以理性表现为主，但随着各类审美观念的不断冲击，传统而纯粹的几何形体已经不能完全代表体育建筑的形态表现特征。通过先进材料与技术的支撑，自由流畅的曲线形体已经大量的出现在了现代建筑之中，给人们以更为强烈的视觉冲击。

对于体育建筑，曲面异型形态的主要表现途径依然是依靠基本几何形的拓扑与变异，一些体育馆建筑往往在符合功能需求的立方体上进行边角切割或板面结合，达到整体雕塑或连续界面的外部形态，而体育场建筑主要利用其大跨屋面在高度和平面上的尺度变化，进行基本几何形体的局部推拉，或者打破传统体育建筑中顶棚与墙体之间的界限，以一体化的设计概念使屋面、墙面至看台都成为整合的塑形元素。具体而言，设计者运用了推拉、分解、扩展、延伸等不同的造型方式进行了体育建筑外部形态的多样性塑造（图4.15）。

a) 　　　　　　　　　　b) 　　　　　　　　　　c)

d) 　　　　　　　　　　e) 　　　　　　　　　　f)

图4.15 在基本几何形上所拓扑出的体育建筑异形形态
a) 推拉；b) 分解；c) 延伸；d) 扩展；e) 连续；f) 螺旋

无可置疑，曲面异型的建筑形态具有极强的整体视觉冲击力，是审美思潮中改造自然力量的象征和人工雕琢痕迹的展现。类似"流体雕塑"般的体育建筑空间形态在参数化设计的技术支撑下，形成一种看似无规律的、自由变化的曲线形体，打破了以往体育建筑造型的对称性，其非对称的曲面和无序的流线性元素表达出充满未来气息的视觉感染力。同时，自然界中的许多物质元素都有着润滑的边角与轮廓，因此，设计者往往在大自然中为体育建筑的曲面异形形态寻找美妙的结构与形态灵感，以仿生理念赋予体育建筑美好的寓意，例如图 4.16 这座运动体育中心的形态设计，就溯源于溪流中的"鹅卵石"，体育中心的单体建筑被整合在整体的"溪流"之中。

图 4.16 体育建筑曲面形态可源于自然界的物质元素

在流畅曲面的形态表现中，许多体育建筑都是将其屋顶作为最主要的塑型元素。以往传统大体量的体育场馆，屋顶因受功能的影响较小，可作为独立的构成元素，根据环境条件或造型需要出现。规整而富有弹性的建筑平面形态可满足单一的围护结构下不同功能的自由组合。而在当代体育建筑的形态设计中，人们经常利用结构技术和各类围护材料的发展，将体育建筑的顶棚与围护墙体一体化，打破了传统建筑屋顶与墙面的界线，使得由曲面屋顶与围护界面统一围合而成的建筑造型更显得简约时尚。当代体育建筑利用这种在大跨度屋面和围护体系中的设计方式，创造出了多样丰富的曲面空间形态。例如，广州亚运城综合馆（图 4.17）为突出表现体操项目的艺术魅力，冠以"飘逸彩带"的主题，运用流动的形态展现岭南建筑轻灵飘逸的风格，以金属铝板和玻璃幕墙所构成的流线型形体，创造出令人震撼的空间效果。

因此，当代体育建筑曲面异形化的发展趋势，在很大程度上也得益于其屋面与围护表皮材料的完整统一。虽然今后多数中小型的体育建筑会以简单的立方体结合精彩的立面表皮，来满足人们对专项功能和丰富审美两方面的要求，但在许多展现个性的体育建筑中，其曲面异型会持续成为表达新潮理念的一种实践方法。在这种趋势下，设计者利用金属板、木材、薄膜等材料易加工成曲面的塑型性能，在体育建筑中创造了大量符合当代审美的"流体雕塑"形态。并且，随着 GRC 混凝土及 GRG 石膏材料在大型公共建筑上的逐渐成熟运用，使得建筑室内外的曲面形态更为流畅统一，也逐

图 4.17 广州亚运城综合馆具有着丰富的曲面形态

渐在当今的体育建筑中得到了广泛运用。例如在广州歌剧院及罗岗国际体育演艺中心的室内设计中，大量 GRG 石膏材料创造出了与外部形态相融合的空间界面（图 4.18）。

图 4.18 GRG 石膏材料构成的曲面形态

　　同样，人们也应该清楚地认识到，这种追求极致的形态表现趋向在体育建筑上也面临着许多问题，需要人们以更为理智和科学的态度去面对。曲面异型的建筑形体虽然时尚动感，但往往需要耗费更多的结构与材料。并且，很多体育建筑

成为"效果图建筑"，由于施工技术及造价选材等方面的因素，经常从方案展示阶段的光鲜炫目而变质为建造中的草草了事，围护表面中的许多异型拼接节点粗制滥造，也成为难以弥补的遗憾（图4.19）。所以，人们必须将理性技术与感性艺术的结合点慎重把握，为体育建筑进行"量体裁衣"般的形体塑造。

图4.19 施工质量或构造细节上的遗憾

二、体育建筑外部形态中的材料构成

由上节的归纳可以看出，体育建筑的形态特征来源于对功能、结构、环境以及异形表现等方面的综合反映，无论何种形态表现途径，材料都成为达成这种塑型目标的物质基础。外部形态作为整体，材料构件作为个体，两者相互关联，共同反映出设计者对体育建筑外形的表达意图。整体来看，围护界面中的各类材料构件作为塑型的基本元素，或是以低调的姿态在无形中消解体育建筑庞大压抑的体量，或是以显著的角色提供唯美精细的建筑立面，使得材料的构成不仅仅成为体育建筑形体构成的直接物质支撑形式，还应成为独立的展示内容。

体育建筑的庞大轮廓决定了材料构成在其造型效果上的重要性，通过人们对特定或组合材料的运用，材料构成在建筑外观上所表现出的视觉反馈成为了当代体育建筑外部形态上的主要特征，相应地体育建筑也在其围护表层上开始注重表达材料元素。从大量体育建筑设计及实践来看，其建筑形态与材料构成的关联可以分为两种基本类型：一是构成的建筑形态与相应的材料搭配；二是整合的建筑形态与专类的材料选择（图4.20）。

同时，围护材料的构成方式虽然使得体育建筑的外观丰富多彩，但围护材料的运用还需要满足"围"与"护"的基本功能，因此，耐久性、保温、隔热、防水等物理性能依然是材料构成的逻辑所在。人们不能过于炫耀表面效果而不

图 4.20 材料构成表现为综合与统一两种形式

顾及体育建筑围护体系的本质要求，应在提升建筑围护效能的基础上表现出其运用材料的视觉效果。并且，围护材料的轻质精细化趋势，也增强了体育建筑结构及形态的多样化可塑性。

1. 形体构成与材料组合

虽然当代大部分体育建筑的整体形态趋于简约主义，其围护表面上的用材种类并不繁杂，但体育建筑的形体构成与其功能空间联系紧密，空间与功能的本质要求促使设计者将适宜的材料运用在外部形态上的合适部位。尤其是体育馆建筑具有着许多不同功能内部空间，其采光和通风要求不同，例如比赛大厅、辅助用房、共享空间等等。可以说，材料的选用首先要依据地方气候、日照朝向、自然通风等环境条件，体育建筑对其围护材料的选择，首先应该尊重内外部空间能量交换的要求与限定。当人们希望多利用自然光线之时，玻璃、聚碳酸酯板、薄膜等材料构成采光的有利界面；而当希望以封闭的形体来减少场馆内部的能量流失时，厚重的混凝土及石材等材料，也成为构成建筑外形的良好素材。例如同样规模的一个游泳馆，由于地方气候及适用对象的差异，在各自立面上分别采用了通透的玻璃和封闭的混凝土，但都达到了良好的使用效果，并在自身的外部形态上形成了鲜明的材料特征（图 4.21）。

图 4.21 地方气候和适用对象等因素对游泳馆材料运用的影响

当主体功能空间的围护材料被确定之后，其他类型的围护材料也同样以其对使用空间的适宜性而展现在不同的形态界面之上。这种方式尤其针对于一些中小型的体育综合体建筑的设计，这类建筑不追求端庄宏伟的纪念性形态，而是希望以最精炼的材料组合构筑成一个适宜室内各类活动的健康场所，人们对其外部形态的期盼是自然亲切而不是庞大肃穆。体育建筑中体现各类运动空间的形体忠实地表达出所需的特定围护材料。例如图 4.22 中的两座游泳馆，前者的印花玻璃幕墙使得室内明亮柔和，而后者作为私人会所的一部分，厚重的混凝土使得内部空间静谧平和，形式迥异的围护材料成功提供了不同氛围的运动场所。在这两座游泳馆外部形体的其他部分，同样采用了体现自身个性的材料。例如前者的形体构成由健身附楼和游泳馆组成，设计者运用了耐候铜板作为游泳馆的屋面和侧立面，并以附楼立面上的釉面玻璃来活跃了整个体育建筑的外观效果。而后者的形体构成更为直接，大小不一的立方体组成了游泳馆的整体外观，在主体部分的内外部墙体上都采用了符合地域特征的当地石材，而在附属部分，不经装饰的拉毛混凝土与隔热玻璃成为其封闭形体的调色剂。

图 4.22 体育建筑往往以材料的组合搭配于形体上的构成表现

用不同材料对不同类型的空间进行围护，必定在造型上表现出虚实对比、比例划分等视觉观感。在组合的建筑外部形态上同时产生强烈的对比效果，这些符合传统形式美的基本原则同样适应于当代体育建筑的形态外观之上。不同的围护材料本身就具有不同的艺术表现力，材料在体育建筑大面积和多层次的表面上，更提供了丰富的组合方式和表现效果。体育建筑的形体构成与材料组合更多的展示于集多样功能的体育综合体设计中，由不同外表材料组合而构成的建筑外观更为符合城市或校园内的商业氛围与活跃环境。其形体的块体构成与材料的组合搭配可以很好地融合在一起，也符合人们需求多样性的审美眼光。

例如，图 4.23 韩国的这座大学体育馆设计中，以多种类型的围护材料包裹了多样的功能空间，并体现出鲜明的虚实对比。设计者还希望创造出多类融合于校园环境的外部空间，比如以出挑部分结合大台阶创造出交流与聚会场所，并利用人工绿化屋面将不同高度的空间形态进行自然的转折，使得屋面不再高高在上，成为形态表现的一部分。因此，整个体育馆的外部形态统一在金属板面折合的塑型效果，而在金属屋面与墙面的主体轮廓下，不同类型围护材料的丰富构成又使得整个体育馆造型富有变化与细节，玻璃、木材以及横向的百叶等不同材质交相辉映，使得外部形态丰富但并不零乱。

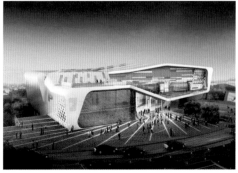

图 4.23 多样围护材料的运用构成了体育馆鲜明的虚实对比

　　无疑，多种材料的组合与构成，给体育建筑的形体带来了丰富的表现力和形式美的反映。但今后的体育建筑，无论规模大小都应以理性的用材和节材为己任，任何一座建筑都应该以"量体裁衣"作为其材料运用的准则。这就需要设计师们准确掌握不同材料对于建筑性质、经济因素、使用部位的运用特征，充分利用相应围护材料的节能及表现优势，精炼地提取几种适宜的围护材料而避免烦墋堆砌，通过分析自然及物理环境，注重符合人们的环境心理学，巧妙地将材料进行搭配运用，创造出富于虚实对比和协调变化的美观特征，并且在室内外物理环境上也能够充分发挥出材料的效能。

2. 整合形态与材料选择

　　由功能空间所生成的体块构成一直是建筑设计的形态表现方式，在建筑创造中也忠实地体现着"壳"与"核"的逻辑对应关系。但人们也可以清晰的看到，从 20 世纪初到当今，包括体育场馆在内的大量公共建筑逐渐经历了从现代主义的精简到后现代的繁杂，再到当代建筑的"简约主义"，建筑形态的表现越发呈现出简约精致的表现趋势。大量体育场馆本身就要求以简练的形态来满足最基本的场地与空间要求，这也决定了其外部形态不可能过于分散凌乱，再加上其自身特有结构要素对完整形态的界定，因此，无论是简单几何形的拓扑变化，还是曲面异形的流转交融，其造型都趋向于精炼的"整合"形态[70]。各类性格迥异的围护材料在结构支撑下，成为体育建筑中精彩"壳体"的直接构筑元素，创造出统一完整的整合形态。整合形态在材料构件的自身质感、排列组合、光电技术等方面进行着不断地研究与运用。

　　首先，整合的体育建筑形态上材料种类虽然较少，但在质感、色彩、纹理、可塑性等材料性能上的发展与运用，使得体育建筑在外部形态上的细节不断丰富，其整体造型的视觉表现力不断增强。随着大跨结构技术的成熟运用和建筑空间的定型化，一部分建筑师不再执着于强调体育建筑的结构体系，而是对某种建筑材料在整合形态上表现出的纯粹质感与肌理充满了浓厚的兴趣。并且，一种材料可以强烈的表达出其材质表象下所蕴含的"非物性"，为体育建筑隐喻出其特有的文化、气候、历史等地域气息，相对于不同材料的拼贴展示，这种材料的纯粹运用具有更为直观和深刻的内涵。

　　从材料的选用范围来看，为了表现"整合"形态，大型体育建筑其表层围护系统主要依靠大面积的相似材料所构成，选材较为精炼和专一，在大多数体育场馆的立面上，依旧大量运用易于加工制作与施工安装的金属板、薄膜等材料来围合体育建筑的主要空间。但人们也可以看到，为了体现具象或抽象的形似目标，在材料的运用上有成功的经典作品，也有令人遗憾的牵强之作。例如德国慕尼黑安联球场与北京"鸟巢"体育场，同出于德姆隆与赫尔佐格两位大师之手，但业界都认为安联球场在外部形态和材料选择上都比"鸟巢"更为合理。前者的 ETFE 膜材使其整合形体表现出柔和纯美的平静感；而"鸟巢"在强大的形象设计压力下，较为牵强的以钢材去充当真实鸟窝上柔性的枝条构件，虽然形态从远观貌似一个形态完整的鸟巢，但其"纠结"的钢结构不仅显得繁杂，更违背了体育建筑理性结构的逻辑性，也造成了严重的材料浪费。

相对于大型体育场，当代中小型体育馆的围护材料选用则更为灵活，尤其造型设计趋向于简洁并富有变化，对基本几何型的切割、拉伸、扭转等塑型方法，构成了充满了趣味和灵气的外部形态，而围护材料的运用可以成为形体视觉反馈的调节器，设计者可以运用围护材料的连续、裁剪、模糊、拼贴等表现方式，使得体育建筑的整体形态及外观表现更为简洁或是趋向丰富。例如，图 4.24 中伊朗的这座小学体育馆，设计者将银白色的压型钢板运用于局部变形后的整体造型，这种并不昂贵的围护材料在空旷的环境之内塑造出了非常鲜明的外观形象。

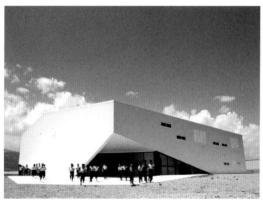

图 4.24 伊朗的这座体育馆的整体形态简洁并富有变化

在"丹麦运动场"的设计中，著名的 3XN 设计公司也只运用了两种材料——玻璃与遮阳木百叶，但利用竖向百叶构件在建筑立面上形成有韵律变化的排列，以最简单的材料运用方式营造出了公共建筑造型中的活跃氛围（图 4.25）。

图4.25 "丹麦体育场"的材料运用形成了外观上的韵律变化

规则几何体尽管简洁、鲜明和便于实施，却不可避免的带来创意的局限性。因此，大量将不规则曲面整合为一体的公共建筑也逐渐出现在人们的视线之中，例如MAD公司设计的鄂尔多斯博物馆、红螺会馆等已经成为我国参数化设计成熟实践的代表（图4.26）。针对体育建筑设计，随着建筑模型信息化和精湛

图4.26 基于参数化设计的鄂尔多斯博物馆具有着不规则的形体与空间

的材料及施工技术的发展，以往被认为不现实的异形形体也将逐渐被体现。设计师开始利用自由曲面等三维形态来定义体育建筑的造型，其曲面形态的完整表皮更需要材料构件达成良好的拼接效果。相应地，金属铝板等围护材料的运用也更为定制与精准化，从而构筑出令人惊叹的体育建筑外部形态。例如白俄罗斯的贝特足球俱乐部球场的设计，其造型将屋面和墙体完全整合，并展现出不规则的孔状结构，但其形式各异的开洞形态被金属板材料所整合，给人以整个建筑有机生成的新奇观感（图4.27）。

图 4.27 白俄罗斯贝特足球场的金属表皮材料整合了形式各异的孔状形式

另外，新型 GRC 纤维混凝土经过处理之后也可获得曲面光滑的表面。东方体育中心的风帆外形，最初设计即运用 GRC 纤维混凝土，纤维混凝土板集耐久性和自重轻两种优点为一体，能够达到无接缝的曲面形态效果，并且抗雨水腐蚀性能也更强。设计方与材料商进行了铝板与 GRC 材料的一比一模型效果对比（图 4.28），在外观效果上纤维混凝土板的整体质感优势非常明显，能够达到更完整的曲面形态效果，可惜由于工期过紧而遗憾放弃[71]。

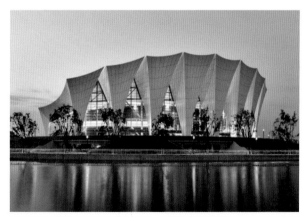

图 4.28 东方体育中心表皮材料的模型实验对比

因此，无论是规则还是异形，体育建筑的整合形态都需要依靠围护材料的支撑，两者是相辅相成的。整合形态使得体育建筑表现出瞩目的视觉反馈，虽然体育建筑的体量依旧庞大，但完全可以被类似薄膜或聚碳酸酯板等通光材料的通透性所消解。而聚合完整的形体轮廓终究是以单元性的围护材料按照一定规律所拼接与组合而成。于是，设计者们开始着力在材料自身的表现特征上进行研究与运用，使得传统或先进的围护材料不仅能满足遮风挡雨的基本要求，更能成为整合体育建筑界面和形态的物质要素；反之，整合的建筑形态也更使人们关注于立面及表皮上的细节所在。在体育建筑的围护表面上，设计者开始注重利用当代材料的各种加工及精化技术，例如对玻璃的印花和釉面装饰、对金属板穿孔孔径及密度的有序排列等等，并且特别重视整合形态在夜景中围护材料与光电技术的结合效应，这些当代材料技术的运用越发成为体育建筑形态塑造中的灵感来源，也使体育建筑的整合形态更加统一在富于细节的围护表皮材料中（4.29）。

图 4.29 体育建筑的整合形态统一在围护表皮之中

3. 体育建筑形体的"材质化"

从上文中的分析中可以看出，每一个成功的体育建筑，无论是体块构成还是整合统一，其围护表皮材料给体育建筑的外部形体披上了一件耀目或者低调的"外衣"，逐渐地，这件外衣成为形体自然生成的归宿。建筑形体向着"材质化"的方向所发展，在各种低调或者华丽的形态之下，建筑形体的材质化（Materialization）成为当今体育建筑的一种表现倾向[72]。当与众不同的形态成为体育建筑设计所追求的目标之后，建筑材料和建筑技术也不仅仅是建筑师创作的有力工具和手段，其本身已经成为设计者力求表现的有力素材。材质在外部形态上的对比成为不同功能体个性的表现。此种形式的意义取决于材质的建构、组合的含义以及与环境的关系，这种材质化的形体表现结合精美的建构技术，也触及了建造艺术的本质意义。

具体而言，作为理念表现的最终物质载体，材料不再是无言的冰冷构成体，而是以自身特性来主动展示体育建筑外部形态的个性。无论从理性构筑的还是感性表现的设计理念出发，体育建筑以"基本立方体＋精致表皮"的形态表现逐渐增多，在这种趋势中，围护材料的质感、色彩、构造等成为建筑内外界面的成功所在。"材质化"的形体引发象征及联想等美学意义上的潜能。在体育建筑设计之初，"金缕玉衣"或者"水立方"就已经成为其形态表现的初衷，"材质化"的外立面成为体育建筑的设计偏重点（图 4.30）。可以说，材料以自身强大的表现特征逐渐取代了形体构成在体育建筑设计中的传统地位。

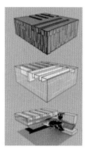

图 4.30 当代体育建筑形态的"材质化"

因此，体育建筑的整合形态与材料单体的表现层次更有分工，相得益彰，使得整体与细部都体现出体育建筑新的形态美感。准确把握材料特有的个性特点并将其用于建筑形象的塑造是许多优秀体育建筑的共性所在。对于类型繁多的体育建筑来说，其围护材料的运用必定趋向于精炼统一或组合丰富，但从整体发展趋向来看，以"材料构筑形态，形态即为材质"的材质化脉络更为清晰。

三、体育建筑空间塑造中的材料特征

建筑外部形态是表达的"核"还是"壳"，这一点是需要多重限定才能回答的问题。但毋庸置疑的是，空间依然是体育建筑的主角。早在柏拉图的《Timaeus》中，"architecture"就被定义为容纳"所有创造出来的、可见的以及可感知的事物的母亲与容器"，描述着一种空间统一体（continuum of space）的"界限"问题：区别实体与虚空、内部与外观、光明与黑暗、温暖与冰冷……这些矛盾体现在：建筑以"空间获取"为最终目的，其诞生过程却都发生在"非空间"的层面——建立各种限定或承载形式。而完成这"限定与承载"的，便是建筑材料 [73]。

换言之，空间塑造就是用各类材料构筑的构成艺术，而建筑设计就是驾驭材料组织空间的过程。如果用不同的材料和建构方式，其实际空间形态与效果也会大相径庭。当代体育建筑创作中结构体系与材料性能深度融合，不仅仅是为了对结构的内在规律进行真实表现，而是为了塑造体育建筑的灵魂——大跨度空间。针对围护表皮材料而言，如果当人们将塑造空间的理念作为其运用的终极目标，而不是限于追求作为"外壳"的建筑形态。设计者们就可以利用围护材料的不同特征，以尊重理性空间的态度来塑造出富有感染力的体育建筑空间，也避免了在建筑造型上陷入一味的玩弄表皮。

因此，在结构体系构筑出理性空间的基础上，今后的围护材料既可以与结构体系融为一体，"编织"空间结构，亦可以与室内装饰材料相互结合，"营造"空间氛围；既以材料物性构筑出体育建筑的空间界面，又以材料的不同特征与寓意营造出非凡的空间体验，从而，空间塑造在物质构筑与场所体验两个层面上都表现出材料运用的重要性，也使得围护材料的运用和发展成为提升体育建筑空间活力的最活跃因素。

1. 空间界面的材料构筑

众所周知，一个最基本的建筑物，其空间都由支撑及围护实体所搭建而成，这些构筑实体来源于不同材料的组合。在体育建筑中涉及其空间的物质属性，可以分为三类要素：空间尺度、空间限定、空间界面。每一座体育建筑都希望能够以具有创意感的空间限定方式创造出适宜的空间尺度，并展现出美妙的空间界面，而材料正是促使不同空间要素相辅相成的催化剂，材料的强度、韧性、质感、肌理等各个物性特征成为构筑空间实体的支撑基础和表现来源。

首先，构筑出合理的空间尺度依然是体育建筑空间塑造中的最基本要求，这与体育建筑功能空间的原型生成是具有共性的。这种尊重功能的理性原则使得空间即表现为适宜的尺度，并以符合人体工程学和比赛活动的要求为准则。许多体育建筑为了追求各种尺度上的"第一"，形成了尺度失衡、空间浪费、结构畸形的弊端，相应地也造成了大跨空间的过度耗能与功能制约。反之，在优秀的体育建筑设计中，空间尺度的理性逻辑决定了空间的品质和与质量，设计者在满足场馆容积、视线要求、声学设计等基本要求的同时，不再追求大而无谓的跨度与空间，而是表里如一将外部形态作为空间界面的延续[74]。

绝大多数当代体育建筑在建构形式简洁明了，人们可以将其空间形态分解为"结构—界面—空间"的简单层次关系，这种关系也明确体现出了体育建筑的主体空间是如何被结构及围护体系所限定的。这些内部空间的合理尺度来自于理性的空间限定方式，作为分隔或者围合体的物质元素，各类轻质或高效的围护材料将体育建筑的内部空间进行合理的三维划分。但随着塑型手法与空间形态的丰富，当代体育建筑中又往往不拘泥于以墙壁和屋面来限定的传统空间划分。围护材料以及结构构件都在当代设计中展现出了多元化的运用方式，例如以透光材料的通透性来融合建筑的室内外环境，以内部支撑构件的形态变化来消解传统空间的划分……（图4.31）材料的传统身份从单一性的限定上升至多样化的丰富，也使得广义层面上的空间限定成为体育空间形态发展的促进方法。

图4.31 丰富的材料运用促进了体育建筑空间界面的多样化

随着空间限定方式的多样与空间界定素材的丰富，体育建筑的空间形式也不再显得空旷单一。材料因素对外部形态的影响，主要体现在对限定空间界面的构成及质感的影响上，建筑空间的表现不仅由空间形式决定，外部形态上界面构成与质感同样对其表达有重要作用。尤其在许多体育建筑中，起限定外部空间作用的主要界面有出挑的屋檐、墙面、地面等（图4.32）。屋面部分是体

图4.32 广州医药大学体育馆以材料质感和色彩进行不同空间界面的统一

育馆最主要的技术体现，而体育场馆的出挑屋檐下的界面往往成为灰空间或复合界面，体育建筑墙体由于要具备节能等性能，本身技术含量高，墙体的材料构成形式多样，地面本身不如其他界面影响因素较多，但如果加入界面层次，如设置绿化、水体、小品景观等素材，可以使体育建筑地面构成同样丰富多彩。

在当代体育建筑的形态设计中，统一的材料运用不仅能够形成完整的围护表皮，更能创造出多样的空间界面。由于当代材料易于加工制作，能够为设计者提供不同的形态素材，充分利用各类板材来构建体育建筑的完整外形轮廓，材料自身的质感和肌理也保证了复合或连续的界面效果，同样可以利用错列延伸等设计方法通过创造来形成更多丰富多彩的体育建筑空间。例如，位于南美洲哥伦比亚的这座体育建筑看上去就像是城市中的另外一座山，金属材料的屋面构成了连续起伏的空间界面，钢结构之间的缝隙将阳光引入到内部空间。建筑师将建筑内外部整合，室内体育空间与体育馆外部空间联系紧密，并利用金属材料的纹理定义出整个建筑物的方向感。建筑中的四个功能区可以分别单独使用，相对独立又整合在统一的空间界面之下，同时以谦和的姿态与城市公共空间有机结合，在城市肌理之中也展现出了体育建筑的自身个性（图4.33）。

图4.33 体育建筑屋顶以连续的空间界面整合在城市肌理之中

在空间塑造的材料类型中，膜材这种将张力发挥到极致的材料依旧会独树一帜。由于其建筑形态是结合结构构造而自然产生，力的平衡状态直接被表现在结构的形状上，多类膜材及钢构件通过一定方式使其内部产生一定的预张应力，以塑造出多样性的空间形态。薄膜材料在墙和屋顶等围护界面上的一体化使用，也给体育建筑带来了通透轻盈的视觉特征和内外完整的空间感受。例如，伦敦奥运会射击馆在其外表完整的膜材料上设置了大小不一的圆形凸起，并在功能上利用其作为通风口，使得材质化的表皮整合了建筑的内外空间，而具有构成形态的点缀元素为统一的空间界面增加了趣味性（图 4.34）。

图 4.34 伦敦奥运会射击馆以薄膜材料将其内外空间界面相整合

进而，随着当代材料及建造技术的发展，使得一部分体育建筑的室内场所也构筑成为其外部不规则曲面形体的对应空间。由于金属材料和木材以及新型混凝土材料都具有较强的塑型能力，人们已经经常利用它们来塑造时尚的"流体雕塑"，设计者同样可以利用这些材料的弯曲延展来塑造内部空间。同时，在体育建筑结构表现的设计趋势下，空间的围合及限定界面常常作为结构表皮化的一种方式，通过折叠、弯曲、开洞等设计手法，使得体育建筑的空间维度更加灵活多样，空间界面更为整合统一。结构与围护系统的融合使得体育建筑室内空间内的集中应力被建筑外部的表皮化结构所承担，通过结构体系的折叠、弯折、扭曲等操作，连续的空间界面使得传统的空间等级变得模糊，空间内部各类构件元素之间更显得自然交融。在充满动感的伦敦奥运会游泳馆的室内空间中，设计者同样塑造出连续曲面的室内景象，大量墙面、屋面与地面甚至跳台都以混凝土、铝面吊顶以及 GRG 增强石膏材料的曲面塑型而融为一体。人们相信，当各类材料的曲面制作及生产技术得到广泛应用及推广时，体育建筑内部的空间界面也一定会更为流畅与连续（图 4.35）。

图4.35 伦敦奥运会游泳馆室内材料延续了其流畅的外部界面

2. 空间氛围的材料营造

"场所有界，空间无限"——建筑不仅仅提供符合人类活动的场地与空间，还为人类创造知觉体验的场所，在建筑现象学理论中，最引人关注的就是人们对"场所精神"的体验。而材料本身既是构成现象的一个主要方面，并且对材料的运用直接影响到人们对建筑的体验。当人们逐渐认识空间并赋予其情感价值后，它便成为"场所"，也正是这种场所精神使得空间体验成为空间塑造中的最高境界。体育建筑力求遵循结构逻辑和审美要求，达到物质层面的"真实建造"，而从精神层面上来看，人作为主体所感知的"场所精神"更成为体育建筑空间塑造与体验不断升华的动源。人们对建筑空间的知觉体验可以分为三个步骤："感受空间氛围—接受信息传达—触发情感体验"[75]。在这个过程中，材料成为人与空间进行交流的链接体，每一个步骤都渗透着材料的特征反映。

首先，庞大的体育建筑不是静默的雕塑，其非常规尺度与规模的"墙"与"屋顶"营造着与众不同的场景，其异于常规的空间氛围和壮观的场地景象必定会带来非凡的空间感受。并且，即使在许多著名球场空无一人之时，空旷的场地内仿佛依旧充满着激昂的呐喊助威之声，使得"场所精神"在体育建筑中得到了最好印证。这种不同寻常的空间氛围不只是建立于巨大的空间尺度之上，其鲜明的个性特征是依靠空间界面中的不同材料来营造。当人们在为现代技术所创建的巨大空间惊叹的同时，各种材料的运用也往往成为空间体验中带来更多感悟的交流对象。

进而，与各类材料的近距离接触成为人们感受空间氛围的具体感知来源，尤其是各类可与人体直接接触的围护及装饰材料，它们的质感、硬度、明暗、色调，以及温度、湿度、气味、回响等因素都给人们造成特定的空间感受，成为空间体验的感知源泉。人们与这些材料的直接接触主要通过视觉、触觉这两种观感所体验，但人们所感知的不仅仅是材料的物质特性。除了视觉的和触觉的，材料所体现出的其他感知特征也同时成为设计者们所研究的对象，例如听觉的、嗅觉的，甚至是味觉的。例如，在许多发达国家，以原生态木材建成的体育馆就可以为使用者提供健康的自然气息，也创造出符合可持续发展理念的空间环境。

材料直接传递出来的并可借助各种身体器官让人感知的属性，成为空间表达的一种语言，而人们对材料的感知和接收是一个综合而主动的过程，通过注视—视觉、接触—触觉或经验—心理的方式进行。因此，在许多体育建筑设计中，越来越多的建筑师开始思考材料与空间体验的关系，不仅仅以材料构筑建筑实体，还营造空间氛围。为营造有场所感的空间，具体的材料运用必定成为场所表现的细节所在，设计者从研究材料的知觉特性和体验入手，通过人对材料直接接触后的感官体验和心理影响，来完成空间体验过程。

并且，多样的材料虽然表现为场馆内的围护或界定构件，绝大部分以静止的姿态支撑和围护着空间，但人们也会下意识地与其建立互动关系，同样也能建立起体育空间所需求的气氛：非凡尺度的结构构件、通透光亮的表皮界面、活跃鲜明的建筑色彩，甚至点缀看台的缤纷座椅……这些都为人们的空间体验提供了最直接的感应素材，使得运动员和观众能够激发起热情与活力（图4.36）。同时，设计者们表现所运用材料特征的同时，也是在塑造空间氛围的个性所在，建筑空间的个性与材料的个性是相互符合的，正是非凡又理性的空间尺度与材料个性才营造出了不同的空间体验。

图 4.36 多样的材料构件营造出体育建筑的空间氛围

在体育建筑的内部空间，丰富的围护材料结合场地的功能需要体现出相应的表情与性格。例如，赛场中混凝土材料的质朴、比赛馆馆内石材的宁静、走道内木材的亲切……这些的材料自身的"表情"都可以延续和渗透到空间之中（图4.37）。在体育建筑中，当代材料及相关技术的组合运用不仅是希望人们对材料

图 4.37 各类材料的"表情"延续和渗透到空间之中

本体进行感知与体验，其更是以体育建筑的整体形态为媒介，结合固态的建筑符号或变化的数码载体，进行着综合的信息传达。最终，当信息传达至人们的感官后，会触发人类的情感体验。人作为感知主体，而空间成为提供感知素材的客体。人对空间氛围的知觉观感首先来源于与众不同的空间尺度，人的情感是随着大脑思维的积累和事件触发的，在巨大或紧凑的体育空间氛围中，各类赛事的激烈刺激都酝酿和宣泄着人们的情感，人们在进行主体思考的同时，也有意识地延续着对材料营造的知觉体验。体育场内巨大的条幅、壮观的人浪、闪耀的电子屏幕，甚至违规的烟火……这些与人相关的材料与物品都可以成为酝酿和触发情感的媒质，随着人们兴奋、愉快、懊恼、悲伤等等情感的加入，使体育建筑的空间塑造成功上升到场所营造，并带给人们难以忘怀的空间体验（图4.38）。

图 4.38 人们情感的加入使得体育建筑的空间塑造上升到空间体验

可见，体育建筑中不同材料会带给人们不同的情感体验。作为构筑空间的最基本要素，各类结构及围护材料在体育建筑中，不仅展示着它内在的本质属性，更是以"非物性"的深层内涵承载了许多信息，这种信息来源于两种形式：固态

的及可转化的。即便是相同的一种材料在不同的时期也会有不同意义和表达方法，从而赋予了人们更为丰富的空间体验。正如丹麦设计权威卡雷·克林特所言："用正确的方法去处理正确的材料，以率真和美的方式去解决人类的需要。"[76]对于体育建筑来说，提供各富特征、多样性的空间体验是建筑师不断的追求。而材料在空间中成为触发情感的媒介，它不仅能构筑起庞大的体育建筑空间，还能营造特定的场所氛围，使得空间塑造充满了对材料个性的物质性和非物质性的双重回应，这样的体育建筑才能从建筑理性的构筑上升到建筑诗意的表达。

第二节　围护材料在体育建筑表皮语汇中的展现

当代体育建筑的外观与空间形态展现出丰富多彩的视觉表象，优美的结构形式和外观轮廓成为体育建筑造型在人们脑海中的最直接的映象。随着结构体系的成熟，传统的结构表现也往往被各种赏心悦目的"外衣"所包裹，各类围护材料构成了体育建筑美学表达的最直接的反映媒介。这些材料不仅起到了围护空间与组合形体的简单作用，其自身的材料特征也逐渐从建筑的建构意义上展现出建造与营造的双重语意。各类围护材料在"缝合"建筑空间与形体的同时，其本身的视觉反馈以最醒目和快捷的方式展现出了体育建筑审美的新重点——表皮（surface）。

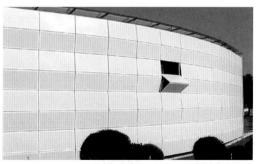

建筑表皮通常被理解为建筑空间的单层"外皮"，不同材料组成的建筑表皮造就了建筑的千姿百态。表皮材料的质感变化、表皮构件的多样组合、表皮单元的灵活转换，这些都使得建筑形态更为丰富，甚至逐步实现了建筑虚实之间的相互转化（图4.39）。

图 4.39 表皮使得建筑形态可以虚实转换

并且，随着从单一审美角度去认知的"建筑表皮"发展至综合的"表皮建筑"，建筑表皮可能指向围护结构的表层或围护结构自身。随着人们对舒适度越来越高的要求和对生态环境的重视，以及附加在表皮上的技术越来越多，建筑表皮已分解成具有多种功能层次所构成的综合系统，以满足通风、采光、隔声、热隔绝、防火等一系列物理功能。

对于体育建筑，其表皮的建构形式可以分为两类：简约的与系统的。一方面，对于许多渴望与自然气息接近的体育建筑来说，人们最简单直接的运动需求决定了体育建筑的表皮简约合理。而另一方面，在许多庞大的体育馆设计中，更应当注重节约能源，并且提高材料的利用效能，使得体育建筑的表皮材料不仅仅是单纯的"蒙皮"，而是进一步被作为建筑的"皮肤"或构成体育建筑与外界环境进行能量和物质交换的复合界面。这两种态度使得体育建筑中围护材料的表皮语汇更具有针对性，也使得体育建筑的表皮形态丰富起来。无论是简约精炼还是系统整合，丰富的材料构成造就出体育建筑不同的表皮语汇，并以各类材料自身特征与性能上的最适宜利用与发挥，体现出体育建筑与美学意义上的本体内涵。

一、表皮的美学内涵及材料建构

建筑表皮通过各类适宜材料的进化与组织，使得许多体育建筑的围护结构更富有表现层次和物理效能。当代探索建筑表皮的方向变得更加多元化和系统化，有关建筑表皮的理论也层出不穷。作为较为特殊的建筑类型，体育建筑的表皮美学与围护材料的应用息息相关。在今后的设计中各类体育建筑的功能综合性越发重要，体育建筑的外观不仅仅是代表了自身的形象，也通过材料特性来表达自身和环境的互动。准确把握传统或先进围护材料的个性特点，并将其应用于体育建筑的外观与形态塑造，可通过丰富的表皮语汇得以实现。随着体育建筑多元化的发展趋势，建筑表皮所担负的功能也渐趋复杂，除去基本的围合庇护，已经包含了表达审美意象与地域文化等深入内涵。同时，作为建筑表皮的物质基础，各类材料也从单纯的物性构筑元素上升到了结合非物性的审美要素。通过材料特质与建筑环境、形态、细部等多方面的共鸣，表皮美学则表现出更富有层次的内涵与意义。

对于体育建筑来说，对其表皮美学的评判应建立于表皮是否符合"真实与诗意的构筑"，也就是表皮塑造是否能达到建构层面。许多设计者着重研究各类建筑表皮的展现形式，但系统的表皮建构并不是期盼悦目的外表代替其完整围护体系的重要性，而是应同样显示出空间、结构、构造等方面的真实性和明确的逻辑性。建构学认为建筑的终极目标在于"诗意的建造"，也正是建造赋予了建筑本体表现性的要素：材料、构造、结构。历数世界上的著名建筑大师，无论是现代主义的柯布西耶、赖特还是当代的德姆隆、赫尔佐格……他们都强调建筑的物质性，不断创新与积累着材料、构造和结构的经验，寻求与建筑建造本质的直接对话。他们的建筑是基于基本建造规律和其诗意表达共同作用的结果，大多具有着简洁外形、巧妙结构、精美表皮、感性材质与纯净空间的特征，体现了建筑师对于工艺、细部、材料设计及建造高质量的不懈追求[77]。

而材料作为被赋予了实际用途的物质形式，成为这些建构要素与美学要素的结合点，围护材料更是以简单的物质形式转化成为具有功能系统性和审美艺术性的建筑表皮。因此，表皮建构在某种意义上即为围护材料的建构，材料转化为表皮之后具有着多重语境下的解析，进而为当代体育建筑的审美诠释了整体上的美学意义。

1. 表皮语汇的美学内涵

毋庸置疑，体育建筑的内部空间承载着各类运动的激情与活力，在外部形态上又往往反映出大跨度建筑特有的结构体系。因而，大量体育建筑的造型都试图在合理的结构框架上展现出自身的非凡个性，体育建筑的美学反映也必定建立于其力学和美学的高度统一，符合受力逻辑的结构体系成为体育建筑形态表现的理性基础。同时，随着结构技术的进步与建筑审美观念的不断丰富，当代体育建筑也开始展现出其表皮的精彩内容。人们开始重视结构"骨架"之外的"皮肤"或"外衣"所带来的视觉效果以及心理感受，这些句式多样的表皮语言创造出了符合人们审美需求的多重语境。为了使体育建筑达成建构原则中的"诗意的建造"，其表皮美学不再仅停留在视觉欣赏的浅层反馈上，作为体育建筑美学表现的重要实现方法，其较为完整的美学内涵应该包含以下三个层次：

（1）宏观：表皮语境强调于对城市环境的融合。

（2）中观：表皮语意对应于对空间形态的构成。

（3）微观：表皮语汇彰显于对建筑细部的反映。

综合而言，体育建筑所包涵的美学内容更为广泛，高效而稳固的结构体系无疑是其展现力与美的构筑基石，而在此基础上，人们会以适宜的材料和技术去进行表皮语汇的表达，努力达到不同层面的综合美学标准，从而使体育建筑这类庞大构筑物的表皮设计不再仅限于形式上的表象美感，而是从城市环境、

空间形态、建筑细部等多个方面进行语意的表达。

（1）宏观环境

GMP 事务所合伙人 Hubert Nienhoff 说："在规划一个体育场时，我们注重创造一个受人欢迎的空间和氛围，让观众感觉像在家一样。这需要一定的建筑品质和清晰的方向。另一方面，如果一个体育场成为城市地标，它将具备更高的品质。建筑任务因此不仅仅是设计一个功能体，还是一个城市景观元素。体育场本身必须与城市背景和谐，同时也要突出建筑本身[78]。"一个再美丽的建筑，也不应该是孤芳自赏的，每一个建筑都是身处于其特定的环境之中，当代特立独行的建筑层出不穷，但以宏观的建设目标去适应环境、提升环境依旧是优秀建筑的特质。宏观的环境策略包括了物质性的场地地形、地域气候，也包括了非物质性的地域文化、历史风俗等多样因素，基于建构理念下的表皮塑造不再是生硬的堆砌，同样遵循环境旨意的有机形式。特别是随着人们对生态可持续发展方面的越发重视，外界环境在很大程度上直接地影响了建筑形态的生成，更决定了建筑表皮生成的独特性。因此，表皮语汇的形式在趋向简约精炼的同时，其涵盖的内容却更为宽广。

传统的体育建筑更多考虑的是结构技术与形象效果，较少考虑到外部空间设计与环境场地设计，随着城市更新与环境变化，城市中的体育建筑面临的不只是协调自身机能的任务，其巨大体量完全可以在内外界面之间进行深入设计，创造复合界面及微气候环境。依靠传统或者现代的材料构筑一个缓冲空间，同时也为城市提供更多的公共空间与场所。POPULOUS 事务所的主持建筑师 Andrew James 也曾强调："我们的项目会从视觉上反映当地的景观和周围的城市背景，因为体育场馆对周围的城市肌理有着巨大的影响，作为成千上万人的一个聚集地，它的影响力不仅局限于场馆自身占据的场地，其周围每个方向百米之内都会受到它的影响，所以在设计中充分考虑场馆与周围环境的联系是至关重要的[79]。"所以，再华丽的建筑表皮也离不开大自然的"图底"关系，只有尊重了绿草、碧水和蓝天的建筑才会更美，人们在设计之初应首先考虑到物质环境的可持续发展与生态平衡，仔细考虑体育建筑"外衣"与外界环境的关系，避免在环境中生硬地扎入对资源消耗巨大的"建筑机器"，以达到对自然环境的尊重与平衡。

由于体育建筑的体型相对巨大，在表皮的包裹与展示下往往不可避免地成为自身环境中最为引人注目的视觉焦点或形象代表，因此，结合仿生性、有机性、地域性等非物质性的环境因素来塑造美丽的表皮外壳，从而创造出各有特色的体育建筑形态，并使得表皮的美有据可循而不是空洞模仿或生硬堆砌。在这种趋势下，大量体育建筑已经以适宜的材料运用表达出简约、轻盈、可变的表皮形态：精炼的结构体系、轻盈的围护材料、巧妙的照明设计……这些都使得体育建筑在越来越拥挤的城市环境中显得轻巧和亲切，不再显得庞大臃肿，也减小了对周边环境的压力。例如，许多体育建筑都运用了精炼的钢结构体系，并采用了多样的透光材料作为表皮，并在内置的照明系统上采用了荧光灯和霓虹射灯。这些表皮给体育建筑所带来的轻盈与透明成为了标志性的表现特征，大量轻质半透明的围护材料如聚碳酸酯板、穿孔百叶、U 型玻璃所形成的表皮使得体育建筑在白天精致且低调，而在夜色中如同城市中的信号灯，具有曼妙效果的建筑表皮也为一些平淡的城市环境塑造出新的视觉焦点（图 4.40）。

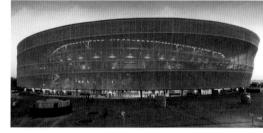

图 4.40 轻质半透明的围护材料带给体育建筑轻盈的形态特征

无疑，建筑表皮有时将体育建筑藏匿或者消解，而有时又突显或强调，在尊重整体环境的同时也塑造着新的场所环境。并且，媒体化的表皮已经参与到社会运作当中，并可以逐渐发展成为多媒体装置，可以与人、环境产生互动，但这种趋势并不是单纯从视觉形式的角度出发，也是一种符合城市环境设计的策略表现。体育建筑表皮设计的媒体化趋势使得建筑表皮逐渐结合光电技术，使立面上的传统符号逐渐发展成为数码化的虚拟信息，使得体育建筑甚至可以与人、环境产生互动，这种信息传达与表皮相结合的趋势使人耳目一新。总体而言，无论是运用传统材料还是新型材料，当代建筑表皮的美学意向都趋向简约精致，表皮美学在更高语境上的表达则是以低调的姿态将体育建筑更好地融入到美好的环境之中，从而使得体育建筑成为人们在城市生活中的一种归属场所或聚集舞台。

（2）中观形态

从中观形态的层面来看，建筑表皮可以通过精准的支撑体系直接"缝合"成整合或构成的建筑形态，利用建造与材料技术为体育建筑打造出符合当代及未来审美需求的形体。体育建筑的功能较为专业化，体量要求整体统一，因此其大部分外部形态也要具备美学上的整体性审美标准，建筑形式美的传统原则如轴线对称、韵律构图、比例划分、虚实对比等等这些流传千古的美学要素，在体型巨大与形态整合的体育建筑上能够得到更好地展示（图4.41）。体育建筑巨大的结构骨架可以和类型多样的表皮相结合，其结构构件更利于形体韵律感的创造，而表皮材料以自身的构件尺度和肌理质感，并不生硬地包裹或延展于结构体系，完成形式美的传承与展现。当代体育建筑中最常见的表皮材料主要有金属屋面及墙面系统、膜材、采光板、木材等等。建筑形态首先可以通过这些表皮材料的类型进行比例及尺度上的整体划分，再依据表皮构件的组合形式进行多样的立面构图。而表皮的质感、肌理、色彩甚至构造层次都能表现出体育建筑的虚实及光影对比，从而表皮成为体育建筑形式美转换至形态美的直接塑造者和表现者。

a)

b)

c)

d)

图4.41 大量体育建筑形态依旧遵循传统形式美的原则
a) 轴线对称； b) 韵律构图； c) 比例划分； d) 虚实对比

多元化的时代特征需要体育建筑表现出更多的"面目表情"，以及其与人、环境之间的互动关系，这就要求表皮成为体育建筑形态表现中共性与个性的结合者。同时，当代体育建筑表皮结合了材料美学和结构美学的发展特点，而不是像以往只注重围护材料的外在感知。利用蒙皮编织、解构重组、界面复合等结构表现形式，展现出体育建筑新颖美观而又符合力学逻辑的外部形态。进而，当参数化设计下"流体雕塑"形体的大量出现，体育建筑追求流线动感的审美观已经上升到了具有未来科幻感的前瞻眼光（图4.42）。设计者不再限于利用表皮材质的曲线划分赋予体育建筑动感，逐渐利用金属板材、新型混凝土、合成高强塑料等表皮材料的曲面塑型特性进行了整体非线性的形态创作，为体育建筑形态雕塑出了新的美感。这表明社会的审美在不断更新，相应的体育建筑创作方法也随时代的发展而变化，探索着全新的视觉形态和创作规律。在这种倾向下传统的秩序法则常常被打破，统一的表皮元素成为将各种"陈旧"法则取而代之的执行者，以形成新颖的审美形象[80]。因而，由传统围护材料所进化而成的建筑表皮从服务于空间和功能的附属角色中解放出来，主动地以材料特征自然地生成形态，成为体育建筑美学中观层面上的具体切入点。

图4.42　"蒙皮编织"与"流体雕塑"都呈现出体育建筑新的表皮美学

（3）微观细节

体育建筑体量巨大，首先以完整轮廓和精炼的结构体系体现着技术的美，而体育建筑的周边常常又会聚集成千上万的人与其接触，其表层界面的细节也越发被人们所关注。于是，体育建筑表皮美学最终指向其表皮构件的细部设计，组成表皮的单体通过对材料特质上的真实反映，其形状、色彩、质感等特征在细节方面的丰富表现，构成了表皮美学的微观细节。细部构件在以自身尺度来限定表皮的视觉反馈的基础上，往往转化为抽象拼贴等艺术形式，以技艺结合的方式来体现体育建筑的美。这些尺度适宜、形状丰富的构件形态作为独立单元体进行聚合，以重复、交织、阵列等方式构成了体育建筑的整体形态与细节之美。

同时，建筑表皮的细节美感从材料丰富的质感与色彩自发而来，材料的质地、色彩、纹理等方面的物理特征在周围环境的作用下会在很大程度上左右审美主体的心理感受。材料美学在体育建筑的细部设计上体现的淋漓尽致，由材料包裹的建筑表皮是建筑形式最直观的展现，不同质感、色彩、纹理、可塑性和硬度的材料在各类体育建筑上展现出细腻的艺术表现力：朴素粗犷的混凝土、晶莹通透的玻璃、光亮纤巧的金属、洁白轻盈的膜材……这些材料作为表皮素材，都以自身的质感肌理耐人细细品味，不同表皮材料之间的合理搭配能够产生出节奏、韵律、虚实对比等视觉效果，并被人们赋予一定的情感及含义。不同材料表层的不同处理方式也赋予体育建筑鲜明的个性和表现力，对表皮材料进行多样方式的加工，例如耐磨、涂刷、刻凿、印刷、锈蚀等，即使是对金属板的穿孔与制作技术，也有着多样丰富的加工与制作形式，并以隐显、重叠、融合等表现形式进行着表皮美感的细节塑造（图 4.43）。

图 4.43 对材料进行成熟的加工与制作为建筑表皮添加了细节美

"当今，设计界对材料和加工技术的兴趣及探索与日俱增，这是由于技术的发展导致思想爆炸的结果"。建筑材料化身为表皮，其形态、色彩、材质等方面的适当运用及搭配构成了体育建筑审美上的微观细节，就像当代体育建筑无论是运用坚硬冷峻的金属板材，还是薄如蝉纱的膜材，都能创造出半透明的表皮。这样表皮细节处理使得体育建筑外观更富于层次变化和材料肌理的展现，体现了一种重新思考空间、实体、视知觉和逻辑性间的内在关系。正是这些细节的美妙之处使得人们始终流连于对体育建筑的形式与内在之美的探索，建筑表皮也得以避免浮于表象而富有内涵。因此，随着材料技术发展的日新月异，表皮美学也会随之激发出更多的潜在魅力，为今后的体育建筑增添更多的细节之美。

2. 表皮建构的材料认知

无论是从何种视野，还是何种内容来看，表皮美学都具备着多层次与多元化的内涵，而体育建筑是最能体现建构特征的建筑类型，与其他类型建筑相比，其结构、构造、材料的运用都期盼得到真实与美好的表达。通过大量工程实践证明，在成熟的结构体系下，表皮的合理运用可以使体育建筑从"真实的建造"迈向"诗意的构筑"，符合建构文化的美学意义，因此，"表皮建构"也成为当下体育建筑发展的重要议题。

建构与材料息息相关，表皮的建构更是源于围护材料在新的秩序下的组织与进化。建构理论的代表人物散普尔曾经指出"……如果为了表现而选择了最合适的材料，那么建筑就会在材料外观的美中获得其理想的表达[81]"，可见材料是影响建构性的重要因素。另一位代表人物肯尼斯·弗兰普顿也在"建构文化研究"中曾指出："建筑的根本在于建造，在于建筑师利用材料将之构筑成整体的创作过程和方法。"无论建造什么建筑，人们都会问："用什么材料来建构？""材料和产地有什么关系？""这些材料如何搭接？"……可以说建构无一不涉及材料的内容，而表皮的建构明确地指向以材料为主体的营造策略。

因此，表皮建构可以说等同于材料的建构，建筑自身的复杂性与多学科交叉性，促使建筑表皮同样基于多个层面共同建构。于是，表皮材料在起着围护体育建筑空间的作用的同时，其自身也成为建筑展示的重要内容。传统的围护材料在结构体系下构筑建筑空间，而当代建筑的围护结构已经可以剖解为多个层面，其构筑逻辑更为清晰，并且具有针对性地表现出相应材料的结构属性、热工属性、材质属性（图 4.44）。也使得表皮的独立角色和特质将会更加突出。表皮建构使得材料的组织不再仅限于单纯的围护体系，而是塑造出建筑与外界环境进行对话的界面，是视觉、构造与调控技术的结合层，有效地将功能技术元素整合于材料的艺术表现力之中。

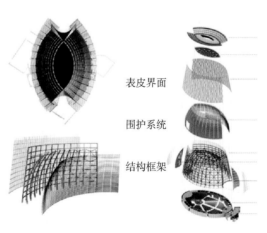

表皮界面

围护系统

结构框架

图 4.44 表皮建构具有着多层面的属性与含义

通常，人们所关注的材料包括了"物料"和"材质"两方面的含义，尤其针对大量承担物理效能和表现特征的围护材料而言。"物料"主要从材料本身物理力学方面考察，而"材质"则主要从人的知觉感受方面考察。荷兰代尔夫特大学的研究学者将材料的特征划分为物理特性、制造技术性、使用性和功能性、美学性、知觉性、联想性和情感性，并认为这几种特性由上至下，其客观性逐渐减弱，

Objectivity
客观性

Physical properties	物理特性
Production techniques	制造技术
Use & Function	使用功能
Aesthetics	美学
Perceptions	知觉
Association	联想
Emotions	情感

100%

0%
Subjectivity
主观性

图 4.45 材料特性具有着从客观性到主观性的增强

而主观性逐渐增强（图 4.45）。可以看出，物理特性、制造技术以及使用功能无疑是反映出"物料"和"材质"的基础物质属性，而美学性、联想性、知觉性和情感性则都偏向于人的主观知觉体验，如何能反映出材料在更高层面的特征，需要人们有意识地去创造和体会[82]。

可见，成熟的材料运用具备着三个层面的内涵：显性的视觉表达、隐性的物理效能、美好的知觉感验。建筑材料的日新月异将会推动当代体育建筑形态的千变万化。对于以往并不重视表皮的体育建筑来说，当以往限于拼贴堆砌的围护材料进化为系统性表达的表皮组织，各种被寓意化的材料语言也展现出越来越强大的表现力，同时，表皮由单一物质成为系统组织之后，表皮的建构不仅仅为体育建筑形态及外观上提供丰富的素材，在外部形态上给人们以材料语汇表达的意向，并且展现出更多技艺结合的美学反映。

但当代体育建筑不能沉陷于对表皮的过分迷恋，"表皮建筑"在一定程度上甚至损害了体育建筑的理性发展。表皮始终只是塑造体育建筑本质"内核"的手段，盲目无序或过于夸张的表皮形式会使体育建筑陷入肤浅的图像游戏，令人目不暇接之后又显得肤浅无物，即没有持久生命力又必然造成材料资源的无谓浪费。因此，体育建筑终归需要回归表皮的建造特性，以建造方式赋予表皮以深度，表现表皮材料的天性质感、力学特性以及符合建造逻辑的构造方法，最终以"量体裁衣"的方式为体育建筑彰显出材料运用的多层内涵。

二、体育建筑表皮语汇的精彩表达

如果人们能以理性的态度结合建筑表皮所带来的丰富创意，无疑会为建筑带来丰富而精彩的语汇表达。在当代，简约主义的流行代表了一种理性的设计观念，建筑表皮和建筑细部越发得到关注，建筑表皮已经从传统的装饰与围合进化为当代设计中的独立角色。以往材料和形式处于一种相互对应的关系之下，建筑形式在很大程度上取决于建造方式，而建造方式又是由建造材料的特性所决定的。在现代主义建筑运动中，这种关系甚至被结构的真实性和材料恰当使用的教条加以强化。空间、形式和结构长期占据着现代主义建筑设计要素的地位，而表皮一直扮演着次要角色。今天在更加强大的技术需求和规则要求之下，大量公共建筑的外围护结构成为多层次的表皮系统，从某种程度上掩盖了内部的结构真实性，建筑立面不再提供构造或者功能的必要表达，而是将材料特性作为突破点，以表皮语汇的表达方式向大众展示出丰富的视觉信息。

材料作为使建筑从无形到有形的物质基础，同样也是各种建筑表皮的载体，同时，精彩的表皮也彰显着材料的特质。材料的形状、色彩、质感等物质特性使得表皮可以成为建筑外表上简练清晰的围护皮肤，划分建筑空间界面。不同材料的不同组合和构造方式为表皮艺术提供了多种可能，也使得具有不同特质的表皮材料直接赋予了建筑不同的风格与性格。进而，人们也可以在建筑表皮上运用先进的材料技术进行多种语义上的信息传达。体育建筑一般都具有着较大的空间容积，相应地就必定有着大面积的围护界面，这就为其建筑表皮的表现提供了丰富的创作"图底"。在大量体育建筑实践中，墙体和顶棚表皮材料的运用已经在规模各异的体育建筑身上展示出了精彩丰富的语汇表达。无论是大型的体育场还是一个小型俱乐部，都在适宜自身特征的条件下，以表皮之形和材料之美表现出不同的艺术形象和情感特征（图4.46）。

图4.46 表皮材料已经在规模各异的体育建筑身上展示出了精彩丰富的语汇表达

体育建筑往往成为一个城市及地区的形象象征，但只有光鲜的外衣是远远不够的。如何将这些体形巨大的体育建筑披上悦目的外衣，并遵循"量体裁衣"和"表里如一"的构筑原则，是建筑表皮语境中更具内涵的语义。从体育建筑的外表用材来看，在大量围护材料的种类中，金属、薄膜、木材以及复合材料等轻质材料更能表现出表皮的特质，它们在当代各类建造及光电技术的支撑下，表达出流动、消解、交融、隐喻、生态、信息传达等方面的多重语境。

1. 表皮的流畅动感

弗兰克·盖里曾说道："对我来说，金属就是这个时代的材料，它们可以使建筑成为雕塑。"众所周知，铝合金、钛合金、钢等金属材料已经成为覆盖在体育等大型公共建筑墙面和屋面的绝佳围护材料，它们轻质高强的围护性能在大跨度建筑屋面和幕墙中得到了广泛的展现。并且，金属能够被弯曲、扭转以及变形，却不影响本身的性能，并易于加工，正因为金属的这种延展性与柔韧性而被建筑师所欣赏而延伸到表皮的范畴。金属表皮的"形"与"质"原本就是相辅相成的：想表达金属表皮的形式就促使建筑师选择金属材料的内容，而金属材料本身的多样特性又形成了金属表皮的不同表现形式。

因此，相对于混凝土等材料所表现出的整体厚重感，以各类金属板材所加工制作的立面和屋面围护构件更能展现出"表皮"的特性。表皮的独立让金属材料有了更为自由的发挥。金属表皮的板材常以扁长型和条状的金属材料以阵列的方式覆盖在建筑外表面，其形状与尺寸可以根据需要在工厂预定也可以直接选择加工成品。横向条形金属表皮多为百叶状形态呈现，竖向的则类似围栏。通过将加工成品后的金属板材进行多样形式的拼接，无论是规则的立方体，还是异型的曲面体，都可以充分地利用金属板材的组合性能来展示表皮的魅力（图 4.47）。

图 4.47　体育建筑金属表皮具有着其材料特有的表现力

在未来的体育建筑设计中，有很多场馆的外观在参数化设计的指导下，趋向于形态整合下的曲面流畅与光滑动感，因此被称为流畅的表皮——金属材料则更能胜任未来体育建筑"流体雕塑"般的形体塑造（图 4.48）。设计者们先利用精确的施工技术建立起自由多变的"建筑骨骼"，再将按规律划分的金属板材进行细致的"缝合"，闪闪发光的金属板结合内部龙骨系统包裹出了一座座带有未来感的体育建筑，表达出流畅动感的表皮语言。

图 4.48 金属材料为体育建筑塑造出"流体雕塑"般的形体和表皮

金属表皮的流畅动感在我国新建的一些体育建筑中也已得到了符合时代特征的展现，例如广州自行车轮滑极限中心以及罗岗国际演艺体育中心，两者外形较为相似，都表现出曲面流线的现代感。前者的形象创意于自行车运动中的"头盔"形象，并在金属屋面上的结合处设计 LED 灯源，达到美妙的夜景效果；后者同样在表皮上采用了铝板材料，在整合形态的表皮上运用错开的弧线进行了流线形式的划分，形成了统一而富有细节的外部形象。它们的相似之处都在于运用统一的铝板材料，直接构成了体育馆的外观整体形象，也以表皮的蜿蜒伸展或是豁然开朗界定出了体育建筑看台外的过渡灰空间。而广州亚运城综合馆运用了耐候不锈钢作为其围护材料，这种不锈钢具有表面光亮持久、耐腐蚀性好、防火性能优良等优点，也充分考虑了对南方多雨气候的耐腐蚀性。广州亚运城综合馆的不锈钢板屋面、不锈钢板幕墙、屋面 1.0mm 装饰不锈钢板，加上屋面遮阳玻璃天窗共计达到了约 5 万 m^2[83]，其中压花工艺能提高不锈钢板的强度，压花表面分散了光线在平面上的反射，减少光污染，其产生的亚光效果和反射光影使得体育馆的异形空间更显得沉静与震撼（图 4.49）。

图 4.49 金属表皮在体育建筑上展现出鲜明的流畅动感

另外，随着 GRC 纤维混凝土等材料在可塑性上的成熟发展，金属表皮也不会成为体育建筑流动形体上的唯一选择。GRC 材料用在建筑幕墙中有如下优点：

（1）抗折强度 >18MPa，是普通混凝土的 5 倍、石材的 2 倍。

（2）质感和色彩丰富。

（3）轻质高强，可提高建筑施工的速度。

（4）可塑性强，非常适用于非线性现代建筑和雕塑建筑。

（5）抗化学腐蚀能力强，耐碱玻璃纤维不会像混凝土内的钢筋一样容易锈蚀。

（6）耐候性好，表面如自密实处理及加入纳米材料，可达到保温和自洁功能。

GRC 材料及 GRG 石膏材料的曲面塑型能力已经在博物馆、航海港、商业楼等大型公建中得到了很好的展现（图 4.50）。GRC 材料在曲面形体塑造上的优势是金属板材无可比拟的：建筑表面会具有更好的平滑度和抗腐蚀能力，处理后的产品表面具有憎水和憎油防护功能，能有效防止尘土、油污等污染物的渗透，且施工后无色无形。这种新型围护材料也不再会出现异形金属板材相交接时，因为施工及建造技术所带来的粗糙接缝。因此不难预料，随着这类材料工艺技术的提升，材料会将建筑的表皮"缝合"得更为成熟与精准，而那些追求流动动感的体育建筑也会有着更为广阔的材料选择空间。

图 4.50 由 GRC 纤维混凝土和 GRG 石膏材料所塑造出的公建内外部形态

2. 表皮的通透交融

许多体育建筑希望自身所营造出的运动场所体现出接近自然的运动气息，这就要求体育建筑的外表不能像博物馆等文化建筑那样过于厚重封闭，并且这件外衣的"风格"和"穿法"是适合当地气候的。而且建筑表皮能够在达到以上目标的同时，又使得体育建筑外衣悦目时尚。于是，由常见的玻璃及聚碳酸酯板、薄膜等材料所构成的建筑表皮，利用材料自身的物理性能和构件细节，以透明、半透明、反射、折射等特征在建筑外表上创造出通透交融的围护界面。例如，当代建筑表皮大量利用一些半透明材料的视觉特性，通过对玻璃表面的处理，如磨砂、丝网印刷、雕刻或用多层玻璃的重叠，在建筑表皮的外层叠加、悬挂各种孔板或编织网，直接利用半透明的聚碳酸酯纤维板或薄膜作为建筑表皮等。

表皮所具有的通透性已经在体育建筑的外观上充分展示了它们特有的美感，这类外衣利用可透光材料的晶莹或朦胧，结合日照条件和灯光效果，调整自身对光线的透视或反射效果，在视觉上达到令人赞叹的语境表达。可透光材料的可塑性使得体育建筑的表皮展现出多样的"虚透"的形态，它们与金属、混凝土、木材等"实体"材料的结合运用大量展现出虚实对比的表象美感（图4.51），并且这些可透光材料为建筑内部空间与外部环境的和谐共生提供了有利的能量交互界面，创造了节能生态化的有力环境。而且，通过调节它们的表面肌理及构造层次，体育建筑表皮的通透表现力也随着材料的变化与探索不断增强与丰富。

图4.51 大量体育建筑以可透光材料展现出虚实对比的表象美感

在透光材料形成的建筑表皮类型中，各类薄膜材料以其张拉特性具有着自身独有的表象特征。从体育建筑表皮的表现进程来看，以ETFE膜材作为表皮材料的德国慕尼黑安联球场具有里程碑般地位，它们形态极简，但整体运用的表皮构成了与众不同的外观效果，其成功创立的表皮语汇成为今后体育建筑结构及形态统一设计的优秀典范，也使得围护材料表皮化被认定为体育建筑形态设计的最主要方法。从建筑表皮的构成形式来看，薄膜材料利用骨架支撑及张拉或充气的形

式，形成膜表皮的特殊构成形式。我国"水立方"游泳馆等体育建筑采用仿生的
水分子或蜂巢结构作为建筑的主体承重结构，而结构与表皮 ETFE 薄膜深度结合，
薄膜材料能够与仿生形态相结合，形成最为高效轻质的体育结构体系，这种轻盈
的表皮材料大大削弱和消解了人们对体育建筑原有的厚重印象（图 4.52）。

图 4.52 薄膜作为表皮材料大大削弱和消解了人们对体育建筑原有的厚重印象

薄膜材料往往将屋面与墙面融为一体，整合的整体表皮可以在骨架上提供
多变的外部形态，并利用表皮的局部起伏和错位交接为场馆内提供柔和的室内
光线。德国 Inzell 速滑馆（Inzell Speed Skating Stadium）获得了 2011 年度
世界建筑节的最佳体育建筑奖（图 4.53），这座建筑的表面采用"low-E"低
辐射薄膜材料，节能而经济。薄膜在木框架和钢桁架之间伸展开，将雪地表面
的冷辐射反射到赛道上，从而保持稳定的低温。体育馆的外形很像天上的云朵，在白雪季节体育馆又好似雪地上隆起的大雪丘。轻质半透明的薄膜表皮在覆盖室内宽敞大空间的同时，还通过北向的天窗将自然光线散射到室内。场馆边缘的连续条窗为观众展示了巴伐利亚山脉的冬季美景，使得路人也能透过这些窗户看见内部的赛事活动。另外，从体育建筑的改建来看，薄膜材料也是一种优秀的形体再生素材。例如对前苏联的这座大型体育场进行改造，设计者运用薄膜材料，

图 4.53 Inzell 速滑馆运用了低辐射薄膜材料

可以快速地为这座庞大的旧体育场披上洁
白瓷器意象的新外衣，并能够减少大量传
统材料的浪费（图 4.54）。

不仅仅是玻璃、阳光板、薄膜这些"柔
弱"的表皮能够使得体育建筑的围护表皮
通透交融，金属甚至砖石等"坚硬"材料
同样可以利用穿孔特征来打造通透而又遮
护的建筑表皮。在体育场馆的看台外侧经
常需要一个虚实相间的过渡空间，覆盖这
个空间的壳体往往和体育场顶棚一起构成
了体育场的外形。这个空间并不需要完全

图 4.54 薄膜材料也适于对旧体育建筑进行
快速且高效的改造

封闭，设计者们经常运用坚固的金属结构与丰富多彩的表皮形成这个具有通透的
空间界面，也在体育建筑内外创造出可调整"透明度"的外观效果。例如，罗马
尼亚克鲁日体育场将透明性作为其在城市环境中的最主要设计策略，设计师们在
其立面上采用了玻璃幕墙与透明塑料板相结合的双层表皮（图 4.55），在表皮
上运用了按照日照角度所计算的透明度设计，以此来进行周边环境和体育建筑之
间的视觉关联，也使得人对体育建筑的视觉渗透性和心理渗透性互补体现。透过
由网孔薄板编织而成的表皮缝隙就可以自由观赏到周边令人赞叹的景色，体育场
表皮上的浅白色塑料薄板，能够反射出天空的色彩和周围的环境。这样体育场就
变形成为了一条体型庞大的变色龙或是一块太阳能钟表。而到了夜间或赛时，温
暖的光线会隐现出立面上的节奏感。体育场会变为城市中一盏柔和的明灯，隐约
的透明感使它逐渐融合在城市环境之中。

图 4.55 罗马尼亚克鲁日体育场的表皮材料注重与城市环境相互结合的透明性

随着材料的多样化发展，原本应用于工业领域的各种金属冲孔板、铝拉网、金属格栅、金属丝网等金属材料在当代建筑表皮中得到新的应用。常见的半透明金属表皮可以分为编织网和孔板。编制金属网是通过一定的程序将各种金属丝或缆线编制形成（图4.56）。孔板又可分为穿孔板、板网和格栅板等，穿孔

图4.56 金属丝网等材料结合照明产生的半透明视觉效果

板是利用数字控制机床加工出的带有各种孔洞的金属板材。板网则通过切拉金属板材而成，金属孔板网耐久且具有自洁性能，维护费用低，其拆卸或重新安装也比较方便，并能回收循环再利用。这一类材料由于能透光透气，在遮阳隔热方面起到了百叶的作用，并产生半透明的视觉效果，得到了众多建筑师的青睐。因而，在很多体育建筑的外立面，设计者运用穿孔铝板、金属网等材质结合其背后的实体或灯光，能够形成丰富的层次界面和光影效果，这些半透明的金属材料都为塑造体育建筑丰富的外观提供了良好的物质素材（图4.57）。

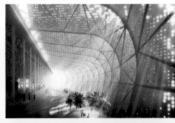

图4.57 半透明的金属材料塑造出体育建筑丰富的外观和光影效果

3. 表皮的色彩肌理

在体育建筑的外观上，装饰或隐喻也逐渐成为表皮语汇中常见的一种表达形式。虽然路斯曾说"装饰是罪恶"，纵观近代建筑发展之路，对建筑外观进行脱离本体的过多装饰是诸多建筑理论家和实践家所不屑的，尤其对于体育建筑，更是强调结构形态的理性回归，人们对体育建筑表皮装饰所带来的表象虚幻与材料浪费提出了巨大的疑问。但不可否认的是，体育建筑依旧是符合时代特征和多元化审美需求的产物，人们也不会永久地沉醉于千篇一律的结构表现之中，正确把握装饰性所带来的正面效应成为体育建筑表皮语汇中的重中之重。因此，在许多当代的体育建筑设计与实践中，人们结合结构与形态，以精炼直观的材料运用方式为体育建筑穿戴上赏心悦目的表皮外衣。

当代体育建筑的形态多样但大都趋向整合统一，很多场馆在体现基本几何型的简约形体上希望富有令人感到亲切或活跃的细节表现。当代建筑表皮装饰的效果源于所用材料最显性的物性特征，这种表皮装饰给人以最直观的视觉反馈。它们区别于以往传统外墙装饰材料的粉饰登场，不再是石材、瓷砖，或是墙漆等材料的烦琐掩饰，而是利用各类表皮本身所自然散发出的材料特质进行表现。这些表皮也趋向于轻质化，玻璃、金属板、聚碳酸酯板、木材等外墙材料都可以利用自身形状、色彩、肌理的变化与丰富，再配合于自然或精致的灯光效果，从而对体育建筑进行醒目的外观装饰设计（图4.58）。

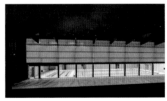

a)   b)

c)   d)

图 4.58 表皮材料与人工照明的结合设计为体育建筑增添魅力
a) 釉面玻璃；b) 反光铝板；c) 聚碳酸酯板；d) 涂层薄膜

在这种新型的表皮装饰趋势中，色彩和肌理的集成与组合依然成为人们所表达的重点。里卡多·莱格雷塔在《建筑实录》中曾经提出："色彩具有戏剧性的表现形式，它能够将墙壁变成绘画，从而激发人们情绪的变化[84]"。因此，建筑师们经常在较小型的体育建筑设计中，将表皮色彩或肌理的集成或组合运用作为简单有效的设计方法，从而活跃和激发建筑简约形体上的丰富"表情"。例如法国与西班牙的这两座小型体育馆，其外观效果简约并时尚。两者都以简单的矩形形体来适应场地，而在它们的建筑表皮上，前者利用彩色的波形钢板进行了形体上的竖向划分，后者则运用釉面玻璃的缤纷色彩使整个建筑活跃起来。可以说这两座体育建筑所表现出的精致外观，应归功于表皮材料的运用，前者的钢板与玻璃、后者的混凝土与玻璃都产生了明显的虚实对比，而光线的介入都能使得金属与玻璃材料上的色彩变得更为醒目，同时室内创造出柔和愉悦的光照效果，营造出开阔生动的空间（图4.59）。

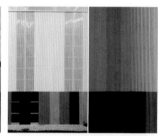

图4.59 中小型体育建筑经常在简约的形体上表现出表皮的色彩或肌理

另外，体育综合体建筑（sports complex）在城市环境中逐渐增多，这类体育建筑面向城市人群，综合了游泳、健身、保龄球、武馆等多种易于开展的运动功能空间，且往往处于繁华的商业氛围之中。这就要求这类体育建筑的外观给人以现代感的时尚气息，符合快速化的城市节奏。例如我国上海的黄埔区体育中心位于繁华的城市商业区，其服务的用户人群也是较为综合化的。因此，设计者将这个体育综合体打造成符合城市快节奏的商业化建筑，以整体透明的"运动立方"的形象展示出一个蕴涵动感的混合体，其表皮材料运用了"双层投影玻璃"，在不同立面上的玻璃幕墙中采用了装饰性的色带和色点，并按规律阵列或错落布置，使得传统玻璃变身为时尚的建筑表皮（图4.60）。

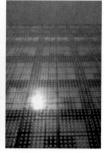

图4.60 上海黄浦区体育中心的玻璃幕墙化身为时尚的表皮

4. 表皮的装饰寓意

可以看出，当代中小型体育建筑注重于符合自身场地环境中的色彩与肌理表现，而表皮材料在大型体育场馆上除了一定的装饰效果之外，经常会以"寓意"的语汇方式来进行对体育建筑的象征表达。尤其体育场建筑巨大的形体往往成为当地最为显著的标志物或象征体，人们都希望结合一些地域特征或时代印记来表现这些庞大的构筑物，这也成为体育建筑设计构思的主要立意之一。于是，在许多体育建筑的形体设计中，经常展现出鸟巢、火山、莲花、壳体等等直观的具象特征（图4.61）。虽然对于体育建筑人们总是强调结构形态的理性回归，

图 4.61 体育建筑的形态往往具有着直观的具象特征

人们对体育建筑表皮装饰所带来的表象虚幻与材料浪费提出了巨大的疑问，但不可否认的是，在不同背景下产生的体育建筑依旧是符合时代特征和多元化审美需求的产物，设计者们会衡量并正确把握装饰性所带来的正面效应，结合结构与形态，以精炼直观的材料运用方式为体育建筑穿戴上悦目的表皮外衣。在体育建筑的外观上，装饰或隐喻已经逐渐成为表皮语汇中常见的一种表达形式，并在这些装饰构件中营造氛围或传达信息。

所以，相对于形体上的具象特征，当代体育建筑也更为重视其整体形态中的细节表现，而这种细节表现建立在对其表皮的细致设计：材料的丰富组合与构成形式从单一的装饰效果转换为主动的"寓意"特征。具体而言，设计者结合体育建筑整体形态，在细节层面以表皮构件的组合方式和材质效果形成对某种概念物的抽象概括。在远景视觉或灯光设计的辅助下，这种抽象表达更能表现出对体育建筑形态构思的深入思考，而避免过分模拟物质形态而缺失细节的极端表现倾向。因此，设计者以"寓意"的表皮语汇来进行对体育建筑的象征性表达，利用表皮构件的规律组合方式来彰显或暗示建筑的地域特征与文化背景。富有地域特征的图案纹饰、传统文字、色彩肌理，或者与体育运动相关的构成元素等等，这些都构成了视觉传达的信息符号。例如西班牙巴塞罗那诺坎普球场的斑斓表皮强烈地象征着主队球衣的色彩构成，整个外表以不同色彩的复合板材构成，并按渐变规律交错布置，表现出醒目的视觉感染力，也展现出城市与球队在这座主场内的荣耀与骄傲（图 4.62）。

图 4.62 巴塞罗那球场的表皮寓意着球衣色彩

建筑师还可以以多样的材料技术手段将各种信息符号置入建筑表皮之中，例如通过运用釉层、丝网印刷或在玻璃内置入全息薄膜，使建筑表皮具有生动的图像、叠印的文字和动感效果的信息符号，在灯光技术的配合下与建筑表皮合为一体。同时，这些以材料加工技术所打造的建筑表皮也能够实现围护体系上必要的物理效能，如遮光、隔热、视线遮挡等，使得表皮的视觉传达与物理效能得以统一发挥。例如 2012 年欧洲杯的主办球场之一——波兰华沙体育场，建筑外立面采用阳极氧化处理金属网板，这种透明镶板覆盖在内部空间的保温表皮之外，体育场的外立面呈现波兰国旗的红白两色，其鲜明的表皮特征给人们留下深刻印象，在比赛中传达出为国助威的强烈信息。这种表达方式与上海世博会波兰馆的表皮运用有着异曲同工之妙，后者利用建筑表皮上富有民族特色的剪纸图案，使人立刻联想到心灵手巧的波兰民族形象（图 4.63）。

图 4.63 华沙体育场与波兰馆都运用了寓意的表皮语汇

我国历史悠久，各地都具有鲜明的地域特色，建筑师在各地许多标志性的体育建筑设计上也运用了"寓意"的表皮语汇。例如惠州奥林匹克体育中心的造型借鉴了岭南客家围屋和客家斗笠的构筑形式，其整合的立面外观具有强烈的隐喻特色。为了避免金属板等材料给半室外空间所带来的封闭感，设计者运用了带网格镂空的 PTFE 膜材，包裹出富有韵律的帷幔，并且映射出古代建筑的窗纹肌理，在外观上给人以隐约的地域特色感受（图 4.64）。

人们也应清醒地认识到，寓意的表皮语汇应该依旧建立在完整的"语法"之上，避免对体育建筑结构的喧宾夺主。在我国的大型体育场的形态设计中，有很多是被一个令人浮想联翩的意象词汇或昵称所绑架。例如为大运会所建造的深圳湾"春茧"体育中心，勉强以钢结构去充当柔性的"枝条"与"蚕丝"，在曲面网壳构成的表皮形象背后，是巨大的材料与资源损耗，大量具有高难度的节点也是本可避免的。相对而言，深圳宝安"竹林"体育场的结构构件与围

图 4.64　惠州体育中心的表皮寓意了客家围屋和斗笠的形式

护效果相互统一，"竹林"在支撑轻质膜材顶棚的同时，也使得体育场内达到了良好的通风效果，这种建筑表皮的比拟方式虽然较为直观与简练，但对材料、结构、形态的统一运用方式是更值得称赞的（图 4.65）。

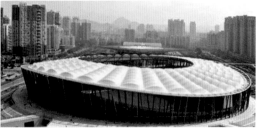

图 4.65　"竹林"体育场比"春茧"体育中心更为符合结构及材料的统一

5. 表皮的自然回归

挪威著名建筑大师斯维勒·费恩（Sverre Fehn）认为："地球上的经纬线交点都有其独特的气候与风向，建筑则是在自然与非理性之间权衡的结果，成为这种权衡间载体的就是材料。"[85] 作为实现建筑设计的物质基础，材料在不同语境中扮演着不同角色。材料取之于自然，其最真实的角色也就是做到符合生态法则的自然回归。同时，自然材料所具有的淳朴特质也是任何高级人工材料都不能比拟的，它们更能实现建筑师与使用者内心对话的可能。而建筑表皮作为建筑、人、环境这三者之间的交流媒介，同样可以以自然回归的运用方式体现出建筑材料的返璞归真。

建筑的围护材料进化至建筑表皮，其生态趋向有着两种实现方式：

（1）利用原生态的材料创造建筑表皮，体现回归自然的材料实现。

（2）创造复合界面达到生态节能效果，对地域气候做出适应性"过滤"。

这两者也经常以精炼的材料组合方式集中体现，而表皮的自然回归无疑更能以低碳低技及原生态的材料运用方式来体现出建筑的地域性和经济性。当然，要达到回归自然的表皮效果，就必须从自然中提取元素，绿化植被、天然木材、石材，甚至覆土、砂石等这些不需要高成本制作和加工的原材料都可以成为建筑表皮的构成元素，并展现出最为本质和环保的特征（图4.66）。

图4.66 表皮的自然回归从大自然中提取原始的材料

对于承载人们活动的体育建筑来说，恰好有一部分并不需要精致或复杂的围护体系，只需要以最直接合理的材料运用方式构筑或围合起运动场地。于是，这些原生态的材料得到了重新挖掘，并以自身永恒的材料之美形成了别有韵味的建筑表皮。例如西班牙特内里费的足球场，其围护体系是以当地未加工的石材所"垒砌"而成的，虽然体育场的外观表现出低调而实用，但石材的质感与拼缝所形成的天然肌理，是人工材料所难以达到的，在以"垒石"的方式满足体育场体积要求之后，这种材质自然而然地形成了低调但同样引人瞩目的石材"表皮"，并且更彰显出生态实现的特色（图4.67）。

图4.67 西班牙特内里费足球场的围护体系是以当地石材所"垒砌"而成

相对于岩石的坚硬冷峻，越来越多的公共建筑青睐于绿化屋面及垂直绿化，植被的屋面或垂直绿化表现出的亲切自然也成为建筑表皮中的语意表达。在上海世博会中的许多展馆，都将垂直绿化作为其重点的展示内容。表达结合场地所形成的屋顶及墙体绿化在体育建筑表现上也已有着不少的成功实践。例如ACXT公司设计的两座体育建筑，一座小型的训练馆利用和其身边训练场内草坪相同的绿化作为表皮，建筑体量以消隐的姿态和训练场融为一体，共同塑造出充满绿色气息的运动场所。而位于西班牙阿斯图里亚斯设计的一座体育馆，根据功能划分成几个体块，并在建筑的顶部和立面的局部也直接构成了建筑的人工绿化表皮。其连续起伏的独特形态与远处的山峦相呼应（图4.68）。虽然

图4.68 连续起伏的体育建筑形态与绿化屋面融为一体

这种表皮不是完全的自然植被，但可明显看出，其对绿色界面的人工塑造正是对远处工厂的环境污染表达出了强烈的对立态度。

随着建筑生态效应与表皮设计的理念更新，垂直绿化也逐渐以独立的身份出现在了体育建筑的身影之上。著名设计公司 NBBJ 最近为中国大连足球体育场设计了新方案，其建筑外立面令人印象深刻。体育场最外侧的围护体由"绿墙"所构成，它与看台的支撑界面构成了一个集交通功能与生态效应的复合空间。以垂直植物所覆盖的外表表皮，将绿化植物以体块的形式进行分隔，并在整个立面上形成具有规律的变化与交错，最终形成了富有肌理的自然表皮。而且随着季节的交替，这个表皮上的植被会发生外观上的变化，使得体育场表皮表现出融入自然气候中的形态特征（图 4.69）。

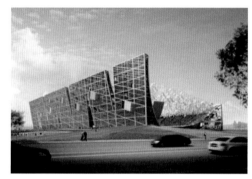

图 4.69 大连实德体育场的立面由植被构成表皮

在体现自然气息的材料运用中，以木材形成的建筑表皮是最为常见，也是最富有表现特征的。木材作为表皮，无论是观感还是触觉给人的感觉都比较亲切、自然、温和。不同的表皮纹理可以表现出丰富的自然性。新的复合木材胶合板、高密度板等合成木质材料，弥补和改进了木材的性能和使用范围。于是，大量经过防腐处理的木板材和饰面胶合板成为当代公共建筑的表皮材料。对于当代的体育建筑中围护表皮上的木质材料，其运用和当地的地域性材料密切相关。位于法国卡莱的这座小学体育馆就是一个成功的典范，该体育馆首先希望为小学生们创造出易接近、避免伤害的建筑运动场所，再从建筑的体量控制、尺度把握等几方面综合考虑，最终以木质材料的选择与运用而得到统一与实现（图 4.70）。体育馆的结构、外表皮及装修材料都采用了当地的天然木材，并通过防腐技术保留了其自然的色泽和质感，让使用者在环境优美的场地中得以体会场所体验与自然回归的使用感受。并且，木质的室内材料也保证了小孩子们的安全接触，墙面上的窗体与木质板材相互呼应，投射进的光线在木质运动地板上

图 4.70 法国卡莱的这座小学体育馆充分发挥了木材的适宜性

显得十分柔和，大跨木梁上的木质吊顶保证了体育馆内的吸音要求。因此，类似这样的体育建筑整体用材，浑然一体而无过多的烦琐装饰，并得到了生态性材料的真实回馈，是一种应该得到重点提倡的实践方式。

以木材作为建筑表皮，还可以将其作为良好的百叶构件，以遮阳和装饰的结合方式做到生态体现与形态设计两方面的"内外兼修"，使其表皮的运用更具意义。例如，图 4.71 中的体育馆利用木百叶的曲面塑型，附着于围护结构的玻璃之上形成半透明的建筑表皮，以简练而有效的装饰达到良好的外观效果，充满光影魅力的立面还为人们提供了亲切自然的交流界面。而瑞士的这座马戏团竞技场在其大跨木结构的表面，采用当地未经加工的树干枝条形成了一座真正的"鸟巢"（图 4.71），这种表皮对自然元素的直接应用，为建筑营造出了更为贴切的空间氛围。

图 4.71 以木材作为表皮的体育建筑更为亲切自然

可以看出，木材在材质感受和可持续发展方面都表现出"原生态"特质，使其受到许多建筑师的青睐和欣赏。在大量的中小型体育建筑馆中，设计者们不仅能以木材的可再生及低污染体现可持续发展的生态设计理念，而且可以结合其他材料形成显著的对比，例如木材的亲切与混凝土的沉稳，木材的横向肌理与金属材料的竖向肌理。并且，今后的大型体育盛会所设计的大型场馆也都开始注重"材料溯源、生态实现"的设计目标。在伦敦奥运会的体育建筑中，设计者们充分考虑了场馆赛后可回收、拆建甚至搬迁等可持续方法，尽量避免不必要的材料损耗与资源浪费。相应地，许多场馆的形态及规模就如社区中的活动场所，避免了传统奥运场馆庞大威严的形象，以平易近人的姿态召唤着更多的年轻人参与其中，自行车馆、水上运动中心以及网球馆等场馆都大量运用了木材作为其表皮元素，这些木材经过细致的防腐处理，能够应对伦敦当地的多雨气候。而木材作为这些大型场馆的表皮元素，不仅为体育建筑表达出与人亲切的情绪，也充分符合了奥运场馆赛后的材料降解及回收再利用（图4.72）。

图4.72 伦敦奥运会的大量场馆运用了符合生态趋向的木质表皮

6. 表皮的"媒体化"

媒体与信息已经极大地改变了人们的生活方式与内容，建筑师们为了表达对事件或现象的关注，将建筑的表皮媒体化，从而实现了建筑界面与环境界面的交流。同时，未来的建筑表皮会给人以越来越明显的视觉效应，这种趋向已经在许多充满商业气息的公共建筑立面上得到了展示，随着体育等大型公共建筑所承载的使命或任务越发多样化，建筑表皮的视觉表现也逐渐从固定的符号展示方式进化到了动态的"媒体化"信息表现，并且从传统的立面展示延伸到了建筑或装置的各个部位，2008 年北京奥运会开幕式中令人惊叹的展开卷轴和飘浮的投影五环、上海世博会夜景中流光溢彩的世博轴、北京世贸天阶步行街上空飘浮着的巨大 LED 屏幕（图 4.73）……可以说，这些结合光电技术的表皮形态正在不断改变着人们的视觉感受，将丰富的媒体化特征附加于简约的建筑形体之上，也成为今后建筑表皮发展的一种趋势。

图 4.73 结合光电技术的建筑表皮使建筑趋向"媒体化"

这种夺人眼目的表皮效应建立于两个层面：

（1）表皮材料自身给人以多样的视觉反馈，不同材料的特质结合其特定的生产、加工、组成方式，仍旧成为视觉观感的构成要素。

（2）表皮材料与当代光电技术如 LED、光伏一体化等的结合运用，使得建筑表皮主动表现的"媒体化"效应越发强烈，建筑的立面、屋面甚至地面都可以发展成为表达内容永不重复的信息窗口，并在传递信息的同时形成无尽变化的建筑外观。建筑表皮的这两类"媒体化"形式也可以看作是动态与静态、表象符号与虚拟信息的对应关系。

前者多以一些具象或抽象符号作为表现元素，以此隐喻建筑的地域特征与文脉背景。例如富有地域特征的图案纹饰、传统文字、色彩肌理，或者符合现代气息的构成元素等等，都构成视觉传达的信息符号。建筑师以多样的材料技术手段将各种信息符号置入建筑表皮之中，例如通过运用釉层、丝网印刷或在玻璃内置入全息薄膜，使建筑表皮具有生动的图像、叠印的文字和动感效果的信息符号，在灯光技术的配合下与建筑表皮合为一体[86]。同时，这些以材料加工技术所打造的建筑表皮同样能够实现围护体系上必要的物理功能，如遮光、隔热、视线遮挡等，使得表皮的视觉传达与物理效能得以统一发挥。例如，从阿拉伯文化中心中可调节的玻璃单元到阿尔法办公楼立面上的可变影像，一些传统立面要素语言如窗门等正在逐渐消失或重新定义，取而代之的是具有信息特征的符号化表皮，这类表皮形式的不断扩展或突破已经在改变着人们对建筑模式的审美观（图 4.74）。

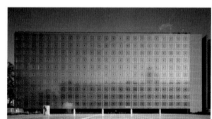

图 4.74 符号化的建筑表皮改变了人们对建筑的审美观

相对于前者的利用材料与灯光技术对建筑表皮进行装饰，当代的媒体化建筑更注重传达形式更为广泛的多媒体虚拟信息，将其以先进的光电产品与技术置入表皮本身。不仅使得商业广告、活动公告、视觉艺术等多媒体信息在建筑表层得到最显著的展示，还希望使其内部发生的活动与外界能够产生互动关系。这种表现方式完全将建筑表皮作为信息传播的介质，逐渐改变着人们的视觉习惯。因此，在信息与数字时代的当下，那些起到传达信息符号的建筑构件与材料正转换为各种虚拟的图像。建筑师运用镜面反射、图形投影、数字模拟等技术将各种图形、文字等信息投影到已屏幕化的建筑表皮，以此捕捉来自信息时代的媒体特征。

LED 图像显示技术在这方面有着巨大的优势和潜力，其产品形态已经在建筑表皮中得到了多样化的运用方式：墙面嵌入板式屏幕、墙面整体板式屏幕、条状幕墙式屏幕、点状幕墙式屏幕以及 LED 天幕等等，随着 LED 技术的发展，其屏幕造型能力越来越强，转折、弯曲、变形等等也极大提高了建筑表皮的造型自由能力，媒体化的建筑表皮使得建筑立面及形态的传统意义得到了颠覆性的转变 [87]。图中的这座形体简约的办公建筑就是绝佳实例，建筑师运用了条状的 LED 幕墙，以横向百叶的形式为其建筑立面创造了一层通透性的表皮。LED 幕墙所展示出的数字信息绚丽多彩、内容丰富，可以随着信息的变化而改变立面上的颜色、透明度，并形成了电控的遮阳界面，也丝毫不会影响建筑室内空间的功能使用（图 4.75）。

图 4.75 公共建筑运用 LED 幕墙创造出内容丰富的建筑立面

"媒体化"效应同样对体育建筑的表皮发展给予启示。对于传统的体育建筑来说，人们首先关注的是其外部形态和在城市中的轮廓，其巨大体量和结构体系给人以整体的视觉感受。而从材料运用中的高科技发展趋势来看，随着那些液晶技术的普及和材料单元的成本下降，它们会在更多类型的体育建筑中得到广泛的运用，体育建筑可以充分运用现代化的光电技术，将其表皮单元作为整个建筑表皮中的一个细微"像素点"，通过有序或无序的摆列，在外部形态上构成丰富且时尚的视觉效应。这使得体育建筑表皮也能成为了商业或者活动信息的载体，化身为"媒体化"建筑，其外部表皮就采用大面积的动态电子显示屏以展现"信息肌理"的可变景象。

因此，以往因成本而困扰的大型体育场馆，也逐渐会展示出表皮的媒体化形式。墨尔本矩形体育场以仿生的水泡构成了整体形态，建筑师在表皮单元体的结合处巧妙地装配了数以万计的 LED 灯，并在表皮上形成网状编织的光带轮廓。这种光电技术的运用方式简洁明了，摒弃了大量传统装饰材料，将建筑的结构、形态、表皮进行了完整的统一（图 4.76）。而为 2022 年卡塔尔世界杯所设计的这两座体育场方案，恰好代表了信息传达的不同方式。媒体化的建筑表皮既展示出中东建筑浓郁的阿拉伯风韵，又表现国际及时代化的信息传达。前者在体育场表皮上运用以阿拉伯文化的符号叠加，在灯光效果下化身成为海湾旁迷人的宫殿。后者则在运用庞大的电子屏幕，在整个体育场的围护表皮上映射出国家队员的身影，也使得体育场外界环境与其内部活动产生了最直接的互动（图 4.77）。

图 4.76 墨尔本矩形体育场在其表皮单元体的结合处运用了简洁美观的 LED 技术

图 4.77 卡塔尔世界杯的球场设计表现出不同类型的信息传达

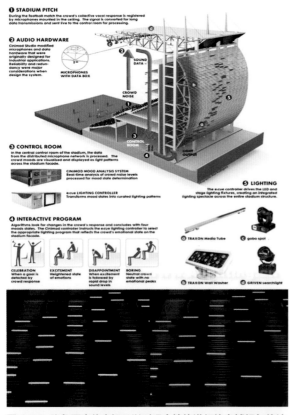

图 4.78 秘鲁国家体育场可以对观众情绪进行信息捕捉与传达

图 4.79 体育建筑越发重视在表皮媒体化进程中所产生的"信息肌理"

这种信息的传达甚至可使人与建筑产生互动，如秘鲁的国家体育场就沿着体育场的屋顶线装置有一个定制的网络声音液面仪，它会将收集到的观众信息传递到体育场馆的通信机房中，然后由专业软件进行分析。例如分析观众的四种不同"情绪状态"：无聊、兴奋、庆祝、失望。这个连续运行的情绪分析软件将一直评估人群的情绪，该软件由分析确定观众情绪后提示灯光控制器有关的控制信号并发送到立面上所有的 LED 灯具。因而，体育建筑的外表像人一样，在比赛进程中表现出兴奋或懊恼种种"情绪"，也使得球场内外的人们拥有了信息传达的最佳媒介（图 4.78）。

因此，今后的体育建筑设计不仅只是简单意义的"运动容器"，还会成为综合了多种功能的"媒体空间装置"，会大量产生表皮"媒体化"的设计方案。例如，新建的意大利罗马足球场突出了其徽标与球衣的电子展现方式，德国慕尼黑安联球场在欧洲杯期间展现出德国国旗的巨大影像（图 4.79）……这些都表明了人们越发注重体育建筑"信息肌理"所产生的视觉效果。当代电子数码技术的应用所促使的表皮"媒体化"在体育建筑的整合形态上会得到显著的语言表达,电子设备与表皮材料的结合使原本固化的建筑体量产生了独具韵味的流动感,充分体现了体育建筑的审美变化。

三、表皮材料的细部设计

"美好的生活存在于细节之中",细部在建筑中也无处不在,建筑细部一直都是建筑学中技术与艺术的结合点。精美的细部不仅仅是符号,也不是烦琐构件的叠加,而是建筑意义表达的重要要素。英国学者彼得·柯林斯将建筑比拟于烹调:"……在烹调中,就像在任何真正兴旺的技艺中一样,唯一被公认的价值都是有关质量优秀程度的。而当建筑师们忘了这一点……建筑中就出现了衰退。"[88] 这其中的质量优秀程度就是指向建筑细部,精致得体的细部在保证建筑质量的同时,也能带给建筑历久弥新的美感。

体育建筑的形态越发注重整体并附有细节,这些细节展现在构筑体育建筑的各个层面:结构构件的细部设计应反映结构的真实性和合理性,造型元素的细节设计要表现出体育建筑的风格与个性,材料的选用应该符合地域特征和可持续发展的细致考虑……这些经过认真推敲和思考的细部设计才造就了体育建筑的非凡个性。对于建筑表皮而言,由于其在建筑围护结构中的显著身份和独立角色,它将以多样化的物料形式贯穿于建筑细部的设计过程,并以各类聚合构成的塑型方式将细部统一于体育建筑的整体形态效果之中,可以说,表皮的细部设计也正是表皮的生命力所在。无论体育建筑围护表面的材料运用简繁与否,其细部设计能够反映表皮的形态、材料、构造及美学逻辑。

(1)再庞大的表皮也由不同材料所制作的单元构件所构成,其尺度与形态首先在视觉属性上决定了表皮细部构成与建筑整体效果的关系。

(2)在最外层的表面上,建筑表皮注重细致地表现出材料自身特有的质感、肌理、色彩等特性以及不断发展的材料加工技术,并且以表皮单元拼贴的多样方式构成了体育建筑丰富的表象肌理,达到精致得体的外观效果。

(3)支撑表皮的构造与节点也趋向于精细化和标准化,完善的构造层次达成了节能、保温、防水等物理效能,使得体育建筑不仅仅具有美丽的外表,还拥有健康的身躯,而精致的节点设计也同样成为符合结构美学的细部表现。

1. 构件尺度形态

在《建筑细部设计》一书中,作者写道:"建筑中存在着一种层级结构,在这种结构里，一个总括性的秩序所作用的广度和深度只达到各组成成分的功能和共同性，细部的秩序是这个层级结构的最下一级，而它们的共同点又建构起建筑整体的秩序基础，而细部之间的差异又保证了细部自身的活力。"[89] 由此看出，建筑中的秩序建立于整体与细部的联系机制，形成细部秩序的表皮单元同样具有自身的比例、尺度和构成关系，表皮单元的构件尺度承担了建立这种秩序的基本组织功能，而各个构件和材料之间的拼贴方式使得建筑整体秩序中的变化遵循逻辑而又充满灵性，避免纷繁复杂、矫揉造作（图4.80）。

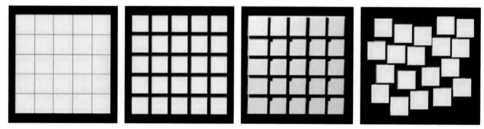

图4.80 单元的组合形成多类型的整体秩序

深圳龙岗大运会主体育场是以表皮单元构件形成整体秩序的绝佳实例之一，它的屋顶与围护面以类似晶体结构的界面相交接，其大跨屋面由悬臂结构和折叠钢架空间结构构成，在围护表皮上统一运用了以三角形为基本单位的透光聚碳酸酯板，这些表皮单元以对角线拼贴成矩形或平行四边形的表皮构件，而这些构件单体再通过简单相似的形体拼接，形成了更大尺度上的三角形形态，以层级递进的组合方式围护出了一个极富秩序感的完整表皮结构（图4.81）。

图4.81 深圳龙岗大运会体育场的表皮富有强烈的等级秩序

大部分体育建筑在当代材料制作工艺的技术支撑下运用了尺度适宜的表皮单元，其构件尺度与建筑规模、材料性能、设计理念等结合，表现出丰富的组合形式。当代体育场的表皮以较大的构件尺度进行组合，来体现体育建筑的完整而避免单元体的琐碎。慕尼黑安联球场表皮上的 2 874 个 ETFE 薄膜单元呈菱形体，其尺度介于 2m×7m 至 4.6m×17m 之间，宽大和灵活的表皮尺度充分利用了膜材的延展性能。墨尔本矩形体育场的金属外壳利用和发展了富勒的仿生圆拱穹顶原理，比一般悬臂结构节省了 50% 的钢材。结构体系生成了重复的三角形的大面积表皮单元，并根据采光运用了三种不同的材料：玻璃、金属板及透光板（图 4.82）。

图 4.82 慕尼黑安联球场和澳大利亚矩形体育场的表皮单元都具有着适宜的构件尺度

而另一些体育建筑则以某类设计概念整合了其围护界面上丰富的细节反映，例如西班牙毕尔巴鄂的体育中心，其表皮构件的组合貌似色彩无序，但这种菱形的金属板材尺度规整，并呈现出沿对角线对折的形态细节（图 4.83）。建筑师利用表皮单元自身的形状和色彩，大量重复叠加，形成"繁杂"的表皮效果，其实这些构件的色彩构成和叠加秩序是源于对当地环境中树丛"立面投影"的随机抽取，这样就保证了体育中心的远观效果并不混乱，并且创造出了令人在近距离可以细细品味的表皮细节。

相对于庞大的体育场围护界面上的虚实结合，体育馆建筑也更注重其表皮单元的完整形态。天津大学体育馆利用穿孔金属板作为其表皮，并塑造出了具有交通及节能功能的复合空间与界面。表皮单元的等腰三角形或菱形形态使整座体育馆显得坚实稳定，而穿孔的光影效果又使其外观富有层次。在表皮单元

图 4.83 西班牙毕尔巴鄂体育中心的表皮单元为具有菱形折板状的细节

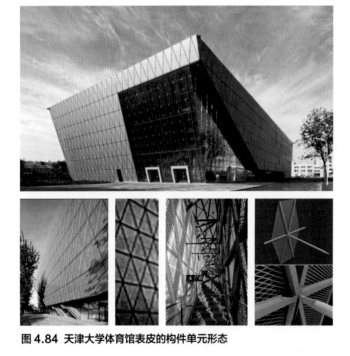

图 4.84 天津大学体育馆表皮的构件单元形态

的细节处理上，人们用特殊的穿孔工具在体育馆外墙和金属幕墙上都冲制形成三角形状的孔洞，强调出一种以三角元素统一巨大到细微的表现效果。半透明的穿孔金属表皮与实体外墙在细节上进行呼应与叠加，成为了外墙影像的放大映照（图 4.84）。

可以看出，由于体育建筑类型繁多，体量不一，其表皮单元的尺度也具有多样性，在适宜的组织方式下表现出丰富的构成形式。大部分空间适宜的中小型体育建筑，虽然其表皮延展于结构之外，以高度的自由度和连续性"包裹"结构，但基本都表现出与整体外观贴切的单元尺度。表皮单元的尺度还是应符合材料的制作工艺和力学性能，尽量以较小的材料成本与损耗去达到最佳的表现效果。除了以丰富的构件尺度形成表皮细部，单元呈现出多样性的构件形态，在以往的体育建筑表面，建筑师多采用金属板、玻璃、木材、混凝土等传统材料形成围护界面。其中，各类合成金属板材、节能玻璃表现为大量统一规格的预制构件，在结构体及龙骨的强大支撑下"组装"出了体育建筑屋面和墙体。由于制作及施工技术的制约，表皮板材以易于加工的常见矩形形状为主，而随着材料技术和设计理念的发展，三角形、菱形、平行四边形，甚至梭形都成为的富有特色的构件单元（图4.85）。并且，表皮单元逐渐从平面二维形式发展为具有一定体积的三维形态。

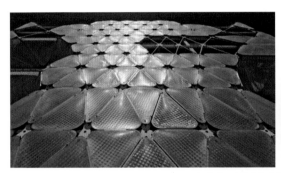 

图4.85 表皮单元通过自身的特殊形态和有序组合拼贴出丰富的建筑形态

同时，体育建筑表皮单元的自身形态也构成了相应的构成方式，这些立体的表皮构件往往按照一定的韵律关系进行组合排列，这些单元体的相互交接非常利于大型体育场建筑表皮虚实相间的界面塑造，自然地在体育建筑的表层形成了丰富的整体肌理感。例如图4.86中体育场以巨大的"花篮"为表达意图，其表皮单元首先成为"组件"（group），其自身极富形态表现特征，再以特定的聚合方式展示出更为生动立体的表皮形态。在单元构件之间也能形成丰富的细节表现，建筑师们在结合可以进行许多细节方面的设计，例如构件边角的倒角处理、交接处布置LED光源等，都成为当代体育建筑表皮单元的细部表现手段。

图4.86 表皮单元所组成的"组件"极具形态表现特征

2. 表象肌理构成

表皮单元作为大量标准化的拼贴构件，首先为体育建筑围护了功能空间，也塑造了建筑形体。随着体育建筑表现力的拓展与丰富，人们越发关注体育建筑表皮上的肌理构成，而这种细节表现建立于建筑整体的观感和表皮单元的细部：首先，体育建筑体积庞大，形态整合，表皮单元之间的丰富拼贴方式在体育建筑整体雕塑般的身躯上"自在生成"或"人工刻痕"出了符合尺度与美感的表象肌理；再者，当人们仔细观察建筑表皮本身之时，表皮单元由于不同材料本身的质感、纹理、色彩等特征，以及丰富的材料加工表现技术，使得由于表皮的表象肌理所塑造出的个性特征更为清晰。

由于当代体育场建筑拥有着相当大的表皮面积，又往往希望为看台外侧的休息通廊创造出不完全封闭的围护界面，因此体育场表皮的通透性成为一种设计趋势。对构成表皮单元的材料进行各类穿孔加工已经成为最为常见的表现方式，尤其在金属板材的表面，设计者利用先进计算及制作工具加工出丰富多彩的穿孔效果，这些孔洞使冷峻坚硬的金属材料具备了更多的肌理表象，并且其孔径的大小变化及规律排布类似电子屏幕中的"像素"，可以组合形成多样式的图案与纹理，从远观上自然地生成体育场外皮上丰富的表象肌理。人们还可以利用表皮材料穿孔的孔径大小与排列组合，直接在立面上组成了直观的字体标示，这种细节只有当人们接近建筑之时才能发现或体验，更为体育建筑的围护界面增添了细节之魅力（图 4.87）。

图 4.87 金属穿孔板在体育建筑立面上形成了丰富的表象肌理

进而，设计者经常利用体育建筑表皮单元之间的拼贴，结合穿孔所塑造出的纹理效果，形成体育建筑更为丰富的表象肌理。而在表皮单元的设计上，各类具象化的形态特征也逐渐广泛展现出来。在济南奥体中心的设计中，设计者以济南的景观特色和文化积淀作为体育中心形态与细部的设计源泉，塑造了"东柳西荷"的群组体育建筑。其中，体育场的表皮采用了形似柳叶叶片的表皮单元构件，柳叶形的表皮单元符合近人尺度的细节比例，尽量做到薄、细、精、巧、透，让接近和穿行于其中的人们更多体会到空间的流动，以朦胧和轻盈的形象削减体育建筑带来的巨大尺度和厚重感，弧形造型和叶片的重复连续营造出向上升腾的动势。表皮单元上的穿孔细节形成了这组体育建筑群类似"半透明帷幕"的独特界面，提升了人们观赏和接近它的趣味性和戏剧性。半透明特质源于构成每片叶片的穿孔铝板材料（图 4.88）。孔率自上而下逐渐变化，叶片上部突出叶弯处的体积感而较实、孔率较小，下部为满足通风、采光、视线等需求而较虚、孔率较大。连续的叶片构成自由呼吸的表皮，并与其身后的支撑百叶构件一起形成了虚实层次更为丰富的表象肌理[90]。表皮单元的形态与肌理细节丰富了建筑形态也改进了空间的物理环境，并形成了迥异场景和视觉体验，观众可以在建筑内部透过叶片看到远处广场，感受到透过柳叶的阵阵微风与斑驳光影。在建筑外远景向内看，隐约可见回廊中的各种活动和体育场看台的轮廓，感受整体的气势和体量。因此，表皮单元的细节塑造与组合，使得成为让体育场本已具象的表象肌理又展现出在不同时间和光线下的丰富情绪。

图 4.88 济南奥体中心的表皮采用了形似柳叶叶片的表皮单元构件

穿孔金属板材也可以与其他材料进行组合，以复合界面或双层表皮表现出近景貌似混沌，而远观则明朗清晰的视觉效果。对于人的观感来说，这种表皮细节使得体育建筑的表象肌理更为符合其相对巨大的尺度逻辑。上海东方体育中心的新闻媒体中心运用了双层表皮，内侧为印有水波纹理般的透明玻璃，外侧则是孔径富有变化的白色微孔铝合金镶板，这样的表皮组合使得其外观上在白天呈现出连续雾状的模糊界面，而在夜间灯光的效果下呈现水波的形态，塑造出这座建筑在整个景观湖环境中映射出湖面波纹的美妙画面。随着材料技术的飞速发展，不仅仅是易于加工的金属板，玻璃、木材、合成塑料等传统或先进的材料都逐渐表现出在其自身特质的细节设计：玻璃幕墙单元尺度一致，而其中的丝网印刷构成了朦胧的虚实界面；精巧的竖向木构件以阵列的形式表达着木质表皮在亲切中的严谨统一；以新型聚合塑料形成的新一代"金缕玉衣"，在阳光下反射出耀眼的光泽……从而，材料运用成为体育建筑表皮细节的源泉所在，为体育建筑创造出了更为悦目的表象肌理（图4.89）。

图4.89 丰富的材料运用为体育建筑创造出悦目的表象肌理

　　进而，体育建筑所特有的结构表现使得结构与表皮相互融合，越来越多的"蒙皮"编织使得建筑表皮类似巨大的花篮，表皮单元的拼贴形式更为整体化，细部与整体之间的完整逻辑性弱化了结构层次的烦琐，整体结构体系下的受力杆件同时化身为承担表现功能的表皮单元。例如著名建筑师伊东丰雄设计的高雄体育场，类似一个开放的螺旋线连续体，约22 000m²的巨大屋顶与墙面交织为一体，覆盖了整个观众席。三维曲面的屋面以螺旋曲线的形态保持连续，其在径向桁架支撑下的连接构件最终整合为斜向交错的网格体系，大量构件形状与尺度相近的玻璃及太阳能板镶嵌在网格之中。这种网格结构虽然不再将表皮放在设计重点，但其却自然并符合逻辑地为体育场编织出了整体性的表象肌理（图4.90）。

　　南昌国际体育中心在外观与细部上和高雄体育场有异曲同工之妙，都表

图 4.90 高雄龙腾体育场的网格结构直接构成了其表象肌理

现出螺旋交织的动势，而前者利用体育场罩棚的起伏和表皮单元在单方向上拼贴的强调，形成了动感更为强烈的整体形态。设计者们在这座体育中心的设计初始，同样希望统一结构形式与建筑语言，以逻辑网格为依据，运用与高雄体育场类似的双向平面交叉桁架结构，从而自然地生成螺旋形式的表皮的支撑体系，避免了大量垂直方向杆件，建筑表皮的安装与定位都相对简单。但由于工期较短和施工难度等原因，业主最终要求运用了施工技术更为成熟的径向悬挑桁架结构，设计者尽量保证了设计理念中表象肌理的塑造，也通过直立锁边金属板的板肋形成的自然肌理来实现构造措施与建筑语言的统一。

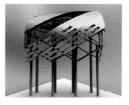
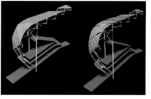

通过对罩篷表皮单元中金属板、PC 板、檩条等表皮材料进行抽板及镂空处理，使得表皮具有自然通风和采光的功能，在建筑立面上形成了半通透的细部效果（图 4.91）。留有遗憾的是垂直方向的主桁架与盘旋向上的表皮语言有冲突，使得结构逻辑与表皮形式并没有真实统一 [91]。

图 4.91 南昌国际体育中心的设计方案及表皮研究模型

3. 构造节点细部

　　表皮细部的精巧美观不仅仅限于其在建筑外观上的外在表现，表皮身后的构造、支撑构件之间的节点也成为细部设计的展示内容，成熟的构造系统体现出体育建筑"皮肤"与外界进行能量交换的合理性，精细的节点设计则将体育建筑中的力与美通过更为细致的结构要素得以展示。在表皮的细部设计中注重运用精巧的构造设计与适宜的节点技术，可以优化整个表皮系统，以最小的材料和能源消耗得到丰厚的回馈，也使得表皮系统的材料逻辑、构造逻辑及受力逻辑都整合在细部设计之上。

新材料、设计手段、生产方式的发展都促使着体育建筑围护体系中的构造与节点设计趋向精细化，对于大量满足人们日常运动或锻炼要求的小型体育馆和具有半通透界面的体育场建筑，设计者往往通过围护材料的最有效和适宜的运用、以简化繁的态度使得简约的表皮系统回归于精炼的围护体系。而针对于规格和等级较高的体育场馆，其围护结构对于保温、防水、隔声等性能要求严格，各种功能材料在其表皮系统中进行严谨细致的组合与搭配，各种控制及物理功能的加入使得传统的建筑表皮具有了满足多类需求的构造层次，而精细的节点设计不仅代表了更合理的受力方式，甚至将表皮从静止的状态进化为具有操纵器的动态系统，进而展示出可变的表皮形态。

新西兰奥克兰的伊甸公园体育场是橄榄球和板球运动的主体育场，作为当地首屈一指的体育场馆，设计方 POPULOUS 公司以叶脉式的屋架隐喻了当地土著部落的原始建构形式，在建筑的庞大身躯上反映出当地的历史和文化含义。同时，也运用了新型材料和技术展现出时代气息（图 4.92）。体育

图 4.92 新西兰奥克兰的伊甸公园体育场在局部运用了半透明的 ETFE 膜材

场的南侧看台被包裹在半透明的四氟乙烯（ETFE）表皮中，以 ETFE 这种低能量和对环境敏感的材料作为一种保护性的透明表皮，使得原本笨拙的体育场化身为精致的体育馆。这层看似简单的薄膜外衣起到了多方面的作用，例如材料的光线折射减少了对周边社区的影响，声学隔离减少噪声的污染。薄

膜表皮的构造层次十分清晰,支撑薄膜表皮的杆件尺寸根据立面的方案可以调整,而可移动的节点保证了薄膜外衣的灵活性,精细的节点与构造浑然一体,由表及里包含了 ETFE 覆层、钢结构支撑、主梁,并在细部集成了集水槽、落水管、水平檐沟等防水构造,为体育场披上光鲜外衣的同时,也完善解决了防水问题(图 4.93)。

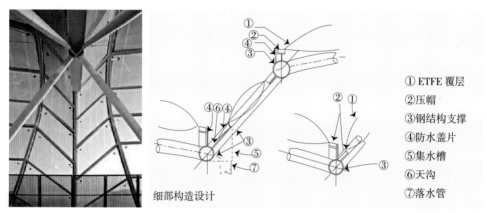

① ETFE 覆层
②压帽
③钢结构支撑
④防水盖片
⑤集水槽
⑥天沟
⑦落水管

细部构造设计

图 4.93 伊甸公园体育场 ETFE 薄膜表皮上的细部构造满足了防水等功能要求

同时,节点的精细设计为体育建筑表皮的整体性塑造提供了可靠的技术支撑,造就了丰富而又遵循建构逻辑的建筑形态。例如,爱尔兰都柏林的英杰华体育场(Aviva Stadium)呈现出起伏的马蹄形形态,不规则的起伏轮廓旨在降低建筑整体高度,以减少庞大形态对周边环境的压力和采光影响。其外表层采用了由聚碳酸酯板材料百叶,材料的半透明为座席区引入阳光,也可将光线反射到邻近建筑上(图 4.94)。整个建筑形体的表皮覆层的构造层次明晰,层叠的百叶

图 4.94 英杰华体育场的聚碳酸酯板表皮可以局部开启

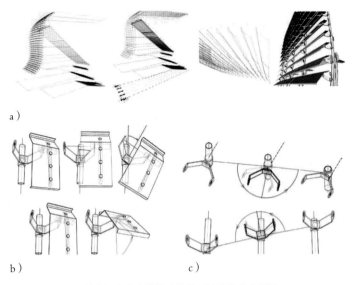

a）

b） c）

图 4.95 英杰华体育场表皮上的转动依靠于精致的节点设计

a）表皮覆层构造层次；b）立面单元与杆件之间的连接；c）连接杆件
之间的旋转交接

板组成了曲面流转般的整体外观，并且局部百叶可以转动开启。因此，人们设计了大量精致的节点，使得表皮单元与杆件之间的连接以及杆件之间的旋转交接得以完美实现（图 4.95）。最终在明晰的构造与节点支撑下，流线型的外部表皮将屋顶结构与立面结构完整包裹起来，具有反射效果的聚碳酸酯覆层柔化了场馆的庞大轮廓。

从英杰华体育场壮观且整体的形象可以看出，聚碳酸酯板材料通过规则的拼贴化身为庞大的表皮，而当将这类表皮与整体构造与节点统一考虑时，就表现为更为专业化的幕墙系统，所以许多大型工程的外立面往往进行单独的幕墙系统设计。当代体育建筑中大面积的建筑表皮由玻璃、阳光板及金属板等轻型材料所组成，幕墙系统可以将构造、节点、表皮一体化设计，也将表皮单元的尺度、安装方式以及相应的变换方式都统一考虑。由于幕墙系统采用了标准的龙骨、檩条、安装件、幕墙单元，并通过结构及幕墙生成分析对幕墙系统安装所需的龙骨系统进行了精确定位，这样就能使一些体育建筑身躯上庞大的幕墙单元可以被精确地安装到位，并通过控制技术获得开启、扭转、错动等效果[92]。因此，设计者不仅应充分考虑选用材料的力学特性、声学特性、保温性能、生产工艺等多方面的性能，还应重视幕墙单元的尺度、颜色、透明度、安装方式、构造层次等细节因素，使得表皮系统的构造与节点设计更为准确和精致，最终将这层"面纱"中的大量细节整合，为体育建筑的表皮形态获得最佳的效果。

相对大型体育场表皮形态上的虚实相间，体育馆建筑表皮更为封闭与完整，其细节设计与施工更决定了建筑的视觉品质。例如大兴安岭文化体育中心的造型意图表现出地域性的冰雪文化，建筑的整体表皮在结构骨骼外采用了全幕墙系统，幕墙由表面氟碳喷涂的白色铝单板和低辐射玻璃幕墙共同形成，两者的灵活穿插与运用丰富了建筑形体。虽然建筑造型为不规则形体，给建筑立面幕墙的分格带来了较大的难度，但设计者将建筑的表皮分格化繁为简，最终创造出较为规律的幕墙划分。同时，体育馆建筑更注重将表皮的细节体现于完整系统的构造形式，表皮系统能够由表及里地完成建筑围护体系防水、透气、保温等多项物理要求，使得表皮从悦目的外衣上升成为合体的肌肤（图 4.96）。

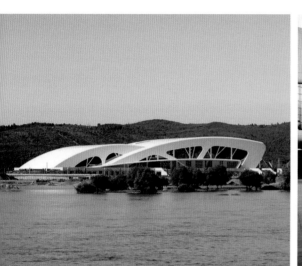

图 4.96 大兴安岭文化体育中心的幕墙表皮及构造细节

第三节　体育建筑形态及表皮的参数化设计

随着数字时代的来临，建筑设计又被推向了一个新的历史进程，尼尔·林奇在《非物质化过程》一文中，详细阐述了数字化被融入到建筑领域中的过程。起初这些涌现出的惊艳形态也引起了建筑师们很大程度上的抗拒，他们认为建筑不应该基于计算机或程序的算法潜力，而是基于真实材料的建构能力。然而在当代，"数字与建构的对立已经开始消融，因为越来越多的建筑师和工程师开始使用计算机的'非物质'逻辑去解决实际建造的'物质'问题。"[93] 人们正在逐步利用参数化设计来实现建筑形态、结构、功能以及文脉等诸多因素的协调与统一。

体育建筑也同样面临着参数化设计的历史进程，虽然体育建筑是一类非常复杂的建筑类型，但它具有明确的功能要求、单纯的几何形式以及严格的设计规范，这为参数化设计提供了形态生成的逻辑关系以及诸多可量化的参数。并且，体育建筑的大量异形形态已经不能被传统的软件所精确掌控，而各类工种也往往面临着单一软件不能统筹的矛盾。但参数化设计可以为体育建筑这样的复杂对象提供一个系统化、高效率的设计平台，而利用数字技术化繁为简，计算出最符合受力性能和节省材料的结构与表皮形式。体育建筑综合利用各类参数，建立相关的脚本程序，通过"几何推演"和"数形联动"方式创造出大跨度空间。并且，建筑师可以在系统中对参数进行不断地调节与优化，最终使得体育建筑的形态与表皮在理性状态下得到可谓惊艳的展现，以往难以控制与计算的形态逐步得以实现，使表皮形式更加灵活与整合。

一、参数化设计与体育建筑形态

"形态作为一种几何表述，只是既定的设计规则与参数变量在三维空间上的函数，参数化设计的核心内容是对原型的几何操作，使原型适应于设计的既定目标，在这个操作过程中，建筑师操作的是建筑原型的生成规则与所设置的变量——参数，而非形态本身。"可以看出，在参数化设计中真正具有话语权的是参数变量而非形体，建筑形体的造型逻辑与命令，被建筑模型中的变量调整不断更新（图 4.97）。

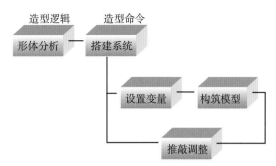

对于体育建筑来说，参数化设计的意义不仅限于为了塑造那些令人惊奇的形态，但不可否认的是，庞大的体育建筑给人们的最直观的印象依旧是其外部形态和表象特征。随着结构体系的越发成熟和审美观念的不断扩展，

图 4.97　参数化设计下的形体生成逻辑

今后的大量体育建筑也更为趋向富有视觉冲击力的外观形态，无论是体育场馆的大跨屋面还是围护界面，流畅扭转的曲面形态都将体育建筑体现得更为动感与时尚（图 4.98）。

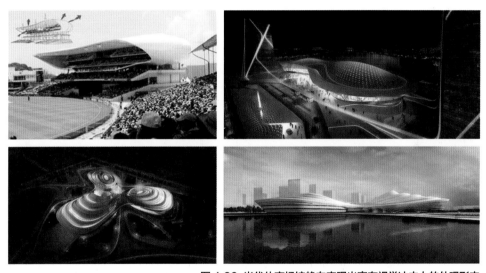

图 4.98　当代体育场馆趋向表现出富有视觉冲击力的外观形态

在这种形象要求下，参数化设计强调了"生成"和"控制"两层含义，其中"生成"强调了形式开发的过程。这一过程的核心工作是要建立设计条件与生成建筑形态之间的逻辑关系，形态生成的造型逻辑会决定设计结果的创造性和合理性。而造型逻辑以造型命令的操控形式搭建起可控的系统，这种"控制"强调了建筑师必须能够对参数化模型进行有效的编辑和修改，这其中，客观物理环境与感官体验中的"自定义参数"都可以成为设置变量。建筑物理环境中潜藏大量数据：光照、辐射、热舒适、气流、声衰减等，日趋成熟的建筑物理模拟软件可以提供大量分析数据，为建筑物理环境中的参数提取提供可能。不断地推敲调整可以带来多解的建筑形态，最终进行优化选择而满足多方面的要求。

面对大量扭转或异形的形体展示或交接关系，传统的计算辅助方法已经勉为其难，参数化设计成为达到体育建筑这种"生成"与"操控"关系的最佳路径，使得体育建筑形态的生成更具有具体层面操控的针对性。但是，体育建筑毕竟不是可以随意摆布的艺术装置，其具有着自身严谨的生成逻辑性，形态的塑造依然要忠实于适宜与理性的功能空间。人们可以清晰地看到，当代大量体育场馆设计可以分解为：功能原型—结构体系—围护体系—顶棚体系，表现出层次分明的构筑体系与生成逻辑（图4.99）。其中，大量体育建筑的形态外观源于其罩篷和围护的表现形式，这两者往往融为一体，成为形态和表皮生成的创作对象。针对于这种情况，参数化设计必须主动适应体育建筑的原型空间及功能要求等特点与要求，在坚持理性生成和感性表现的理念结合下，利用参数化中的先进设计方式，为体育建筑形态的几何生成逻辑建立更精准的构筑依据。

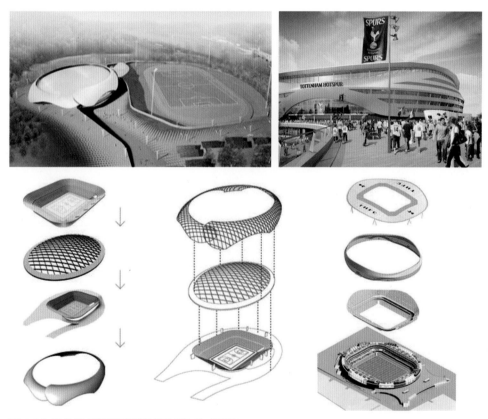

图4.99 当代体育建筑清晰的构筑体系与生成逻辑

因而，体育建筑形态的参数化设计更为具有针对性，建筑师利用Maya、Rhino等强大的建模软件以及Grasshopper等图形算法编辑器，对于塑造曲面造型和非线性的建筑形态已经得心应手。从当代体育建筑创作的大量实例可以看出，覆盖场馆的罩棚以多样的大跨钢结构作为支撑体系，往往形成一个完整的三维曲面，在这个连续的形体上没有普通建筑立面与屋顶的拼接，而是造成类似一种生物表皮的整合形态。并且，在强大的软件辅助设计下，曲面形态可以有多种选择，例如简单的几何曲线如圆、椭圆、超椭圆曲线，也可以是有某种规律的样条曲线，甚至是在曲率上不连续的多段线。各类物理要求或审美意义上的参数变量都成为这些曲面生成的依据，并通过模拟计算形成最为符合外观要求的连续界面。POPULOUS 公司的两个英超体育场设计运用了参数化设计方式，在其形态上都表现出不同程度的三维曲面。金属屋面及玻璃幕墙等常见的材料构成了整合罩棚，其造型结合结构及围护材料自然地构成了虚实对比的界面，曲面形态自然柔和，避免了悖于结构与空间合理性的夸张造型，体现出在参数化平台下的体育建筑形态设计，依然会在理性的建构逻辑中追求简约与优美（图 4.100）。

图 4.100 利用参数化设计所表现出的当代体育场曲面形态

并且，许多体育建筑设计的顶棚与墙体相互整合，在其庞大的轮廓上会自然地生成许多尺度巨大的表皮"组件"，设计者也往往在这些组件上进行充满寓意的形态创作，并以它们的构成逻辑来描述整个体育场的整合形态。因此对体育建筑形态的参数化设计也充分地运用了这个介于建筑整形和表皮单元之间的层面。例如，NBBJ 设计的我国杭州奥体中心的形态结合了当地地域文化，形似曼妙的莲花花瓣（图 4.101）。这些巨大而优美的"花瓣"作为罩篷从概念设计到施工图设计阶段的全过程都借助了参数化手段，无论是"花瓣"的数量控

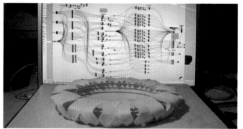

图 4.101 杭州奥体中心的参数化设计展示

制与形态处理，还是结构的选型和实现，或是表皮材料的研究到细部节点的控制。参数化设计的优化效果使得其设计构思最终得到了完善的实现。而参数化模型也成为体育场结构与构造设计的基础，并在几何生成、协同设计、信息管理等方面都起到了重要作用。

体育场的罩棚形态模型与看台模型以联动关系构建出成熟的支撑体系与外部形态。其中，对巨大"花瓣"的单元化形态设计成为对体育场整合形态中的最主要控制要素，设计者经过不断地数量调整和形态优化，减少了罩篷"花瓣"的繁琐种类。其罩篷由四种不同形态的花瓣单元组成，这些花瓣结合不同材料共同构成了优美的形态，在建立逻辑性和秩序性的同时也为结构构件及表皮的标准化提供了良好的设计基础（图 4.102）。体育场旁边的网球中心也运用了同样的参数化设计方法，塑造出了整个体育中心中元素相近但又变化的整体形象（图 4.103）。

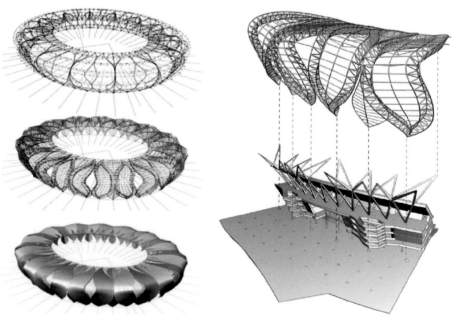

图 4.102 杭州奥体中心体育场的单元化"花瓣"形态

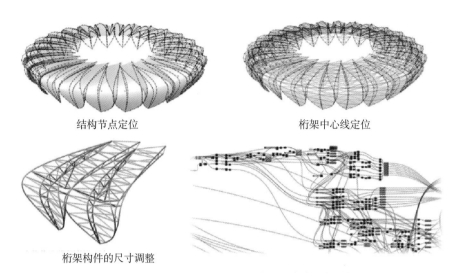

结构节点定位　　　　　　　　　　　桁架中心线定位

桁架构件的尺寸调整

图 4.103 由参数化生成的杭州奥体中心网球中心外部形态

二、参数化设计与体育建筑表皮

　　建筑形态的生成需要逻辑，同样，作为建筑中最能够被人们感受到的界面，建筑表皮的生成需要内在逻辑的支撑。没有逻辑支撑的建筑表皮设计是没有深度的。表皮的分割与联系在参数化平台下更富有关联性，不规则或非线性的建筑形体的表皮往往不能像传统建筑那样以正交方向连接到一起，就像自然状态下的皮

包或衣服外表，抑或是以非线性构成形态的模型，都表现出参数化建筑表皮的特征（图4.104）。以褶皱、折叠、嵌片等表现形式的单独或综合运用及表达，决定了统一的形态下的参数化设计表皮。

图 4.104 建筑表皮表现出褶皱等非线性表现形式

　　对于表面积庞大的体育建筑来说，一些建筑师将参数化设计依旧当作体育建筑设计的辅助者而不是决定者，参数化设计下的表皮形式应更为符合理性和构成逻辑，与整合形态一样避免混乱无序。在许多体育建筑的表皮形式上，建筑师将其表皮设计为

类似仿生"鳞片"或者有机构成的网格结构，这种表皮具有着自然生成的肌理特征，也使得建筑细部富有令人印象深刻的韵律变化，并将单元构件材料的可塑性及相互之间的拼贴关系发挥到了极致（图 4.105）。

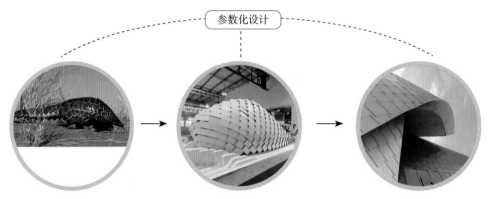

图 4.105 参数化设计下的体育建筑表皮形式类似仿生"鳞片"或网格结构

　　无论是仿生的叠加鳞片还是不断渐变的孔洞形态，参数化表皮设计的前提是对曲面结构的重构，重构的主要目的是对曲面进行细节上的优化。参数化表皮是一系列设计过程的集合，这些设计包括曲面网格的划分、曲面变化的规律、曲面单元模块的个体设计、单元模块与曲面网格的关系、单元模块与曲面变化规律的关系等，其所涉及的范围是从虚拟的曲面到具体的单元构造过程。网格的生成有

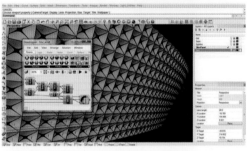

图 4.106 参数化设计精准地定义出体育建筑结构与表皮的关系

多种方式，例如根据建筑结构力学原理或者某一数学逻辑生成、或是仿生的肌理构成等等。在参数模型中调节某些主要参数，例如曲面网格密度的参数以及单元模块与表皮关系的参数，都会直接影响体育建筑表皮的整体效果。在许多体育建筑的表皮体系中，网格都是规则的方形，但网格限定出的单元形式却富于变化，使"变异单元"达到符合某种规律或韵律的统一。并且，网格的参数化设计可以使表皮进行形态与结构之间的关系寻找，能够更精准地定义出结构支撑体系与表皮部分的划分 [94]（图 4.106）。

表皮所依附的空间网格是首要定义的工作，网格定义了构件排列的组织关系，而表皮形式的建立也依附于体育建筑曲面形态的自身属性和特征，同时非线性的表皮单元也可以作为参数变量，在参数化设计中反推或调整出建筑的整体形态。参数化设计可以把体育建筑的三维曲面形态进行精准的细分与重构，并将其表皮的多样表现方式进行模拟与细化。这会使体育建筑的整体形态设计与更为细小的表皮单元设计直接地联系并相互影响着（图4.107）。体育建筑的曲面形态大量建立在椭圆等几何原型上，因此参数化表皮可以在两个并行的轨道上共同前进，一条是对三维曲面的分解与重构，另一条是对表皮单元形态的设计，并以二者定位信息的相互关系将它们进行联系。一旦这种定位关系确立，创建整体形态的表皮模型就像单独建立一个单元形态那样容易，每一个单元形态可以根据自己所处的位置发生形态上的有机调节或变形，以适应其所在的整体曲面环境[95]。这样的建筑表皮考虑到了体育建筑整体形态与表皮单元之间的尺度关系，并可以为表皮单元构件塑造与众不同的细节表现，往往像生物鳞片一样具有有机的渐变形态。

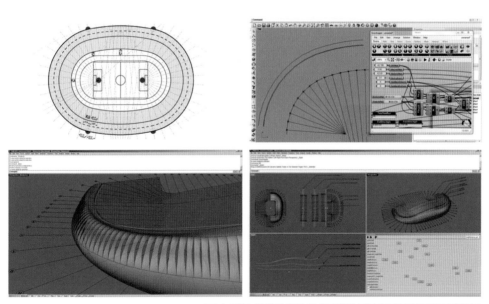

图4.107 参数化设计考虑到整体形态与表皮单元的尺度关系

并且，在许多体育建筑设计中，经常会出现将几个体育场馆进行群组一体化的设计，例如这个体育场与篮球馆及游泳馆通过一条长长的"飘带"而相互联系，这条"飘带"不仅包裹了建筑空间，也围合出虚实相间的界面。"飘带"被众多的菱形网格离散，菱形网格中由形成平面的菱形构成表皮单元，并根据人的

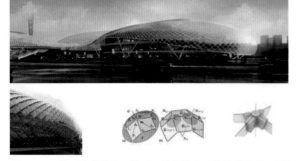

视线结合菱形片在曲面上的高度计算菱形片的旋转角，使得菱形片在视觉上更加生动与飘逸（图4.108）。这种网格体系所构成的表皮形式已经在大量体育建筑中出现，例如深圳湾体育场，同样也是以连续扭转的曲面网壳构成了庞大的"网格表皮"，

图4.108 菱形的表皮单元构成了这组体育建筑的整体"飘带"

在镂空单层网壳到实体屋面上参用了大中小孔洞的过渡方式，而每个孔洞的形态与尺度成为设计者利用参数化推敲的重点。设计者在孔洞形态上推敲了三角形、菱形、方形等多种形式，最终在参数化设计的帮助下确定了四边形倒圆角的形式，在整体上按照一定规律呈现尺度渐变的效果。整个体育中心的庞大表皮在这种统一规律的细节表现下，以阳光板、复合金属屋面板、单层铝板、玻璃等多种材料，较好地完成了防水、采光及形态的整体化设计（图4.109）。

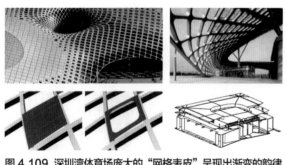

图4.109 深圳湾体育场庞大的"网格表皮"呈现出渐变的韵律

无疑，参数化设计对于体育建筑形态来说，能够成为一座座"流体雕塑"的强有力工具，但造价不菲的无谓空壳是会逐渐失去其价值的。若是人们能合理地运用参数化设计工具，既能促使体育建筑回归于理性与感性相统一的技艺结合，而避免追求技术炫耀所带来的形式扭曲、建造困难、材料浪费等诸多问题。利用参数化软件的强大功能，人们可以使得建筑表皮上的幕墙系统更为易于实现，无论是传统的石材、金属、玻璃幕墙还是新颖的塑料、膜材等，都能成为参数化设计中易于调配的元素，还可以避免幕墙单元的结构杆件发生扭转、使中心线共轴、简化节点设计等，最终使得体育建筑的表皮形态遵循生成逻辑和建造规则。如前文中所提到的白俄罗斯贝特足球场设计，其表皮上的仿生孔洞看似无序，但人们利用参数化设计，先使其表皮依附于规整的结构体系之上，再将金属板材按仿生概念有机划分，以并不昂贵的建造代价塑造出形态新颖的建筑形象（图4.110）。

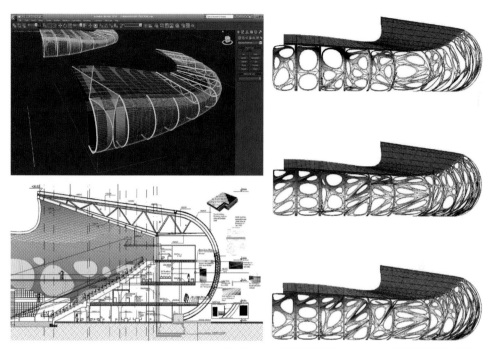

图 4.110 参数化设计为体育建筑异形形体之上的表皮搭建出生成逻辑

三、表皮材料的数控建造与优化

在参数化技术支持下，建筑表皮以显著的独立角色表达建筑的个性和内涵。但人们也应该清醒地认识到：即使是再新颖的造型或是惊艳的表皮，其形式的表达归根到底是材料的物质性体现，没有材料的物质性支撑只能是纸上谈兵和无米之炊。数字化建筑作为当代个性化建筑的代表，建筑表皮的非线性和复杂性更是要求高科技技术与材料作为支持，这就涉及新的材料工艺与建造手段等方面的发展。因此，人们对建筑表皮不应只停留在形式的分析与总结，更应从最基本的建构层面——材料的建造及优化方式进行探索与革新。随着数字建造的发展，传统材料以一种全新的几何形态加入到实体建造中，而工业制造、化工研究等跨学科专业也参加到新型材料的开发研究中来，人们创造出各种颠覆传统材料属性的建材，如半透明石材、曲面玻璃等。

与传统的建造模式相比，数字建造要求更先进的材料制作加工工艺和研发，设计者利用参数化软件进行材料构件的模型生成，将计算机中生成的数字建筑模型与数控机床联系起来，通过数字指令控制对建筑材料进行加工，从而得到复杂的形体构件，再通过精准的组装实现异形及不同质感的建筑表皮。其过程一般分为以下步骤（图 4.111）。

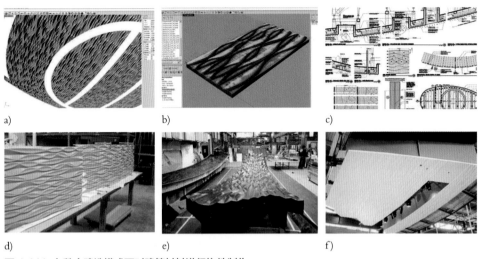

图 4.111 在数字建造模式下对建筑材料进行构件制作
a) 数字"找形"; b) 模型细化; c) 构造设计; d) 构件制作; e) 表皮加工; f) 固定成型

（1）人们通过数字化设计平台来建立数字模型，然后通过软件技术输入参数信息使得虚拟模型数据更科学更精准，从而来解决传统设计方法根本无法解决建筑设计"找形"问题。

（2）通过模块结构完成建筑外形表皮的分解，从而计算出表皮材料依附于钢结构安装挂点，并相应地得到精确的节点及构造。

（3）通过数控设备加工，即自动机械雕刻来完成，在数字仪器条件下精确定位模型造型。并通过模具对金属、木材、工程塑料、泡沫聚苯等人工合成材料进行切割、打磨、铣削，来实现建筑表皮的造型和精准拼接。

（4）建筑构件通过激光定位器、测量设备，甚至卫星定位技术的辅助作用，在施工现场精确地拼装起来，对可塑的黏性建筑材料通过浇铸、喷射等方法，在指定的位置上固定成型，通过钢龙骨等固定把参数化表皮塑造成型。

对于体育建筑设计来说，在任何情况下都应遵循"真实与诗意"的建造法则，这种理性思维与感性创意的结合使得体育建筑避免过于夸张与另类的形体及表皮。因而，参数化设计更倾向于帮建筑师建立形态上精准的几何逻辑生成，并在结构、剖面、构造等方面统一信息管理与参数调整。相对而言，参数化在表皮材料的数控建造方面得到了更为显著的体现，精准的数字软件与加工模具及技术成为体育建筑有力的外表塑型工具。数控建造使得材料成为最终建筑效果的活跃性元素，以大量富有个性和共性的异形构件塑造出建筑表皮的丰富效果，例如图中的这个小型训练馆，以最简单的钢结构搭建出规整的立方体骨架，再通过数控加工出的弧面金属构件构成富有韵律变化的表皮形态（图 4.112）。

228

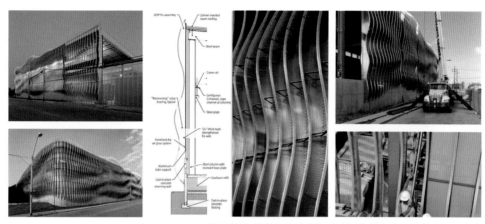

图 4.112 数控加工出的弧面金属构件构成了韵律变化的表皮

　　除去易加工的金属材料，大量先进的复合材料逐渐成为符合参数化曲面塑造的最佳素材。国内外的建材厂商也逐渐研发出符合参数化设计要求的材料，例如玻璃纤维加强石膏板（GRG）、玻璃纤维加强树脂板（GRP）等等，这些材料的可塑性与可靠强度使它们更适应于参数化设计下的三维曲面制作，具有便于脱模、表面更光滑、误差更小的特点，已经在一些当代公共建筑设计之中得到了成功的运用，例如巴黎香奈儿流动艺术展示馆永久性地坐落在了著名的阿拉伯艺术中心旁，其通过数码设计所形成的起伏曲面形体展示出现代雕塑般美感，而以新型合成塑料构成的光滑表皮并不昂贵，展示出时尚的现代气息（图 4.113）。

图 4.113 香奈儿移动展示馆的曲面形态

　　这类材料所构成表皮形式也在体量较小的体育建筑上逐渐展现，合成塑料材料表现出轻质、光滑、高强且易于建造与回收再利用的特质。荷兰的这座社区健身馆，其从设计到施工的过程体现出数控建造的特征，其钢结构体系通过计算，为曲面表皮提供了稳固的架构，而建筑内外部的装饰及表皮材料完全采用轻质的聚苯乙烯泡沫板和聚酯纤维建造完成，以合成材料包裹出了体育馆的完整形态，也达到了设计者在其内外部空间上所追求的统一效果（图4.114）。

图4.114 小型体育馆运用了大量轻质材料构成数控建造下的曲面形态

　　相对于小型体育建筑，类似奥运场馆等大型体育建筑耗材巨大，并且工种繁多、要求谨密，参数化设计对其功效更不仅仅限于异形形态及表皮的塑造，而是能够对这类庞大建筑物在结构、构造、设备等多个层面进行建筑信息模型（BIM）的全面设计。在表皮材料运用的方面，则明显地体现在两个方面：装饰构件的制作与表皮单元的整合，前者倾向于表现表皮材料制作出的装饰风格。例如在中东国家所兴建的这座体育场，其表皮形式希望展现出地域特征，而以往传统的手工制作很难满足其表皮装饰构件的庞大数量与精细程度，尤其表皮肌理是提炼于复杂的传统图案但又符合现代艺术形式，因而，设计者利用数码建造的方式，在体育建筑的穿孔金属板上塑造出了精致且富有地域文化特征的组合图案（图4.115）。

　　毋庸置疑，参数化设计下的表皮材料可以为体育建筑提供更为悦目的外衣。但本书认为，体育建筑材料运用的宗旨之一即是减少物质浪费和能源消耗。因此，从表皮材料迈向高效轻质及节能环保的发展趋势来看，无论是阳光板、玻璃、金属板材、集成木材或是先进复合塑料，大型体育建筑都尽量减少表皮单元的构件种类与数量。而参数化设计与数码建造可以更精准有效地为这些不同材料所组成的表皮单元提供了塑型与整合的可靠依据。并且，随着复合材料性能的不断提升，更多的新型合成材料被研发出来，而这些新的合成材料，从智能、环保、功能、人与自然等角度出发将更加满足非线性建筑的设计需求。

图 4.115　设计者通过数码建造在穿孔金属板上塑造出精致的组合图案

　　并且，数字化技术与材料资源和损耗有着密切的关系，尤其体育建筑用材量巨大，而参数化设计不仅能够进行材料单元的优化设计，并且能够有力地帮助制造厂商进行材料的试验和制造（图 4.116）。人们通过参数化设计中的编程、计算、模拟……还能对建筑材料物理性能进行探索，分析材料的受力情况，对保温隔热等物理性质判断，以致对材料选择上做出科学分析。这使得人们对体育建筑设计的材料运用不限于停留在单纯的视觉效果上，而是更注重对材料性能的综合评估，使体育建筑单纯的审美标准转变为对建筑艺术性和功能性的综合评判。

图 4.116　制造商利用参数化设计进行材料试验和制造

　　进而，在数字化技术影响下，建筑材料的形态与特性的变化使得建筑形式"无所不能"，但人们必须清晰地认识到，数码设计也易于陷入"数字化工具主义"的误区，过分地关注形式本身和表面化的新形式而创造新形式，造成如许多曲面古怪、造型夸张而设计简陋的建筑以"数字化建筑"自居，所以设计者们不能悖于体育建筑构筑的理性逻辑，应将参数化设计作为一种更有效的工具，充分结合材料的技术体系、建构工艺，乃至社会文化等方面进行思考与创造，使得参数化设计更体现于更具有控制力和高效性的工作流程，以适应体育建筑不断进化的功能和环境要求。

第四节　本　章　小　结

　　体育建筑以其丰富的形体与表象被人们所关注，而这种反应主要源于其围护界面的视觉效果。随着物理功能和情感因素的增加，单一的围护材料逐渐组织成为综合性的围护系统，对其设计不仅涉及建筑形态、空间界面、构造细部等多方面的物性对象，也紧密关联着社会、文化、地域等非物性因素，而材料作为表象特质与深刻内涵相互结合的构筑元素，能够成为人们进行多种创作意图的绝佳诠释语言。并且，建筑表皮作为人们最为直观的视觉接触者，已经在为体育建筑承担着更多的表达角色，对表皮的适应性运用可以为体育建筑的外观提供更为广泛的创作思路，例如表皮单元的组合设计为建筑形态建立了富有逻辑和韵律的整体秩序、参数化设计下的建筑形态与表皮展示出更加令人赞叹的外观效果、数控建造下的材料制作更为精准及优化……因此，当代体育建筑以具备自身细节的表皮材料来建构整体性的建筑形态，不仅使得材料的地位得到提升，也使体育建筑中材料运用的美学意义得到了升华。

第五章
面向全寿命周期的材料
节能节约化运用

体育建筑的发展虽然面临着种种困境，但是，只要人们以面向全寿命周期的可持续眼光去探究，这种理性思路的回归是可以指引它们与人们的生活在未来和谐共处的。

——POPULOUS 的体育建筑可持续设计理念

稳固的结构体系与丰富的围护表皮为体育建筑展现出健康的"骨骼"与悦目的"容颜"，各类结构和围护材料也成为体育建筑支撑空间与外形的物质基础。但人们也应更加理性地认识到，体育建筑在举行活动及赛事时扮演着光鲜的角色，成为世人瞩目的焦点所在。而当一场场精彩赛事结束，人们热情逐渐散去，失去人气与关注的体育建筑在空阔的环境中显得分外寥落甚至荒废。即使是很多得到赛后充分利用的场馆，也经常由于高额的运营及维护成本而面临着难以为继的困境，它们所产生的资源与能源消耗也对生态环境带来巨大的压力。这种情况迫使人们认识到：为了保证体育建筑具有持久生命力，其从"酝酿"到"问世"再到"成长"乃至"轮回"，不仅仅只依靠其坚固的结构体系与丰富的形态展示，还取决于建筑可持续发展理念的支撑与实现。因而，全寿命周期理念必定注入到今后体育建筑的设计策略之中。

第一节　面向全寿命周期的体育建筑设计

可持续建筑的理念就是追求降低环境负荷，与环境相接合。虽然可持续设计已经成为建筑设计中最为常见的理念名词，但遗憾的是，人们往往因为其内容的宏观与广泛，难以落实到具体的实施措施之中，甚至只是拿它作为表面的宣传口号。因此，设计者们必须为建筑的可持续设计寻找切实可行的实践切入点，而广义的建筑全寿命周期概念则涵盖了建筑的材料运用、项目决策、施工管理、成本控制等综合方面，对其成熟把握可以让人们从全面而整合的角度对建筑进行解析与掌控，并能将建筑的每个阶段以良性循环的方式相互衔接。如果设计者能以对生态环境负责的态度去认识建筑全寿命周期概念并加以实施，无疑将促使建筑的整个生命历程走向真实的可持续进程。对于工种多、寿命长的体育建筑来说，人们也需避免片面地追求其结构的先进和形态的耀目，而应从设计初始就以面向全寿命周期的态度为体育建筑注入可持续发展的良性"基因"。

一、建筑全寿命周期概念

建筑作为一种服务社会的产品，从能源和环境的角度，其寿命周期是指从材料与构件生产（包含原材料的开采）、规划与设计、建造与运输、运行与维护直到拆除与处理（废弃、再循环和再利用等）的全循环过程；而从使用功能的角度，是指从建筑交付使用后到其功能再也不能修复使用为止的阶段性过程，即建筑的使用（功能、自然）寿命周期。建筑物完整的全寿命周期包括了原料开采、工厂加工阶段、现场施工阶段、建筑使用阶段、建筑拆除阶段和废旧建材处置阶段等共六个阶段（图5.1）。

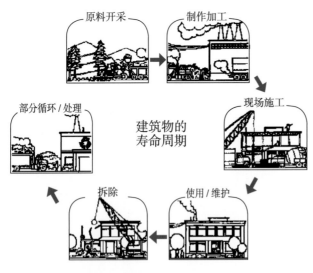

图 5.1　建筑物完整的寿命周期具有六个阶段

具体来看，对于建筑产品的寿命周期的研究和界定还可以分为物理寿命、功能寿命、法律寿命和经济寿命四种。建筑的经济寿命一般短于法律寿命；不考虑意外情况的前提下，由于科技的发展、施工质量、设计水平的提高，建筑物的物理寿命一般长于法律寿命，但是其具有不确定性；功能寿命受业主发展要求、技术更新速度、施工质量等影响，因此与物理寿命一样也具有不确定性。在建筑产品寿命周期一定的情况下，寿命周期阶段的不同划分会直接影响到成本界定和成本体系的建立。建筑产品全寿命周期的主要组成部分就是项目从构思到拆除的全寿命周期过程，主要可以分为项目决策阶段、项目实施阶段（包括设计和施工阶段）、项目运营（使用与维护、拆除）阶段三个阶段。

建筑全寿命周期概念的建立主要是为了更完善地研究建筑能耗，早在20世纪90年代初期，西方的一些学者便已经开始在其对建筑能耗的研究中引入寿命周期思想，对建筑的内含能量（Embodied Energy of Building）以及单体建筑整个生命周期的能量消耗状况进行研究，建立了较为统一的建筑寿命周期能耗评估模型[96]。作为耗能和污染大户，建筑业可持续发展势在必行，其中建筑设计理念首当其冲，决定着建筑与环境关系的基调。传统建筑学忽略了建筑系统作为一个次级系统依存于特定自然环境中，是生态系统中连续的能量和物质流动的一个环节和阶段。如果说这种传统建筑模式在以前尚能勉强维持的话，在当今地球资源日益枯竭之时已经面临着寸步难行的境地。

体育建筑的设计与建造虽然容易成为引人瞩目的焦点，但其日后却要经历相当长时间的使用、管理、维护与保养，大型体育建筑的使用年限更是往往达到百年以上。因此成熟的建筑设计不仅要考虑建设阶段的实际需要，还必须对长远运营过程的发展进行规划。同时，体育建筑具有着多方面的成长影响因素：结构选型、工程造价、施工质量、生态节能……但这些单项因素与整体效益之间往往会发生矛盾，而全局性设计与统筹的缺失更使得这些本应促进建筑健康成长的因素往往成为互相制约的障碍。而面向全寿命周期的建筑设计，恰好能以"预判模拟、整体统筹"的设计方式将建筑结构、经济、节能等多方面相统一，并将建筑全寿命周期中的不同阶段紧密联系。对于庞大且生命力本该强盛的体育建筑，对其的使用认识已经上升到了多个层面与不同阶段的叠加与耦合。以面向全寿命周期的视角进行体育建筑设计，必将重视体育建筑的整体发展与功效，为其健全的生命周期创造出良好的基础。

二、建筑材料的全寿命周期概念

对于建筑产品来说，其在全寿命周期中与环境不断地进行着能源与物料的交换，建筑材料和所有的产品一样，全部原材料都必须从制造过程向后追溯到生物圈。在建筑的寿命周期中，无论是自然资源的获取、施工建造的实施，还是建成成品的运用，都与建筑材料息息相关。这其中，节约材料和采用能耗小、污染少的环保建材成为今后建筑寿命周期中最为迫切的要求。同样，全部原材料也必须通过寿命周期中的包装、运输、使用、维修和处理等各个阶段。并且，建筑材料产品的资源开采、制备生产、使用和废弃过程伴随着大量资源、能源的消耗和各种污染物的排放，涉及多种原料、能源、副产品和废弃物的输入和输出。要完整地反映这一系列过程对生态环境的影响，以此判断建筑是否符合可持续设计，就需要人们利用全寿命周期评价体系对建筑材料进行评估。

目前，全寿命周期评价（Life Cycle Assessment，LCA）的定义为："产品在生产到使用结束的整个寿命周期中，输入、输出及潜在环境影响的汇集和评价。"它已经渗透到生产与消费的各个层面，包含产品生态设计、清洁生产、环境标志、绿色采购、资源管理、废弃物管理、产品环境政策等丰富的内容。随着建筑全寿命周期概念的深入，全寿命周期评价也逐渐为建筑的可持续发展提供了一套成熟的决策机制。这种从"摇篮"到"坟墓"的评价体系对建筑的节能与环保设计起到了很好的整合与规范作用，成为对建筑寿命周期过程中的环境性能进行综合评定的有力工具。

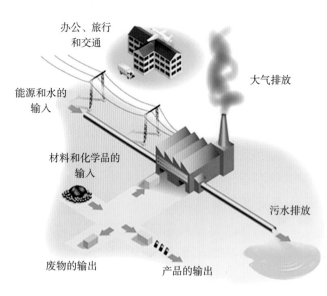

图 5.2 物质产品输出的同时也会对环境造成不利影响

在产品的全寿命周期中，原材料及能源等物质的输入直接决定着产品的输出质量，并且也对环境造成了废物输出、大气排放、污水排放等不利影响（图 5.2）。低碳时代的来临要求设计者们降低能源的消耗与碳排放，而这些良好的生态期盼的成立都需要依据在产品寿命周期在初始阶段所建立的良好机制。在建材方面，大部分建筑材料为骨料、水泥、黏土砖、木材、玻璃、钢材、石膏板等等，设计者不仅仅将这些材料看作是具象的物质元素，更注重以"体现能源"的方式对这些建筑材料生产和运输所消耗的能源进行统计，使得"为了生产一种特定产品必须从地球范围内某一存量中提取的初级能源总量"的概念深入人心，也使得材料全寿命周期的生态评估成为建筑可持续设计中的基本依据。

建筑材料的节能和环保特性也使得其构筑的建筑表现出适宜环境的可行性，从建筑迈向生态节能的必然趋势来看，今后的建筑选材与用材必须从材料的制造、使用、废弃直至再生利用的整个寿命周期考虑。人们应尽可能地采用与生态环境具有协调共存性，且对资源、能源消耗较少，再生资源利用率更高的新型材料，使用可高效循环的产品减少原材料用料的能源消耗及建筑垃圾的产生。因此，作为设计者，对建筑设计中的材料运用已经提升到了新的要求：不能仅满足于把握材料的物理性能和表象肌理，还需要了解各种建筑材料在其寿命周期中的全面特征，关注于材料在生产和运输、施工、建筑使用和拆除全寿命过程中对生态环境的影响。

三、面向全寿命周期的体育建筑材料运用

对于包括体育建筑在内的大型公共建筑，其从无到有、从存在到消解往往是一个巨大的物料转化过程，也对生态环境造成了巨大的影响。但若设计不当，这种影响也很有可能是消极的，例如建造材料及资源的过量消耗、运营高能耗、维护高成本、废物处理压力等都会给环境造成不良效应。因此，注重可持续性发展目标成为建筑设计中所应认真对待的内容和目标，在可持续建筑的全寿命周期中，从建筑策划、设计到材料采购、建筑配件制造以及施工，再到运营与再利用，每个阶段都应注入详尽并可行的可持续内容[97]（图5.3）。

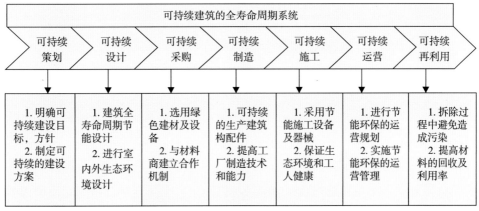

图5.3 可持续建筑的全寿命周期系统

体育建筑的全寿命周期概念也向人们展示了体育建筑从产生、运行到消亡的过程中对生态环境所负有的责任。体育建筑系统的全寿命周期概念给了设计者们重新审视体育建筑与其所处环境关系的崭新视角。在体育建筑中强调全寿命周期概念，将会以更为规范化的管理机制去促进体育建筑的健康成长。在构筑可持续体育建筑的体系结构中，物质材料的转化与全寿命周期同样成为其最主要的两个控制过程，将这两者进行统一是体育建筑迈向可持续之路的最合理途径。建筑材料作为建筑全寿命周期中的主要物质载体，其良好运用可以作为建筑在全寿命周期中健康成长的重要实现手段和健康保证。与整体建筑相比，个体材料相对微小，但正是它们共同构筑起了庞大的体育建筑。各类材料在自身全寿命周期中的特征深刻影响着体育建筑的质量与寿命。因而，面向全寿命周期的材料运用必定成为其体育建筑健康生成和运行的必由之路，两者可以达到真实的统一。

与大部分建筑类似，体育建筑的整个寿命周期同样包括原材料生产、规划设计、施工、运营、废弃等过程。同时，体育建筑也能够将全寿命周期评价作为其生态节能的主要评价体系，从而使得各种节能策略不再各自为战，也具备了更为长远的目标。包括体育建筑在内的传统大型公共建筑耗能巨大，但它们也成为今后绿色建筑的最佳创建对象。针对于建筑产品的共性和体育建筑的个性，体育建筑的全寿命周期主要具有以下几方面的特征。

（1）工程量巨大

体育建筑都需要创造符合赛事要求的大跨度空间，其结构材料及围护材料往往需求巨大，可以说体育建筑是除超高层建筑之外最为耗材的建筑类型。这对于建筑全寿命周期中的前两步——原料开采及加工制造来说，采用什么样的结构形式和围护体系就显得尤为重要，可以说，良好的设计在体育建筑的全寿命初期就能奠定出高效节约与环保生态的可持续基础。

（2）使用年限长

良好的材料选择和制作是一座体育建筑强健体魄的基础，而体育建筑在建造时的精益求精，以及建成后的健康运行成为其全生命周期中最为关键和长久的阶段。大型体育建筑的年限一般在50~100年，这就要求使用耐久性好的建筑材料，并且在建造阶段能够以精细的技术保证庞大数量的建筑构件稳固的组合与拼接，并能够保证易于更换，但这些材料构件等产品的质量所具有持久的生命力能够尽量减少在日后使用时的更换与消耗。

（3）可再利用价值高

当体育建筑完成自身的使命面临消解之时，完全可以继续再利用自身包括材料在内的各种产品。例如体育建筑的大跨结构保证了大量围护材料的简易安装与可拆解，而这些在建造之初选用的产品如果能够保证寿命依旧持久，这样就使得分解后的体育建筑能够在其全寿命周期中的后期阶段持续发挥其效能，完成对社会与环境的贡献。

显而易见，体育建筑身躯的健康与否紧密依靠于材料自身的支撑，无论是庞大的建筑，还是细微的材料，都会以人工产品的角色经历着从产生到消解的全寿命周期过程。以面向全寿命周期的视角去审视体育建筑的整个生命历程，能够更为全面地整合与统筹体育建筑在结构选型、形态塑造、生态节能等多方面的诉求，并将这种观念深入到材料运用的设计方法之中，使得体育建筑与材料运用这二者的关系更为整体与统一。在本文中，为了促使体育建筑具备健全的寿命周期，其材料运用可以总结为以下三个层面。

（1）材料的节能性

随着人们生态环保意识的加强，节能材料已经在建筑中得到广泛的应用，而节能建筑与全寿命周期的概念也已经不可割裂。从建筑节能减耗本质要求和发展趋势来看，具有建设高标准的体育建筑也必须运用具备节能效能的功能材料，并利用适宜的节能技术促使体育建筑在其身躯内具备良好的节能"基因"，保证体育建筑在其全寿命周期内能够得到健康运行。同时，设计者应重视避免一味地为技术和材料付出昂贵的成本与代价，使得体育建筑尽量运用适宜的建筑技术与地方性材料，减少技术成本和节能材料自身的制造代价。

（2）材料的可持续性

材料的可持续性使得材料的价值得到最大化的体现，作为耗费环境资源的物料，各种材料如果能够随着建筑的良好运行得到其功效的最大程度发挥，并且具备可转换再利用等功效，会将原有建筑的寿命周期和使用价值在别的构筑物上加以延续。对于大量耗能严重和经营困难的体育建筑来说，无疑是具有现实的可持续意义。

（3）材料的节约化

由于体育建筑的建造过程需要消耗大量的资源及材料，所以从更为广泛的可持续意义上来看，材料的节约化可以涉及各个种类材料的运用。对体育建筑建造本身进行精炼的材料运用，其本质即能为体育建筑达到最大程度上的节能减耗目标。并且精炼得体、简约精致的结构体系和围护表皮是体育建筑的发展趋势。从面向全寿命周期的角度来看，这种设计方式可以利用逐渐成熟的建筑信息模型（BIM）设计方法贯穿于材料运用的每个步骤之中。

从这三个层面来看，节能材料和技术的运用已经得到设计者们的广泛重视，并逐渐在大量体育场馆设计中得以实施。而无论是类似伦敦奥运会场馆建设中的"可拆除转换"理念，还是城市中某个社区健身馆的"低技"建造，都表现

图 5.4 体育建筑全寿命周期系统中的材料运用策略

出了从宏观到细节的可持续设计倾向。但在将材料节约化结合全寿命周期概念的总体设计思路来看，还有待进行耐心而细致的大量实践。所以本章首先分析具体的节能材料和技术，再研究符合可持续发展的材料选用方式，进而将材料的节约化趋向结合于集约高效的设计方法，最终将统一于面向全寿命周期的体育建筑材料运用策略之中（图5.4）。

第二节　体育建筑节能技术及材料的运用

　　著名体育建筑设计公司 COX 的设计者说过："每一天我们都在向大气中排放二氧化碳，所以我们都必须做点什么来努力挽救这个星球。最终，人们将会在绿色体育场馆、赛事以及赛后改建公共设施中感悟到，体育领域的绿色措施将会引领着一个历史性的变迁。"虽然体育建筑往往耗能耗材极为明显，但反之，如果体育建筑在其全寿命周期中的每个阶段都遵循了严格的可持续设计及节能要求，其良好的节能功效不仅能够保护人类的环境，更能以建筑的健康运行健全自身的寿命周期。从面向全寿命周期的角度来看，体育建筑可以有着丰富的形式，但却始终是一定环境特征下的人工产物。因而，节能设计从设计初始就为体育建筑表达出尊重环境的态度，这也使得每一座深处自身环境之中的体育建筑得以良好的生态回馈。运用适宜的节能技术和材料使体育建筑在其寿命周期初始就具备了充沛的"正能量"，能够长久地与环境良好共处或相互促进，也使得节能减耗的意义避免于先进技术和材料上的炫耀，而是上升到使建筑与环境双赢的设计层面。

一、体育建筑节能的技术措施

　　建筑节能设计与气候环境要素紧密联系，气候是人体舒适度感受的最直接来源。地球上各个地区巨大的气候差异，造成了不同地区建筑形式的巨大差异。

所以，建筑设计应充分注重研究地域气候、建筑形态以及人体生物感觉之间的关系，有的建筑师这样认定："有什么样的气候特征，就有什么样的建筑，建筑设计应该遵循"气候→生物（舒适）→技术（材料）→建筑"的过程。相对于不断进化的结构技术、审美观念、材料更新等因素，地域气候对体育建筑的产生是一种稳定的支撑条件和限定因素，将气候因素作为节能设计的原点，体现出尊重自然环境的生态化原则。体育建筑设计必须参考不同气候分区中的气候特点，在设计前严谨地将地域气候中的数据，如温度、湿度、日照强度、风向风力等气候数据作为建立体育建筑屋顶及围护系统的主要依据。

进而，体育建筑设计对气候的呼应可以从主动与被动两个方面进行，主动式节能包含了众多高科技含量的能源利用方式，也包括了可开合屋盖的空间变化、通风口的可控装置、动态遮阳等构件等方面的灵活设置。而"生物气候学设计理论的另一个重要主张是，提倡在设计中尽可能运用低能耗的被动式技术，与当地气候气象数据相结合，尽量利用气候中的有益要素，从而在降低传统能耗的同时，提高环境舒适质量。"[98] 因此，体育建筑更可以结合自身条件，利用成本不高的技术设备、材料构件进行"被动"的节能设计。其中，充分地利用自然通风与自然采光成为众多体育建筑的期盼所在，以"低技术＋地方材料"的适宜建造方式为更多地区的低成本体育建筑提供了符合自身经济条件的节能措施。并且，设计者应注重对太阳能这种唯一的可再生能源进行充分利用，使得体育建筑的节能技术更能体现低代价、高效率的生态化趋向，也使得自身在全寿命周期中避免"高技派"所带来的环境冲突。

1. 自然通风

体育建筑承载着运动的激情与活力，又聚集了大量的人群，在比赛中运动员和观众出汗是难免的，这时如果能够有自然的空气流通是最为舒适的。而当代体育建筑往往为了形态要求将大跨屋面与墙体进行整合设计，并且采用了不能适应地域气候的材料，使得内部空间过于封闭，让许多体育建筑在闷热的气候环境下成为令人们谈之色变的蒸笼。例如深圳龙岗大运会主会场虽然运用了聚碳酸酯板塑造出了晶莹通透的外部形态，但在南方夏季酷热的气候下，这些板材即使构成了完整的界面，而过于封闭的外壳使得体育场内外部通风极为不利，在使用中也得到了人们舒适度的不良反馈。而宝安体育场的"竹林"形式不仅让人联想到南方的植被特征，也利用自然的形态与合适的尺度很好地呼应了南方地区建筑对自然通风的要求（图5.5）。

显而易见，对于大体积和容量的体育建筑来说，自然通风是节约能耗的最佳

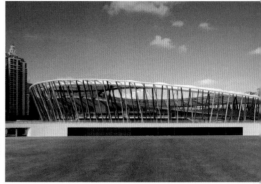

图 5.5 "水晶"与"竹林"的自然通风对比

方式之一。建筑上的自然通风可分两种类型：风力驱动通风和热压作用通风。两种类型的自然通风都是由于自然形成的气压差引起的。风力驱动通风是利用自然风力引起的气压差，而热压作用通风则利用气温和湿度上的差异引起的上升浮力所产生的压力。在许多公共建筑设计实践中，都能体现出对自然通风的节能运用。其中，建筑的形体空间与自然通风具有着耦合关系，设计者应当充分结合建筑所在地区的气候特征与风向条件，创造有利于自然通风的形态方案。设计者可以简单地利用剖面设计及空间构成，设置侧高窗或进出风口在出现频率高的风向方向，为自然通风留出顺畅的通道（图 5.6）。也可以利用 CFD（计算流体力学）等软件对建筑模型进行专业的气流研究，结合建筑的平面布局、立面形式、屋顶选型进行利于自然通风的形态优化设计。

　　大型体育建筑的形态较为整合，更可以结合构件的组合形式进行通风设计，还形成自身形态的韵律变化。在我国南方的广大沿海地区，夏热冬暖、潮湿闷热但自然风常年盛行，许多体育馆建筑也都将气候特征与形体设计相结合，例如广州医药大学体育馆的屋顶形态呈南低北高逐级跌落的形态，如此可有效增加建筑的南向

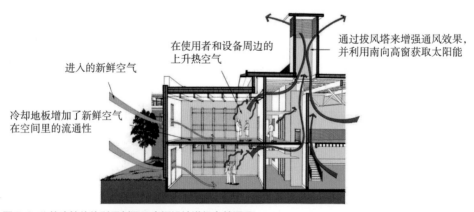

进入的新鲜空气

在使用者和设备周边的上升热空气

通过拔风塔来增强通风效果，并利用南向高窗获取太阳能

冷却地板增加了新鲜空气在空间里的流通性

图 5.6 公共建筑往往利用剖面及空间设计进行自然通风

进风面积，并可扩大建筑北向的负压区，强化正负风压区的对比，加强室内的自然通风（图 5.7）。在进出风口的选择方面，首先是利用南向叠级桁架形成错落的屋顶，布置侧向天窗，形成屋顶进风口，天窗可以用机械控制开启，将风引入室内；南立面的进风口为楼座下的通风百叶窗，可将东南风引入室内，同时东西立面的遮阳板分别向南旋转 30° 形成侧向进风口形成风翼形构造，构成侧向进风口可将东南风引入馆内。出风口在北立面的檐口下，出风口选择在倾斜屋顶的高端一侧，使热空气沿倾斜屋顶上升排出室外 [99]。这种在建筑形体上进行多角度、全方位的进出风口设计有效强化了体育馆室内自然通风，大量减少了对相关机房的依赖，从而降低了建造的运营成本，体现出体育建筑形态的更多实用功能和创作意图。

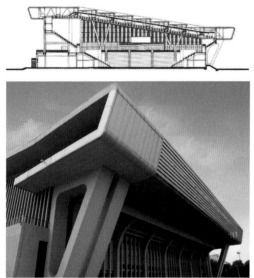

图 5.7 广州医药大学体育馆的形体设计充分考虑了自然通风

同时，人们也应注意到，自然风能够带来舒适的人体感受，但简单的开窗引入自然风又会对羽毛球等体育运动造成不利影响。因而对风的利用不仅可以在空中，在体育建筑的地下也可以发展地道通风系统。地道风降温是利用地道冷却空气，然后通过机械送风或诱导式通风系统送至地面上的建筑物，达到降温目的的一种专门技术。例如，中国药科大学体育活动中心在其馆下设计敷设了一条长 800m，截面宽 2.5m、高 2m，埋深 6m 的盘旋地下通风管道（图 5.8）。整套设施的运作首先通过其位于地表以上的送风口由若干风机进风，地表空气进入地下管道进行长距离运动，过程中充分与地下土壤进行热交换，从而达到在夏季使空气变冷，冬季使空气变热的效果。之后，经过预冷或预热的空气再经由 10 个均匀分布的出风口进入约 3 000m² 的馆内空间，最后由安装在高侧窗的若干风机排出。

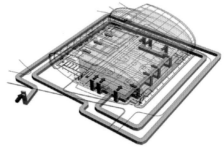

图 5.8 中国药科大学体育馆运用了相对低技术与低成本的地道通风系统

显而易见，这种系统相当于一台空气与土壤的热交换器，利用地层对自然界的冷、热能量的储存作用来降低建筑物的空调负荷，改善室内热环境。约可为馆内空间提供半小时一次的换风，在炎热的夏天可输送低于室外温度 4~5℃的气流，而在寒冷的冬天则可输送高于室外温度的气流，为运动员日常的训练提供较为舒适的空气流速和温度。这种地道通风虽然以专业设备的运用表现出主动的节能方式，但其运行成本相对于中央空调系统低很多，耗电量只有后者的大约 1/10，但能够带来很好的节能效果，因此也可以算作一种低技术、低能耗、低成本的节能模式。

2. 自然采光

光线一直是众多建筑师所青睐的塑造元素，而从能源角度来看，充沛的阳光是地球上最为无私的能源。无论是大型的比赛馆还是小型训练馆，自然光线比起自然通风而言更为易于被体育建筑利用，在体育馆引入自然的光线能够节省大量人工照明费用。而自然光线的引入与体育建筑的大跨屋顶形式的结合更为紧密，随着结构技术的不断发展，体育场馆的屋顶结构经历了从薄壳结构到悬索结构、活动屋盖和新型薄膜屋盖等新兴结构体系的变化，这些新型技术在提升大跨结构体系的同时，也不约而同地促进了自然光照的引入，显著地实现了体育建筑室内的大面积自然采光。

首先，当代体育建筑的结构骨骼越发精炼，这些结构就像原先哥特教堂的飞扶壁一样，将教堂从原先沉重的承重墙解放出来，在围护体系上提供了更多可引入光线的界面。各类结构体系为丰富的采光形式提供了稳固的支撑，使得体育馆可以在其大跨屋面和墙体上运用形式各样的"采光界面"。传统的采光天窗与侧高窗结合建筑形体，表现出竖向、侧向、锯齿型、圆形、弧形等等多样形式，并通过不同的技术与材料使得进入建筑室内的自然光线更为柔和，避免眩光。无论是常见的钢、木结构，还是时尚的膜结构或覆土建筑，大量体育建筑都通过自然光线的引入而光亮通透,为人们提供了心情愉悦的运动环境与场所。而在夜间,适宜的照明效果使得体育建筑的外观更从这些采光界面透发出迷人的光感,成为当代体育建筑外观中的重要表现特征(图 5.9)。并且,自然光照对屋面及墙面等

图 5.9 体育建筑利用丰富的形体和材料设计来引入柔和的自然光线

材料的要求更为细致,对于当代体育建筑,自然采光和通风不仅可以依靠外观上的传统开窗形式,还可以在围护结构的构造层次上进行精心设计,可以充分发挥采光面的材料与合理的构造措施,以材料与构造的透光、反光、折光、滤光等性质将自然光线进行更为人性化的合理利用,以此提高体育建筑自然采光的效率和质量。设计者可以通过在采光不同部位增设控光附加层或透光材料作为有效的技术措施。例如传统的体育馆经常设置采光带,并运用可透光的遮光板或折光棱镜等构件,对自然光线进行"优化重生",或者对传统玻璃材料进行加工改进使其更为符合室内光线的要求。例如,日本名古屋体育馆具有着 183.6m 跨度的穹顶结构,其穹顶中央区域大面积透光部位使用了两层不同的玻璃,外层的含铅锡玻璃可以吸收大量的太阳辐射,而内层的磨砂玻璃可以将直射光线变得均匀而柔和,从而避免了眩光(图 5.10)。

进而,随着材料技术的不断发展,

图 5.10 名古屋体育馆的穹顶运用了双层玻璃材料

柔和均质的自然光线不再仅从单一的玻璃中投射而来，先进的膜材、玻璃纤维布甚至光纤混凝土等透明或半透明材料都展示出对光线的"容纳"与"加工"，并凭借材料本身的轻盈均质逐渐替代了相对烦琐的采光构造，这些材料凭借良好的物理性能已经成为建筑围护结构的一部分，这也使得体育建筑更加巧妙地吸引与调节着自然光线。在当代体育建筑设计中，这种以材料与构造提升自然采光的设计方法往往融合于体育建筑的形体本身，其本身也成为建筑外观的一部分，趋于极简主义的简约风格中却包容着令人叹服的精致构造。

例如瑞士的这个小型体操训练馆，建筑师只是根据当地太阳入射角的位置，在墙体与屋面的结合处进行了局部的形态变形，但整个墙体运用了可以均质反射与投射光线的先进材料，使得屋顶、窗体与墙体在自然光线的柔和笼罩下融为一体，而在外观上成为一个以朦胧光感吸引人靠近的雕塑艺术品（图 5.11）。再如，德国 Ingostadt 城的一座综合训练馆，采用了"整体透明"的侧界面采光形式，构造特征是墙体中间夹层内的管状结构（图 5.12）。这座体育馆建筑为相邻的地方高中和当地体育俱乐部共同使用，建筑师本着降低日常费用的原则，在建筑墙体使用了管状结构的复合玻璃墙体。在太阳照射下，管状的复合玻璃墙体

图 5.11 柔和的漫反射光线使得建筑室内界面相互交融

可以将光线进行散射，从而避免直射光线引起的眩光问题。而且，在寒冷的季节，这种构造还有利于获得自然光带来的热能。

体育建筑对自然光线的运用也已经不再停留在传统的屏蔽或折射等方式，技术的发展使得人们可以利用各种巧妙的材料和设备，将合适的光线主动"容纳"到建筑之中。例如，作为现代建筑的采光方式——光导照明技术已经在不少体育馆建筑中得到了广泛运用。许多体育馆屋面下的结构杆件较多，如果用开天窗的方法采集自然光线，会在场地内产生阴影。而使用光导管，就可以很好地解决这个问题。采光天窗材料一般采用有机玻璃、聚碳酸酯材料热加工成型，照射面积大小及位置受光线入射角影响大，且易产生局部聚光现象。而光导照明的光导管以铝制材料为主，防火性能好。漫射器和采光罩为 PC 材料制作

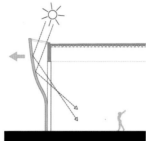

图 5.12 德国 Ingostadt 城综合训练馆的侧界面采光形式

而成,有着更好的物理性能。同时,光导照明的光线柔和,不受光线入射角影响,且照明面积大,不会产生局部聚光现象。因此,光导照明技术相对于传统的采光天窗有着多方面的优势,如表 5.1 及图 5.13 所示。

表 5.1 光导照明系统和传统采光天窗的性能对比

项　目	光导照明系统	传统采光天窗
光环境对比	光线均匀、无眩光现象、无频闪,且照射面大,不会产生局部聚光现象	照射面随光线的入射角度的改变而改变,照度分布不均匀,容易产生眩光
有效作用时间	较长,采光效率高,早上及傍晚也可解决照明	较短,因采光效率不高,早上及傍晚无法满足需求
安全及防火性能	防盗、受力大、隔热性能好、无漏电等安全隐患,光导管及漫射器防火性能为 B2 级	传统采光天窗的安全隐患较大,易破裂,尤其对于上人屋面,且漏水问题也尤为突出
使用寿命	光导管的使用寿命为 25 年,采光罩和漫射器使用 PC 材料制作,使用寿命可达 50 年	普通天窗仅为 5~10 年就需要维护更换
光效比	光导照明系统是传统天窗的 6~8 倍	普通天窗则需要光导照明系统采光面积 6~8 倍才能才达到相同亮度的光照
节能性	可节省白天 100% 的照明能源	节省白天部分的照明能源

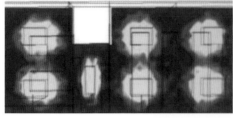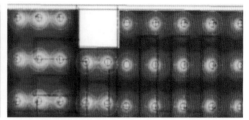

a)

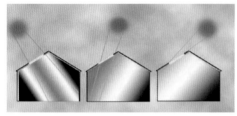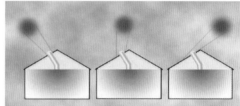

b)

图 5.13 传统天窗和光导照明的性能对比

a) 对自然光线投射角度的对比； b) 对室内照明均匀程度的对比

　　相对其他节能技术，光导照明技术的成本较低，其构件材料并不复杂和昂贵。设计者首先运用采光罩过滤紫外线，再将光线临时储存在光导管中。这些光导管的管壁内涂有折射率极高的材料，当阳光透过采光罩进入光导管，就会在管壁内产生多次折射进入室内。光导管穿过钢屋架连接到室内的漫射器，而漫射器的外形可保证光线均匀明亮而不刺眼地投入空间之中，为体育建筑提供了健康舒适的室内环境。这项节能技术对自然光线做到了充分的收集与利用，已经在北京科技大学体育馆、山东大学体育馆等多个体育建筑上得到了推广与运用，其自身对体育建筑的适宜性也使之具有着广阔的发展前景（图 5.14）。

图 5.14 体育建筑中的光导照明技术具有着广阔的发展前景

3.太阳能利用

可再生能源包括太阳能、风能、水能、生物能、地热能和海洋能等多种形式，是世界能源可持续发展战略的重要组成部分。实践证明，充分利用可再生资源、减少不可再生资源的使用是建筑生态节能的有效措施。今后的体育建筑应积极主动地利用太阳能、风能、地热等可再生能源。其中，对太阳能的利用已经是人们在体育场馆建设中所达成的共识，光伏建筑一体化与大型体育场馆的结合充分利用了大型公共建筑自身建筑体型的特点，不仅创造了经济效益，同时还对节能减排和推广绿色建筑具有示范意义。并且，新型种类的太阳能光伏单元已经能够融合于建筑表皮之中，并逐渐成为建材市场中的新生力量。因此，随着技术发展与成本降低，太阳能利用与建筑材料的运用结合得更为紧密。

根据光伏单元与建筑安装结合方式的不同，太阳能光伏单元在公共建筑中的应用可以分为两大类——BAPV 和 BIPV。BAPV 是附着于建筑物上的太阳

能光伏发电系统，也称为"安装型"太阳能建筑。这种方式是将光伏单元安装于建筑物上，不破坏或削弱原有建筑物的功能，投资较低，对屋面要求不高，对于体育建筑来说更适宜于旧体育场的更新改造。而 BIPV 是今后在大型公建上更为流行的一种设计方式，这种与建筑物形成紧密结合的太阳能光伏发电系统，也称"建材型"或"构件型"太阳能建筑[100]。人们可以将太阳能板"融入"建筑幕墙之中，并与建筑物同时设计与安装，光伏单元既具有发电功能也成为建筑外表皮的一部分，化身为功能扩展化的建筑构件和材料，达到与建筑物的完整结合，这种方式更适宜运用在新建体育建筑大面积的表皮上（图 5.15）。

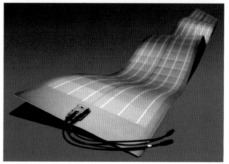

图 5.15 太阳能光伏单元的两种不同形式：BAPV 和 BIPV

目前 BIVP 的发展主要体现出光伏方阵与建筑物的集成，光伏组件是作为一种建筑材料的形式出现，如光电幕墙、光电屋顶等，不管是晶体硅电池组件还是薄膜硅电池组。电池片和玻璃片的合理组合是实现 BIPV 的前提和基础。目前典型的光伏玻璃组件结构主要是：钢化玻璃夹层结构（双玻夹层结构）和中空结构的组合（图 5.16）。人们将晶体硅电池片等光伏构造隐藏在这样的建

筑幕墙结构之中，使得光伏单元幕墙与建筑无间隙地融为一体，这样既可防阳光直射和雨水侵蚀，又不会影响建筑物的外观效果。

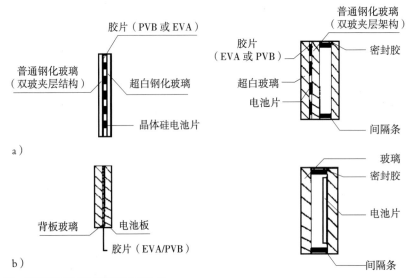

图5.16 典型的光伏玻璃组件的结构构成
a）晶体硅电池片；b）非晶硅薄膜电池片

体育建筑巨大的人流量、众多照明和空调设施使其成为使用节能技术的头号选择，也成为利用光伏太阳能设施进行主动节能设计的巨大试验场。例如在德国，随着 2006 年世界杯的成功举办，许多新建或改建的体育场都进行了光伏太阳能系统的利用。纽伦堡的易贷体育场也在其屋顶采用了 758 个 BAPV 太阳能模块，覆盖面积超过 1000m²，可提供 140kW·h 电量。凯泽斯劳滕球场也是 2006 年德国世界杯的球场之一，安装有由中国英利提供的 1MW 光伏组件，据称项目竣工后连续四个月的发电量均超出设计发电量的 30%。而 2011 年改造竣工的不来梅维悉足球场安装了目前世界体育场中规模最大的太阳能光伏发电系统，能够为当地生产每年高达 8.4MkW·h 的电力，多达 20 万套 BIPV 光伏组件不仅仅覆盖了全部屋面，也运用在了其南侧的墙面上，使得 BIVP 作为充满技术感的建筑表皮，展示出更为显著的围护体系角色（图 5.17）。

我国大型体育场馆设计也开始逐渐接受 BIPV 的设计理念，为 2008 年北京奥运会所设计的国家体育馆具有 100kW 并网光伏发电系统，其良好运行响应了"绿色奥运"的目标。前文所提过的台湾高雄"龙腾"体育场更利用光伏发电设施，成为了一座高效的地区发电厂。这座体育场每年可产生 114 万 kW·h 电量，相应地减少 660t 二氧化碳排放量。其产生的电能足以满足体育场的所有用电需求，并且余下电量还可输送给附近的电力公司。而且，由 8 844 块太阳能电池板构成的"龙腾"鳞片以组件的形式镶嵌在弧线编织的结构构架上，使得节能构件完全融入在优美动感的建筑形体中。

图 5.17 德国众多的体育场都在其顶棚与立面上采用了太阳能光伏系统

从这些成功实例可以看出，在未来的体育建筑中，太阳能光伏组件可以根据需要与传统的玻璃幕墙相结合，并与建筑形体及结构相互契合，同样可以形成新颖并实用的建筑表皮。并且，随着材料技术的发展，作为幕墙和采光顶面板的光伏组件不仅能够要满足光伏组件的性能要求，还可以更完善地满足建筑物围护体系中的密闭性、安全性、耐候性等要求，使其材料构件成为今后体育建筑形体塑造的主要元素之一。

体育建筑的节能不仅仅限于对太阳能的收集利用，其他节能技术如地源热泵、种植屋面等及其他措施也随着技术成本的降低，表现出了广阔的运用前景。综合而看，这些主动节能技术主要体现在冷暖交换、水资源利用、中央空调设计等几个主要方面，并且已经在节能技术的智能集成化方面进行着不断的高科技实践。然而，包括大量体育建筑在内的公共建筑，如果过于依靠各种技术与装备，自身更像是一个不断进行能量交换的"机器"，建筑自身并不像具备着对耗能的天生"免疫力"。因此，对于注重可持续性的全寿命周期理念来说，体育建筑首先应该重视于以适宜的技术对风、光、太阳能等自然"元素"进行充分利用，使其节能目标更具有针对性和可实施性。例如在英国的一座校园建筑，其建筑整体布局内包括了教室、会议室、体育馆等综合功能，建筑师并没有在其立面上采用华丽的表皮，而是根据夏季和冬季的日照角度，设置了可以调节的木质百叶，以最简单的遮阳设计进行光线的遮与引，横向的百叶与竖向木结构在立面上相互呼应，形式简约而富有木材料的亲切质感。而在这座看似简单的建筑屋顶之上，人们却可以发现通风口、太阳能板以及大量光导照明管的运用（图5.18）。可见，节能理念与技术也并非需要高昂的成本和先进的科技，人们完全可以以适宜的方式将各种节能的"基因"植入在体育建筑身体之中。

图5.18 公共建筑的节能设计应最大化地运用适宜成本的技术

二、体育建筑节能材料的运用

从上节中的实例可以看出，一些体育建筑所处的地区具有着良好的气候特征，这种得天独厚的环境优势无疑促使这些体育建筑更为注重对其运动场所的本质追求，其围护体系形式简洁，而又能有效地利用自然通风、采光等被动节能方式，避免于复杂或高成本的节能技术所带来的负面效应。但世界大量地区的建筑依旧会面对严寒、闷热、暴雨、狂风等不利的气候环境，因此为体育建筑本身肌体内加入具备节能功效的功能材料，也是健全体育建筑寿命周期的基础所在。

同时，节能技术与材料密不可分，节能技术也是将各种自然及人工材料优化组合，以它们为载体和导体收集或转化能源的一种方式。相对于附加于建筑身上的节能技术与措施，对建筑材料和构造自身的节能型改进会成为促使建筑本体在其寿命周期中节能的重要动源。如果体育场馆的本体构筑元素已经具备了节能的应对能力，就可以避免附加技术所带来的高额成本、设备损耗等负面效应。因此，节能型材料作为建筑材料发展中的重点对象也在体育建筑中得到了广泛的重视与运用。节能材料也通过在与环境不断对话中进行自我调节，通过新技术对材料本身的物理性能进行不断地改进，成为节能方案实施的重要支撑。

1. 围护结构中的节能材料

与人体对气候的适应度类似，体育建筑自身优良的节能"基因"源于其良好的"躯干肢体"和"皮肤组织"。首先体育建筑最主要的采光朝向与适当的外表面积会使其具备很大的节能先天优势，因此大部分体育场馆的体形力求方正，也尽量避免围护界面受到过多辐射。并且，在墙体、屋面这两个最为主要的围护界面，应该在保证日采光通风要求的条件下，适宜地控制窗户等采光面的面积。而无论是在外墙屋面等"实体"，还是大面积的玻璃幕墙等"虚面"，种类丰富的新型墙体材料以及中空玻璃都以"夹心饼干"的姿态出现，成为体育建筑中最为基础的节能材料。

建筑的围护结构包括屋顶、墙、地基、门窗、遮阳设施等，传统的围护结构主要包括外墙节能设计、屋面节能设计、门窗节能设计三个部分。其中，墙体材料在房屋建材中约占到70%左右，也成为室内外能量交换的最重要载体。因而，因地制宜地发展各种新型墙体材料，从而达到节能、保护耕地、利用工业废渣、促建筑技术发展的综合目的。加快轻质、高强、利废的新型墙体材料的发展与运用，能够高效地改善建筑物的使用功能和提升建筑性能，使包括体育场馆在内的各类建筑在可持续要求下具有更强的适应力和生命力。

就材料类型而言，新型外墙主要包括砖、块、板等，如黏土空心砖、掺废料的黏土砖、非黏土砖、建筑砌块、加气混凝土、轻质板材、复合板材等。其中加气混凝土是集承重和绝热为一体的多功能材料，根据目前国家的节能标准，唯有加气混凝土才能做到单一材料节能达标50%的要求，因此加气混凝土制品常作为节能墙体的首选。又如蒸压轻质加气混凝土板具有质轻、保温、隔热、防火等优良性能，应用于新结构体系如钢结构中，被认为是理想的围护结构材料。随着这种趋势的发展，在体育场馆中也常用于以上类型的外墙材料，主要有：

EPS 砌块、加气混凝土砌块、混凝土空心砌块、模网混凝土等等（图 5.19）。在这些新型墙体能够在保证体育建筑外墙高强与耐久性的前提下，还具有轻质、节能、保温、隔热、隔音等多种优良性能，并便于运输、组装方便、施工速度快，能够在有效减轻传统体育建筑自身负荷的同时，也为围护体系的节能奠定了最简单但可靠的物质基础。

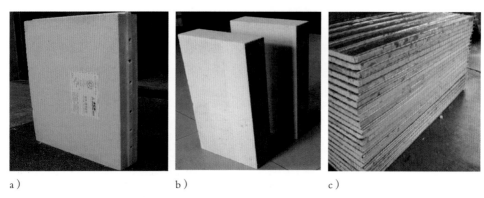

a ）   b ）   c ）

图 5.19 体育场馆建筑中常见的外墙材料要求具有综合性的良好性能
a ）EPS 砌块；b ）蒸压加气混凝土砌块；c ）模网保温复合板

对于体育建筑围护结构，其外墙的保温与隔热成为节能设计的重点。尤其在体育馆建筑中，其外墙一般是由墙体材料与保温材料复合构成，保温材料的选用上既要满足体育馆建筑对热工性能上的要求，又面临着环保节能的材料要求。外墙的传热在建筑物总体传热中占比例最大，因此外墙的保温技术是节能的重点。外墙保温技术的发展与节能材料的革新是密不可分的，建筑节能以发展新型节能建材为前提，必须以足够的保温隔热材料作基础。而节能材料的发展必须与外墙保温技术相结合，才能真正发挥其作用。因此，在大力推广外墙保温技术的同时，要加强新型节能材料的开发和利用。

近年来我国常用的外保温技术及材料主要包括：胶粉聚苯颗粒外保温、岩棉聚苯颗粒外保温、现浇混凝土模网复合保温、外表面喷涂泡沫聚氨酯和保温涂料等等。在现今的大多数体育建筑中，墙体保温材料往往需要结合保温、隔热、吸音的多方面要求。随着对大型公建保温材料防火性能的不断提高，新研制的保温材料如 EPS 板、XPS 板的防火性能也得到加强，其高效的防火性能与良好的节能效果相结合。而硬质聚氨酯保温材料（PU）的导热系数是目前所有保温材料中最低的，其添加阻燃剂后会变成一种难燃的自熄性材料，并且具有防潮、防水、耐高温的特性 [101]。随着复合墙体与复合墙板技术的不断发展，墙体与保温材料更加趋向一体化，例如聚氨酯复合板是由两层彩色涂层钢板或其他金属作面板，中间注入聚氨酯硬质泡沫复合而成，成为体育建筑理想的墙体保温材料（图 5.20）。同时，新型保温材料的综合性能也在不断提高和改进。例如 HIP 超薄真空绝热防火保温板，防火性能好、保温节能效果优异，其保温效果可达到常规聚苯板的 6~10 倍，挤塑板的 4~5 倍，聚氨酯的 3~5 倍，其他 A 级保温材料的 10 倍。相信在不久的将来，这种高新材料也会逐渐出现在大量体育建筑的身影上。

图 5.20 聚氨酯复合板可以成为体育建筑理想的墙体保温材料

为了降低热损失，设计者会在大型公建中结合日照朝向及建筑形体，谨慎运用大面积的玻璃材料，在夏季和过渡季有效控制或排除进入室内的太阳辐射热量，冬季合理利用太阳辐射热量。虽然体育建筑也同样应避免过多的采光面造成热量流失，但建筑师们为了消解体育建筑的庞大体量和创造通透的外观效果，或是为建筑空间提供良好的自然通风和自然光感，仍然会在体育建筑必要的围护区域如观众厅、休息厅等区域运用大面积的玻璃幕墙，一些小型体育建筑则更重视玻璃材料的透明性所带来的场所开放感受。而从整体性的节能策略来看，体育建筑中这些由玻璃材料所构成的大面积"虚面"，其节能效果相对于墙体"实面"更为有效。这就要求设计者要注意玻璃材料的传热系数和保温性能，也对玻璃材料的节能性能提出了更高的要求。

国内外研究并推广使用的节能玻璃，其热导率很低并具有优异的保温性能。对体育建筑"虚面"的节能性能影响最大的即是玻璃性能，目前，国内外研究并推广使用的节能玻璃主要有：中空玻璃、真空玻璃和镀膜玻璃等。中空玻璃在发达国家已经是新建住宅法定的节能玻璃，但我国中空玻璃的使用普及率还不到 1%，而真空玻璃能够比中空玻璃节电 16%~18%，在节能方面还要优于中空玻璃。常见的热反射镀膜（Low-E）玻璃对可见光保持较高的透过率而对红外场波段透过率几乎为零，可以增加玻璃表面间辐射换热的热阻而具有良好的

保温性能。Low-E 玻璃还有着较好的装饰效果，起到防眩、单面透视和提高舒适度的作用。许多体育场馆在其观众厅的外侧采用了 Low-E 双层中空玻璃窗，在建筑的内部空间和外部形态上都获得了良好的运用反馈（图5.21）。

图 5.21 体育建筑上的 Low-E 双层中空玻璃窗

　　同时，体育馆建筑围护结构中的门窗保温、隔热性能最差，也是建筑节能的薄弱环节。这些围护结构经常是体育建筑大面积表皮上的冷（热）桥所在，巨大的门窗框之间的接缝材料成为场馆热量流失的重点部位，设计者应尽量提高它们带来的正面效应而减少其负面效应。目前对于增加门窗阻热性和气密性的方法已有架设密封条、增加活动隔热层、使用新型窗框型材等相当成熟的技术。虽然人们选择的隔热材料都表现出比重轻、热导率低、保温性能好、耐腐蚀等特征，但必须根据地区的气候特征进行选择。例如PVC塑料冷脆性高、不耐高温、刚性差，在严寒和高温地区使用受到限制。而玻璃钢型材具有更多的性能优点：如气密性能好、热导率低、保温性能好，隔热性能范围广泛、耐寒热，因此，可以在将玻璃钢型材更多地运用较寒冷地区的体育建筑围护体系之中。

2. 材料构造的节能措施
构造设计的好坏不但关系到建筑建成后的实际效果，还直接影响到建筑热工性能的好坏。适宜的节能构造体系是建筑节能设计的重要组成部分，如何针对不同地域气候条件，选择在整个建筑全生命周期内能耗和污染物排放均较低的构造体系，需要综合考虑建筑材料的各项性能指标、构造成本以及地区适宜性。因而，由各类功能材料所组成的构造系统在体育馆节能设计中占有非常重要的地位，其必须针对于当地的气候条件，满足防水、隔热、保温、通风、抗冻等不同方面的功能要求。这也对保温等节能材料提出了更高的要求：不仅要求材料自身具有较好的节能性能，还需要具备能与其他材料相互配合的使用特征。例如辽宁朝阳大学体育馆位于我国典型的夏热冬冷地区，其外墙不仅仅要解决保温的功能，还面临着严寒的考验。设计者在体育馆 300mm 厚轻集料混凝土砌块的基层墙体上粘贴了 60mm 厚的膨胀聚苯板复合保温层，有效地降低了外墙传热系数，将其数值控制在国家规范要求内。为了防止在冬季冻裂，在保温层外层又设置了构造严密的抗裂防冻层。墙体最外层为了降低造价只运用了适宜的涂料进行饰面处理，严谨的构造层次有效提升了体育馆内环境的舒适度（图 5.22）。

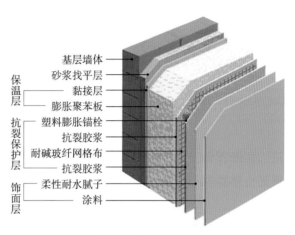

图 5.22 严谨的构造层次保证了节能效果

　　出于形态上的整体设计，当代体育建筑经常运用金属板材作为外墙材料，并将金属屋面和金属幕墙整体塑型。在这种整体设计的理念指导下，设计者往往通过与材料厂商进行讨论，对金属屋面及幕墙的节点及构造设计进行精心地深化与调整，使得体育馆方案中的防水、保温、吸音等构造层次结合内装修一次完成，同时也减少了附加吸声吊顶等方面的装修费用。例如，南京医科大学体育中心的围护墙面成为屋面的延伸。设计者采用了直立锁边金属屋面系统，其构造层次分别为 1.0mm 厚直立锁边铝镁锰合金屋面板、100mm 厚玻璃丝棉带单层铝箔防潮层、铝合金固定座带隔热垫、镀锌钢丝网、檩条、50mm 厚袋装玻璃丝棉、浅色打孔压型穿孔铝板。经过调整后的设计从屋面构造、材料性能及施工工艺上保证建筑物防水、抗风、保温、隔音、排水、防火等技术和功能要求。通过这些构造与材料的运用，这座体育馆的金属屋面传热系数为 0.3，完全满足了夏热冬冷地区围护结构传热系数和遮阳系数的限值表中规定[102]（图 5.23）。

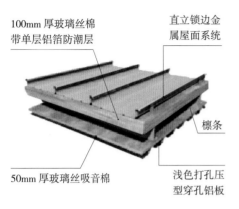

100mm厚玻璃丝棉带单层铝箔防潮层

直立锁边金属屋面系统

檩条

50mm厚玻璃丝吸音棉

浅色打孔压型穿孔铝板

构造层次及材料	导热系数 [W/(m·K)]	厚度 (m)	传热阻 (m² k/w)
金属屋面			
保温棉	0.042	0.100	2.38
金属檩条			
吸声棉	0.042	0.03	0.71
穿孔铝板			
空气层			0.15
合计			3.25
传热系数	0.3 [W/ (m²·k)]		

图5.23 南京医科大学体育中心的金属屋面构造层次及热工计算

随着大型体育建筑节能化标准的越发严格，设计者在体育建筑围护体系的材料和构造的运用上进行了越来越细致的考虑。例如，广州国际体育演艺中心具有着柔和流动的曲面外形，其围护材料随着建筑的形体延伸与旋转，不同材料的组合运用对建筑的热工性能起到了积极的影响。设计者在其墙体及屋面围护材料的运用上考虑得十分细致，通过对屋面及幕墙构造的合理设计，令拥有面积达34 000m²柔性屋面和17 000m²幕墙的场馆实现了节能目标。广州国际体育演艺中心运用了酚醛板、浅灰色TPO防水卷材、浅灰色阳极连续氧化铝板等一系列新型材料（图5.24）。并且，设计者通过在金属屋面及立面上采用热

图5.24 广州国际体育演艺中心运用了氧化铝板等围护材料

反射较高的氧化铝板＋玻璃幕墙的做法，既提高了建筑内部空间的隔热性能，也同时满足了这座现代体育馆对曲面形态的造型要求，使得围护材料的节能与塑型性能都得以充分发挥。其围护材料主要为：

（1）金属幕墙：银白色可反光氧化铝板＋保温隔热的100mm酚醛板。

（2）玻璃幕墙：铝合金 +8（钢化）Low-E 玻璃。

（3）柔性屋面：高分子防水卷材 +200mm 厚酚醛沫板 +120mm 超细玻璃棉。

（4）金属幕墙屋面：氧化铝板 +100mm 酚醛板。

进而，单一的墙体构造层次也已经不能完全满足众多的功能要求，对于体育建筑这样的大型公共建筑而言，除了围护外墙内的构造，设计者经常在其围护结构上以复合界面的形式来应对复杂的环境，这类广义上的构造措施既能开放有效的界面吸收自然环境中的有利条件，又能屏蔽有害的因素。类似双层屋面或幕墙的复合界面承担着内外环境的分隔和交流，这种外墙之外的构造措施，不仅为体育建筑产生了节能效应，也成为体育建筑表皮及形式表现的重要途径。

2008 年北京奥运射击馆采用了双层生态型呼吸式表皮系统，该幕墙系统由外循环式双层幕墙、辅助外部遮阳措施这些构造及智能控制系统组成，将建筑遮阳、通风、换气功能融为一体。幕墙包括双层玻璃幕墙形成的空腔换气层和遮阳百叶层两部分。在双层换气幕墙的上下两端，设置电动机械进风和排风装置。根据不同的季节与气候，开启或关闭相应的气口。在冬天，关闭所有进、出气口，双层幕墙中的空气可以收集太阳辐射热，从而提高内侧幕墙的表面温度，减少由于外墙表面传热和对内冷辐射带来的耗能；在夏天，打开双层幕墙上下两端的进出气口，从下进气口进入的空气，在双层幕墙内通过热量交换后从上出气口排出带走通道内的热量，降低内侧幕墙的外表面温度，从而大大减少了由于热传导而进入室内的热量，也为射击馆减少空调制冷的负荷（图 5.25）。

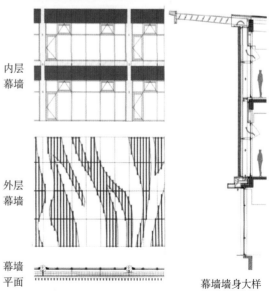

图 5.25 北京奥运射击馆的双层呼吸式幕墙

3. 节能材料的发展趋势

可以看出，体育建筑围护结构的材料种类及构造层次十分丰富，也为塑造体育建筑的节能本体提供了可靠的物质素材。但设计者同时需要从气候特征、外观形态、建造方式、成本造价以及构造性能多方面综合考虑，因此，今后建筑材料的发展趋势是复合、轻质、高强，节能材料也必定向着功能复合化和环境友好化的方向发展。一部分围护结构中的材料在越发趋向于以精简且先进的构造承担起建筑的节能目标，例如在建筑物的内外表面或外层结构的空气层中，采用高效热发射材料可将大部分红外射线反射回去，从而对建筑物起保温隔热作用。而在德国等发达国家已开展大规模运用具有透明保温水系统墙体技术的HTWD墙体以及真空隔热保温板（PIV）用于建筑节能[103]。此外，高效节能玻璃、硅气凝胶等等先进的新型节能材料同样也可以用在对保温要求高的体育馆建筑之上。

随着材料的技术发展与产业化开发，先进的保温材料也逐渐会成为解决体育馆建筑体系中节能与环保矛盾的关键措施之一。因而人们已经在致力于研制富有科技感的保温材料，例如以新型的纳米材料、复合绝热材料、甚至可以根据换环境温度而集热散热的相变材料，取代加气混凝土、膨胀珍珠岩等作为未来保温隔热材料的主要发展方向。例如，正在开发中的纳米孔超级绝热材料不但能够克服传统绝热材料潜在的环保问题，而且还具有超级绝热功能，即在常温和高温条件下其导热系数都低于"无对流空气"的导热系数（图5.26）。其常温导热系数为0.017W/（m·K），在500℃导热系数为0.035W/（m·K），是现有无机绝热材料的1/3至1/5[103]。纳米材料不但可以用于建筑保温，还能用于太阳能热水器和钢结构防火，将该材料用于太阳能热水器可使其集热效率提高1倍以上。随着新型材料的成本降低，如果将其广泛运用在体育建筑的大面积围护表层之上，则会对体育馆建筑工程中的太阳能利用方式产生更具前景的实践意义。

图5.26 纳米保温材料和纳米隔热材料已经得到广泛运用

同时，人们也应当清晰地认识到，虽然节能材料能为体育建筑带来显著的节能效果，但与先进的节能技术一样，过于复杂的材料构造也会带来相应的问题。虽然在虚实结合的围护界面中，大部分围护体系都具备了层次完整的构造系统，但这些层层相扣的建筑"外衣"同时也面临着易燃、易漏水以及难以维修等弊端，较多的材料搭配与构造组合也经常会在多变的外界环境下会造成顾此失彼的矛盾。随着体育建筑设计理念的发展，整个围护结构都表现出轻质、坚固、高效、甚至可拆解再利用等新的发展趋势，节能材料也能够与传统的围护甚至结构材料融为一体。材料性能的不断完善使得构造趋于精炼，有些体育建筑甚至摒弃了烦琐的构造系统，在适宜的气候条件下以最简单的材料表皮来应对室内外能量交换。例如，不断更新的轻巧膜材料就完全改变了以往沉重或烦琐的围护体系，使体育建筑更为精致简练。

正如专家所说，"在今后乃至相当长的一段时间内，今后体育场馆的节能步伐定将进一步加快。薄膜建筑是伴随着当代电子、机械和化工技术的发展而逐步发展的，是现代高科技在建筑领域中的体现。"所以，相对于相变材料、纳米材料等高科技材料的迅猛发展，薄膜材料同样以并不高昂的成本和优异的性能将会成为体育建筑节能材料的典范之一，薄膜技术在节能领域的进化，使其在体育建筑领域内能得到更广泛的应用。美国洛斯阿拉莫斯实验室的科学家们发明了一种新型的透明材料吸收太阳能，这种新的发明甚至有望在将来使整栋房子都可以利用太阳能发电。因此，天然材料和传统的建筑材料与技术逐渐会被保温隔热性能良好的高强轻质材料所取代。而薄膜材料更能以自身的优异性能在未来体育建筑节能材料的运用中占据重要的地位，膜材料的建筑应用计划在全世界都在加大推广力度，进一步强化了体育建筑领域的节能工作。

今后的充气膜结构所构成的围护材料，不分外墙和屋面，没有冷桥。外围护可采用单层膜、双层膜以及内部加挂保温层等等。根据不同用途可灵活设计。利用气承膜结构的高反射率、轻质保温材料以及全密封结构，气承膜结构比普通建筑节能 70% 以上。例如，美国著名的阿赛奇薄膜中的机械单元使用了先进的控制系统，具有高效、节能且安装简便的特点。并且采用了很好的热绝缘材料作为建筑的围护材料，同时加之气膜建筑特有的密闭性，使得采用这种薄膜材料及机械单元将体育场馆的整体能耗电量削减 75% 以上。膜材料体系还可以针对世界的不同市场，推出了可满足各种需求的产品。例如美国阿赛奇气膜的 BD-201 型就是专门针对寒冷地区开发的，其保温隔热性能可以达到美国节能标准中的 R-12 等级，通过相应型号的气充膜结构在美国阿拉斯加等寒冷地区的使用反馈，得到了当地用户的极高评价 [104]。

同时，在这种气膜体系中应用了最新的全热交换系统技术，在导入新鲜空气的同时，也排出室内污浊的空气，这样做不仅有效地增进了通风换气，而且还能减少排气时造成的能量损失。这种独特的节能技术目前逐渐已被运用在世界各地薄膜体育设施中，并得到了一致好评（图5.27）。

图 5.27 气承膜结构能够比普通建筑节能 70% 以上

  从这种膜结构的构造系统上来看，薄膜材料中的隔热保温系统将玻璃纤维保温棉填充外膜和内衬之间，大大降低冷暖空调的能耗，为业主节约了大量的运行成本，同时为用户提供最舒适的使用空间。例如，在以三层膜材料设计的"隔热内膜"保温隔热，通过增加隔热内膜，会在内外膜之间产生一个空气隔热层，隔热内膜可以使气膜制冷及采暖的能耗降低 50% 以上。并且，隔热系统所具备的材料性能也可以改变气膜建筑内部的声学效果，使建筑室内具有良好的吸音效果。

  因而，材料技术的发展使得体育建筑的围护结构完全可以以形式单一但性能先进的材料去适应外界的复杂环境，甚至能和外界主动地进行物质和能量的交流，达到对外界环境的动态适应。这也使得围护材料就像生物的皮肤一样可以提供各种生存必需的功能，同样也以主动适应的姿态保护了自然环境。并且，以这类先进膜材构筑的体育建筑可以以较低的成本进行功能或场地转换。相对于其他先进技术的成本耗费，这类材料在适应性、经济性、可持续利用性等综合方面上的价值体现无疑更加拓展了体育建筑健全的寿命周期。

第三节　体育建筑材料运用的可持续性

　　"大家总想修建宏大而昂贵的建筑，比赛时获得丰厚的门票收入。但是，我们应该仔细考虑，能否把比赛场地修建得恰如其分，在赛后仍能使用。"时任国际奥委会主席罗格说。但不幸的是，有许多体育建筑面临着尴尬的境地，例如在 2012 年 5 月，投资 8 亿元、使用寿命仅仅 9 年的沈阳绿岛体育中心被爆破拆除，这座曾被冠以"豪华、地标、最大"等字样的体育场，在投入使用后却由于利用率低下导致其维护成本不足，沦为一座巨大的仓库后依旧摆脱不了被拆除的命运，成为大量体育建筑在高成本与低利用率下艰难生存的缩影（图 5.28）。

图 5.28　仅使用 9 年的沈阳绿岛体育中心已经被拆除

　　显而易见，巨大的体育建筑一旦耸立在大地之上，就对当地的自然环境造成不可避免的影响，而建造材料及资源的过量消耗、运营高能耗、维护高成本、废物处理压力等等弊端都使得大量体育建筑举步维艰。这就要求人们能以更为全面的角度去审视体育建筑的生存问题，综合考虑体育建筑的设计、建造、维护、拆除及再利用等寿命周期中的各个方面。因而，除了节能技术与材料的模式化运用，人们也可以转换设计思路，将以往永久庞大的体育场馆作为一种"临时性"设施，使得它们在建造初始就能根据功能转换和运营策略而易于应对，甚至在其拆除后还能得到最大限度的再利用，这种可持续设计方法无疑将体育建筑固有的节能减耗措施提升为灵活的建造策略，也使得体育建筑的全寿命周期更为持久[105]。

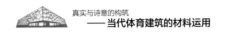

从物性构筑的角度来看，材料运用的可持续性坚定地支撑着体育建筑的可持续性。其中，原材料的开采与制造成为影响生态环境的重要阶段，而材料自身使用过程的优劣则决定着建筑生命历程的品质。因而，对材料的适宜选择可以在体育建筑设计之初就为其奠定良好的物质基础，而在材料使用与维护以及循环再利用方面的精益求精更使得材料运用得到完整的价值回馈，相应地也将体育建筑的全寿命周期概念将与可持续设计方法结合得更为紧密。

一、材料的选择与设计

对材料的选择与设计是构筑建筑的基础所在，优秀且适宜的材料选用首先就为建筑物的全寿命周期奠定了高品质的基调。人们在选择材料时应针对体育建筑具体的环境特征、规模类型与运营规划，全面综合比较，做到整体上性能优良耐用，以实现建筑的可持续设计。当代设计理念的发展使得材料选择不仅具备了坚固耐用等传统特征，建筑可拆解转换技术的发展也使得建筑材料更注重自身的适应性与可更换性。因此，对于体育建筑在内的大型公建而言，当以面向全寿命周期的态度去选用材料时，主要注重以下几点：

（1）地方材料

地方材料都以较好的热工性能和物理属性适应着本地的气候，以它们建造的建筑会像当地的植物一样，更好地融合于自然与环境。大部分地方材料也因其化学构成的有机性，利于材料的降解，可以再生利用和循环使用，从而减少建筑垃圾。并且，地方材料也是地方文化的物质载体，一个地区的物质材料往往是本地域人们在生活和生产中最为熟悉和具有亲切感的东西。庞大或精致的体育建筑运用地方材料，既可以使得材料的物性性能得以充分发挥，也能激发人们对于地域建筑文化的认同感。这样，体育建筑更能够表达出富有魅力的地域性特征，并在其全寿命周期的历程中承载了更为深刻的生存意义。

地方材料无疑更多地来源于自然元素，相对于钢筋水泥的千篇一律，循环使用具有典型地方特征的木材的理念正在得到推广。在林业发达的地区，人们以当地的丰盛木材作为体育建筑的建造材料，在保证场馆的健康身躯的同时，也表现出强烈的地域特色。例如，温哥华里士满奥林匹克速滑馆（Richmond Olympic Oval）是富有影响力的成功实践，作为一座符合奥林匹克运动会要求的世界级体育馆，其屋顶材料大部分来自被松树甲虫所杀死的当地林木，这些木材与钢结构架设出 100m 跨度的波浪型屋顶，并大量具有着钢木结合的精致节点（图 5.29）。部分木质结构可以移动，以便让人们在美好的自然景

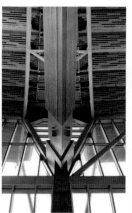

图 5.29 温哥华里士满奥林匹克速滑馆采用了大量的当地木材

观中欣赏比赛。在北欧、北美、日本等先进国家，人们制定了合理而严谨的林业体制和管理体制，例如只采伐树龄在 60 年左右的杉木，其材料的受力等性能最为良好，采伐后也不影响后期的人工造林，使得自然木材的生命价值得到充分体现。

同时，地方材料往往与"低技术"结合运用，许多体育建筑的最终目标就是为人们提供简单的运动场所，并不是每一座体育建筑个体都需要达到奥林匹克场馆的高标准，人们只是希望它们能以适宜的建造成本提供最具使用效率的运动场所。其固定规模的使用人群和运动类型也限定了体育建筑应具有适宜跨度，也不一定需要耗费高成本的大跨度建造技术。并且，新材料虽可能具有传统材料无可比拟的性能，但其建造及安装过程不一定成熟，而地方或传统材料通过重新挖掘往往可以达到化繁为简的建造效果，并在节约成本的经济要求下，大量地方材料的运用也能从设计的初始就体现出减少能耗的目标。因此，在体育建筑中，往往表现出对传统材料的重新挖掘，可以利用传统材料的自然属性，以最小的建造成本和代价来满足体育建筑返璞归真的构筑与围护要求。

"低技术"与地方材料的结合在不少发展中国家中体现得更为明显，如果一些传统的材料与建造技术被人们抛弃，盲目采用昂贵的进口材料，甚至是些不节能的材料产品，而最终得到的可能只是耗资巨大且难以维护的异国建筑。相比之下，许多发展中国家可以利用地方性材料结合适宜的"低技术"，以最经济的建造和材料成本构筑出符合当地气候和功能要求的公共建筑空间。例如，在印度尼西亚的某个岛屿上，设计者为当地的居民建成了完全由竹材所构成的体育馆、教室、餐厅等等公共建筑（图 5.30）。这些建筑的房顶及墙体框架结构均以竹子作为主要建造材料，以稳固的连接方式将垂直及斜向连接的竹条固

图 5.30 "低技术 + 地方材料"建造下的体育馆

定，并以竹板作为室内地板。竹材作为承重及围护材料的统一体，充分展现了其良好的力学和塑型性能，而"低技术"与地方材料的运用也使得这些貌似简单的建筑体现出了最真实的可持续设计理念。

（2）对自然消耗少的材料

不同的材料选择也表达出对自然界不同的索取和回馈态度。材料具有"蕴能量"（Fanbodied Energy），它最早由 Richard Stein 和 Diane Serber 于1979 年提出，其概念包括物质材料从原材料提炼到生产过程完成所消耗的能量，转化为建筑元素所消耗的能量和进行装配所消耗的能量的总和。而建筑系统由外到内的能量和物质材料交换量的多少决定了其可持续发展的前途，因此，"蕴能量"对建筑健全的全寿命周期有重大影响，如果人们在设计之初在材料选择上就重视于物质能量的输出、输入，材料就能成为建筑全寿命周期中是否可持续的关键因素。

目前建筑材料加工过程中主要能源输入为化石燃料，利用蕴能量可估计出建筑系统的能量输入，从而衡量出材料的经济性能。蕴能量的高低是由砖和石等初级材料到铝材和钢铁等精细材料成倍增长，大型的体育建筑往往依靠高强的钢材作为结构体系，其材料包含了巨大的蕴能量，但是也显示出其在成型过程中耗费了相应的大量资源。与高蕴能量相对的是较少的维护要求、高回收率和高循环利用率的环保型使用模式。同时，材料技术的发展，在广义上包含了各种基本物质，如高分子纳米材料在薄膜中的不断研发，其追求本质就是挖掘自然界中最高效的能量，并期望这种能量在产品的不同阶段都能够得到有效地转移。而充分发挥材料的可持续性在广义上就是一种有效利用能量的方式。因此，以遵循能量消耗的方式选择材料成为体育建筑具备健全寿命周期的基础。

建筑材料的生产能耗在建筑寿命周期能耗中所占比例很大，体育建筑的大跨屋面与看台往往需要用量庞大的钢材与混凝土，而这两者在生产制作时都是耗能的大户。同时建筑材料在从开采和生产地运往施工现场的过程中所消耗的能源和造成的污染也构成建筑材料含能的一部分。地方材料也可以体现出能量资源节约的巨大优势，具有地方特征的自然材料及当地建筑产品的使用，可避免生产、建筑运输过程中的能源消耗及污染，降低进行材料提取、加工、运输、建成建筑物过程中所造成的不可再生能源损耗。同时，对地方材料的运用也很容易继承原有的施工技术，找到合适的施工人员，就地取材可以缩短运输距离。

所以从长远角度考虑，采用先进的轻型环保材料与地方材料都可以大大降低能源的消耗。这两者虽然代表了先进与传统的运用方式，但却毫不对立，其运用宗旨都是为材料自身所减耗。前者以当代的集成木材、膜材、高强复合材料作为代表，则在能够满足结构及功能要求的同时，更具备了节能环保的生态优势，在自身的制造阶段减少了对自然的资源消耗，逐渐在更多的体育建筑上得到了广泛应用。而直接从自然中获得的地方材料具有着人工材料无可比拟的原生性，在适宜的技术加工下，能够为建筑材料减少大量的能源消耗。

（3）使用寿命长的材料

体育建筑往往具有着长久的使用年限，而正是微观材料的耐久性支撑着宏观体育建筑的整体寿命。材料个体的短寿不仅使建筑物难以达到"高寿"，也会引发资源和能量的浪费。例如，在建筑物上经常会出现保温材料与建筑物寿命的"不同步"。在建筑物存续的 50 年或 70 年间，至少要做 2~3 次外墙保温，使得原本保温材料的节能效果却由于建筑的施工与维护成本的不断加大而大打折扣。

如果材料或构件的使用寿命较短，在建筑完成它的使命之前，这些材料和构件可能需要替换或维护。而在较短的周期内对身形庞大的体育建筑进行材料与构件的维护会耗费大量的物力与财力，并且经常会对原有的结构及形态体型造成不良影响。体育建筑一般都处于比较空阔的场地之内，结构及围护构件受外界气候的影响十分明显，暴雨、狂风、冰冻甚至雷电等各种恶劣气候都会不时地侵蚀着体育建筑的躯体，而当有比赛时，其室内外墙体和地面又会经历大量人群使用的"磨炼"，一些场馆在设计初始对更换材料考虑不周，局部材料遭到损害后却面临着牵一发而动全身的维修尴尬，因而大部分结构及围护材料都需要具备良好的耐久性，一些容易磨损和受机械损伤的室内材料和构件也要求有较长的使用寿命，材料的耐久性也为延长体育建筑的寿命周期奠定了最坚实的物质基础，从最基本的物理性能上将材料与体育建筑的全寿命周期相统一（图 5.31）。

图 5.31 经受大量"磨炼"的体育建筑要求其材料具有良好的耐久性

（4）易施工及可转换的材料

"在建造奥运场馆的过程中，我们拆除了很多建筑，但这些被拆除的建筑，95%以上得到了重新使用。"据伦敦奥运会筹建局可持续发展部负责人理查德·杰克逊介绍，"我们尽量使用轻质材料以减少碳排放，比如主场馆'伦敦碗'属锁网状轻质建筑结构，这种设计可以节约300t钢材。我们在建造时尽量使用铆钉，而不是钢筋水泥，以方便场馆的拆卸回收。我们甚至与下一届奥运会举办地巴西里约热内卢联系，问问他们是否需要这些拆除材料。"[106]

显而易见，这种可持续的设计理念将体育建筑建造中的"材料设计"体现得更为明显，例如在今后的大型奥运场馆建设中，设计者通过强大的计算软件和制造技术，使材料被设计为更为精准的装配构件。体育建筑庞大身躯上的众多构件倾向于"建造→分解→打包→搬运→再组装"的回收利用模式。设计者们努力使得未来的体育场馆灵活地"拼装"而不是机械地"焊接"在一起，并保证建筑材料在不同国家和气候条件下依然作用良好和如何让配件更适宜运输。这种回收模式可以减少大量的经济成本和材料浪费，并能促使那些并不富裕的国家也能申办奥运会，一些经济发展中的城市可以以较小的代价来获得奥运场馆的建设设施及可再利用材料。"伦敦碗"的构筑形式与其可持续运营模式更为匹配，对比而言，鸟巢的近 9 万个永久座位，填充了其庞大的空间容积，但这些难以改变的设施也正是体育建筑维护的沉重负担所在，而"伦敦碗"在设计之初就设定好了奥运之后的运营方案，其下沉式碗状的建筑围护体系大部分及看台、座席都可以拆卸，使得体育场的永久座位能从 8 万个降至 2.5 万个，三家英超俱乐部都在抢购着其经营权，使得体育场在未来的运营及维护成本大大降低。

同时，这种临建型的体育建筑并不简陋，其材料构件所构筑出空间完全能够达到奥运赛事的硬件要求。伦敦奥运会篮球馆外形为正方形，边长 115m，高 35m，只比北京五棵松篮球馆略小，其内部空间同样华丽并适用（图 5.32）。这座篮球馆的结构全部由临时性钢架结构建成，而表皮运用了并不昂贵的 PVC 膜材，并在灯光效果下展示出材质整合又富有韵律变化的表皮形态。而这些材料计划在奥运会后拆除搬到其他地方使用。其临时座椅的材料多为新型环保塑料，从生产到回收不再具有污染性。因而，在今后的体育建筑设计中，场馆"回收"的模式极大地降低了体育建筑材料与设施在其全寿命周期中的维护成本，大量可转化设施可以进化为可再利用设施，其持久和灵活的运用方式更为符合今后的体育建筑可持续实践。

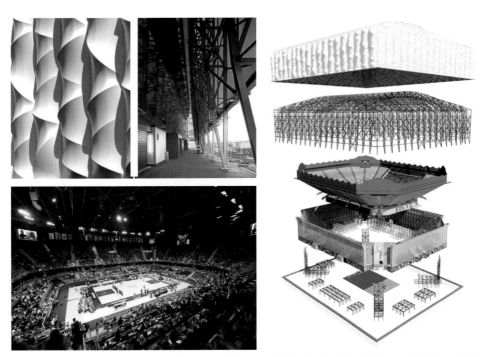

图 5.32 伦敦奥运会篮球馆设计与建造充分体现了可持续的材料运用

总结而言，易施工和可转化将会成为体育建筑材料选用的主要趋向，体育建筑不应沉迷于追求恒久的形象和难以改变的结构，大量实例证明这反而会成为沉重的负担。而一座易于改造的建筑才会拥有更长的使用寿命和更高的使用效益。建筑师在设计中应充分预见到体育建筑改造和设备更换的可能性，采取适应性改变、灵活性设计等策略，预留开放端口，以提高整体资源利用率，动态适应变化的社会生活。随着伦敦奥运会的众多场馆在可拆解再利用方面的不断实践，其建筑上的众多材料与构件可以分解并在异地重组，继续发挥体育建筑的最大利用率，使得大型体育建筑的全寿命周期也出现了更广阔意义上的延伸。而针对一些小型或简易型的体育建筑，也可以完全根据场地转移和功能置换来进行灵活的"材料设计"，人们对一些基本建筑部品进行尺寸、材料方面的通用设计，增强不同建筑同类部品相互替换的适应性，提高建筑材料的使用效率，从"易建造、可延续"的材料特征来拓展体育建筑的全寿命周期（图5.33）。

图 5.33 灵活的"材料设计"延长了体育建筑的全寿命周期

　　同时，在这种体育建筑类似"量化式生产"的模式中，必须坚持材料选用的适宜性，因为先进技术不等于经济，新材料不一定坚固耐用，有些新材料却使造价大幅上升甚至成倍增加。所以，综合气候环境、结构选型、施工造价多方面的因素，适宜的技术和材料才是体育建筑建设的追求目标，适宜材料的选择也使得体育建筑能够正视自己对外界的索取和贡献之间的平衡关系，尽可能在自身全寿命周期中发挥材料的最大效能。

二、材料的运用及维护

　　材料一旦转化成为建筑构件，就开始在貌似平静的状态下"运转"起来，即使建筑还没有承载人的活动，建筑物身躯上的每个构件也开始真正发挥其作用，反映出材料运用在建筑生命历程中的真实功效。同时，不仅仅大量建筑材料会遭到自然环境和人为活动的双重考验，整个建筑中的制冷、取暖、照明、用水等设备也都需要运转起来，这些也同样涉及各类设备及工程材料的运用。而对于材料产品来说，其自身使用和维护是价值体现的最重要阶段，也成为保证建筑具有健全寿命周期的最稳固保障。作为系统化的概念，材料的运用可以分为三个阶段：首先，对物质材料自身优异性能的挖掘使得建筑物具有良好的成长基因；再者，对材料的组装、拼接、施工等方面的运用过程直接关联着建筑物整体质量的好坏；进而，对材料构件的合理维护和保养能够有效地延长建筑物的寿命。综合而言，正是设计者、建造者、使用者以及管理者对这些阶段的适度使用与精心呵护构成了建筑具备健全寿命周期的物性基础。

体育建筑体系庞大，用材广泛，各种材料的良好"运行"状态一起构筑起了体育建筑全寿命周期中最为持久的阶段，以最努力的姿态为体育建筑支撑起塑造运动空间和场所的本质要求，那些具有可开合屋面等先进技术的体育建筑，其大跨屋面上的材料构件更面临着更为复杂的物理环境的考验。综合而言，当代体育建筑的建造方式表现出一种源自材料自身特质以及相关联的工艺方法，原先围护、结构、节能等厚重的传统材料逐渐被轻质的高强材料组合所替代，或者表现以"低技术"和地方材料结合的适宜姿态。这就要求设计者充分认识和把握材料在其全寿命周期中的性能表现和变化，例如一些建筑师就利用耐候钢的表层衰变表达出建筑的时间历程。因此，无论是传统的混凝土、还是先进的复合工程材料，人们应加载以能充分发挥其性能优势的运用方法，最终使得体育建筑的整个系统更为强大与健康，在其全寿命周期内达到综合性能最优化。

在材料的运用过程中，不可避免地会造成建筑构件的损耗。对建筑物的持久使用过程也要求设计者们充分考虑到在建筑的全寿命周期中所可能面对的种种问题，例如室内整修、立面翻新、节能改造等等问题。例如，在体育建筑的扩改建设计中，经常会改变内部布局和增加新的设备和系统，并在维护过程更换建筑中的某些组件。北京亚运会的主体育馆就通过更换屋面材料、增加新型保温材料等更新措施解决了屋顶隔音和墙体保温等问题的困扰，使得已经显得衰落的旧场馆获得了新生。因而，对建筑寿命周期的维护阶段进行细致的研究，可以更好地理解建筑全寿命周期中各个相关方面之间的关系。

在体育建筑中，对结构材料的维护更多地体现在对结构构件的加固与对结构材料的性能养护，例如，必须利用防火材料对体育建筑钢结构进行防腐处理，使得钢结构的抗腐蚀能力明显提高。对于大面积围护材料的维护，主要体现在两个方面：

（1）应严格遵守对材料构件必要的保养与更换。

（2）对材料自清洁等新性能的发掘和运用。

例如，体育建筑围护体系中往往运用大面积的玻璃幕墙，其经常遭受恶劣天气的侵蚀，必须严格按照《玻璃幕墙工程技术规范》和承包商应向业主提供的《幕墙使用维护说明书》进行定期的检查与维护。再如，保持幕墙表面整洁，避免锐器及腐蚀性气体和液体与其表面接触；发现密封胶或密封胶条脱落或损坏时，应及时进行修补与更换；发现幕墙构件锈蚀时，应及时除锈或采取其他防锈措施；发现幕墙构件或附件的螺栓、螺钉松动或锈蚀时，应及时更换。这些缘于细节的维护措施使得人们以较小的代价换来更多的材料节约，也保证了体育建筑在其全寿命周期中的历久弥新。

另外，随着材料技术的发展，对一些材料维护的繁琐程序也逐渐被一些材料的高性能所自我替代。例如，大量自清洁材料的出现，就可以为体积庞大的体育建筑带来能够自我清洁甚至修复的构筑元素，节省了大量维护成本和人力资源。再如，ETFE 材料就具有着自清洁性能，水滴在材料表面滚动能够带走附着在表面的灰尘等污染物，从而使表面具有自洁性；同时低的表面自由能可以减少污染物在表面的附着，减少清洗的次数。其性能主要来自材料自身的疏水性，并能根据材料表层的疏密度和自由度进行调节。在实际运用中以特有的抗黏着表面表现出良好的自洁性，通常经历雨水后即可以主动清除污垢，并具有去湿、防雾、易于清洗的特点（图 5.34）。因此，材料的"自维护"本领也使得体育建筑在其全寿命周期中的维护阶段具有了更为广泛的实现途径。

图 5.34 ETFE 薄膜等材料为体育建筑提供了"自维护和自清洁"等本领

三、材料循环再利用

建筑业是产生废料的大户，同时也是可以应用建筑废料再生资源的重要行业。对建筑废料的回收、循环再造和再用可以提高资源和能源的利用效率，延长建筑材料的寿命周期，同时降低建筑材料的寿命周期成本，进而可以优化建筑项目的全寿命周期成本。用建筑材料全寿命周期的观点看，考虑材料的可再生性，在全寿命周期内做到节约能源或回收建材产品，从减少能源浪费量建设与可持续材料的重构同样是节约资源和能源的重要方式。设计师参与指导建筑由拆除变为拆解，获得所需旧物元素，采用个性化设计手法将适量旧材料融入新建筑。在拆解旧有建筑时，往往会产生大量的废弃建筑材料及建筑残骸。而 80% 以上建筑垃圾是废混凝土、废砖、废砂浆等，完全可以循环利用，成为建筑业的第二资源。发达国家建筑垃圾资源化的利用率已达 60%~90%[107]。并且，建筑垃圾不同于生活垃圾和工业垃圾，无须经过复杂的处理过程就可资源化利用。

人们从地球提取材料，通过制作产品建造使用，最终可以以多样的形式使材料得到新生：第一，材料再使用（reuse）。这种方式指以其原来形式无须再加工就能再次使用的材料，其来源主要是从旧建筑中拆卸下来的木地板、木板材、木制品、混凝土预制构件、铁器、装饰灯具、砌块、砖石、钢材、保温材料等。可对以上材料进行分类处理，用于制作建筑构配件。第二，材料再更新使用（renewable）。指材料受到损坏但经加工处理后可作为原料循环再利用的过程，如生活垃圾和建筑废弃物的利用，通过物理或化学的方法解体，做成其他建筑产品。第三，材料再循环利用（recycle）。这类材料最大的特征就是可进行无害化的自行解体，从自然中来，最后回归自然，包括了原生材料和二次加工材料（图 5.35）。

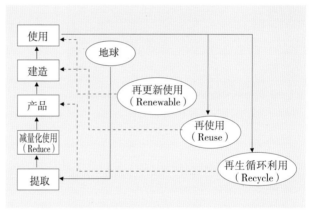

图 5.35 建筑材料在其寿命周期中能够得到多种形式的再利用

其实，对于体育建筑，大量等级不高的体育场馆只需要利用简单的材料，以"粗糙皮肤"来满足人们的功能要求，例如裸露的看台和简易的顶棚，而对于体育建筑，这些区域的围护材料所占据的面积一般都远远大于常规的住宅或公共建筑，因此，新型材料与技术不一定能够得到非常迅速的应用，就算被采纳，在经济造价上也很有可能并不合理。如果人们可以将当地的可拆解材料进行再利用，无论是对于原有建筑，还是新的体育建筑，这种材料再生的生态型实践都是一种对材料和环境的尊重。因此，随着技术发展，今后体育场馆的大面积看台，其混凝土材料完全可以由废弃建筑上的再生混凝土材料构成。

不断更新的体育建筑设计理念也使得材料运用更为精炼高效。一座体育建筑即使是因废弃而倒下，其庞大的身躯上仍旧有着很多可以再利用的地方。随着当代废物及垃圾处理技术的发展，对体育建筑废弃材料及垃圾可以采用分类回收及无害化解体处理。例如，由废纸板可制成保温材料和底衬、由废弃塑料可制成管子和地毯、废电池回收处理可回收大量金属等等。

　　并且，毫无保留地拆除也割裂了许多体育建筑所记录的伟大体育历史。例如，为了满足未来赛事的需要，位于意大利都灵的旧阿尔卑球场在 2010 年被改建，取而代之的是更为现代化的新阿尔卑球场。为了保护球场周边的原有环境，工作人员尽最大的努力尽量减少对于周边设施和人群生活的影响，并在旧球场的拆除过程中进行了大量建筑材料的回收再利用工作（图 5.36），使得

图 5.36　阿尔卑球场的改建进行了大量的材料再利用

旧球场不仅传承下了宝贵的足球荣耀与记忆遗产，球场拆除之后所产生的建筑废料也被合理地进行再回收利用，甚至还可以用于一些新建场馆的材料装备。拆除旧球场首先是粉碎了混凝土层，其面积达到了 4 万 m^3。出于环保的考虑，人们在拆除阿尔卑球场的同时也在进行建筑材料的回收工作。最终旧阿尔卑球场的拆卸一共回收了约 6 000t 的钢材、铜、铝以及其他材料，这些材料的全寿命周期将延续至新的球场之中，而材料的再利用也使得体育建筑所承载的赛事荣耀与精神得以传承。在我国的体育建筑中，可组装的材料构件也逐渐得到重视和运用，北京奥运会曲棍球场的设计就在满足曲棍球比赛要求的同时，还考虑到了赛后的回收利用。整个赛场用了 25 000 多件钢管件、13 800 多根轻钢管、3 万多平方米彩钢板。这些材料都便于赛后拆卸，可在其他建筑上进行再利用（图 5.37）。

图 5.37　北京奥运会曲棍球场采用了大量可以回收再利用的材料构件

伦敦奥运会中的"伦敦碗"主体育场的看台所采用的低碳混凝土来源于工业废料，较一般水泥含碳量低了40%。体育场的顶环更是由剩余的煤气管构筑而成，充分体现了废弃材料的再利用方式。而对材料可持续性的表达不仅体现于场馆的材料运用，在场馆的配套服务区中人们也大量使用临时建筑，以"集装箱"建筑作为保安与清洁人员的宿舍，以大面积的张拉膜覆盖媒体运营中心……以很小的成本为奥运会快速有效地解决了配套设施（图5.38）。从体育建筑的可持续发展全局来看，这种将废弃物用于建筑材料的再利用方式，最大化地节省了材料，使得体育建筑的全寿命周期与可持续发展得到了真实可行的契合。

图5.38 "伦敦碗"的建造构件和场馆配套设施都进行了废弃材料的再利用

第四节　基于全寿命周期理念的材料节约化

毋庸置疑，面对资源与能源日益贫乏的环境，人们必须将可持续设计的理念贯穿于建筑的全寿命周期之中。对资源和材料的节约是这个物质世界良性发展的大势所趋，同样也是建筑设计理性逻辑的回归。而材料运用的可持续性所表现出的降解、回收、再利用等方式，归根到底都是一种对地球中整体资源与材料的节约化策略。相应地，材料的节约化不仅可以贯穿于材料个体的生命历程，也可以深刻地影响到建筑全寿命周期中的设计、施工、使用、维护和拆除等各个阶段。

全寿命周期理念不仅要求体育建筑在建立初始就具有健康的"身躯"，并具备良性"成长"的发展模式。对于庞大的体育建筑来说，如果人们能在设计初始和建造过程中就对材料与资源进行最有效的节约化运用，无疑会比在其使用过程中的任何节能措施更为有效。这种设计理念将可持续设计的理念从建造初始就渗透进入了体育建筑的本体性格之中，为体育建筑"真实的构筑"打造出了坚实的实践基础。因而，人们可以将材料运用的可持续性上升到体育建筑设计的宗旨之一：材料的节约化。这也意味着节能、生态、绿色等理想最终会在表里如一、精炼得体、节约高效的体育建筑中得以真实的实现（图5.39）。

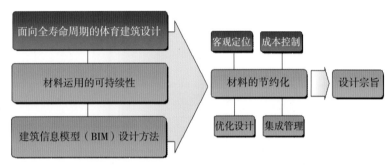

图5.39 材料的节约化成为体育建筑的设计宗旨之一

并且，材料的节约化理念贯穿于体育建筑全寿命周期中的不同阶段，主要表现在客观定位、成本控制、优化设计、集成管理等几个重要方面。在设计和材料选择之初，对体育建筑类型的合理定位能够以"量体裁衣"的形式为体育建筑提供最为适宜的材料；把握建筑全寿命周期成本，控制各类材料成本的浪费；结合当代建筑信息模型（BIM）的优化设计方法，以节约高效的材料运用使得体育建筑具有坚固结构和优美形体；最终，基于整合系统的集成管理更将节材理念与体育建筑全寿命周期中的可持续发展趋向相互统一。

一、客观定位

种类丰富的体育建筑在人们的生活中扮演着不同角色，有的像足球场那样包含了几万人的喧闹呐喊，有的像射击馆那样创造了专注平静的空间场所，而体育建筑的真实存在意义是激发人们对各类运动的热情与潜力，无论是夸张的造型，还是耀目的材质，最终都会被体育建筑创造宗旨的光环所遮蔽。并且，就像过于臃肿的身躯会给人们带来多种疾病一样，堆砌材料并不利于体育建筑的健康成长。并且体育建筑所耗费的巨大代价更需要对社会进行合理的回馈。只有当体育建筑所承载的人类活动达到或超出了预期目标，才能使体育建筑在其全寿命周期中得到最大的价值体现。即使设计者使用了昂贵或丰富的材料，塑造出了令人惊叹的体育建筑空间与形象，但若是缺乏人气与活力使之生机勃勃，其空间逐渐会在生命历程中变得空洞无谓，外观面目也逐渐黯淡下去。

同时，体育场馆的投资方和建设方往往对设计者们强加于主观意志的选择，重视于造价、工期、形象等因素，但事实证明，缺乏长远眼光的主观目标很难能够在现实中得到理想化的实现，国内的很多体育场馆在建成之后，由于所有权管理的限制和经营方式的匮乏，造成利用率低下，面临短命的悲惨境地。这就需要设计者在设计之初就提供更完善的方案来引导主观意向的正确实施，以客观可行的定位与策划使得体育建筑符合其全寿命周期的健康营运及发展。体育建筑类型丰富，形式多样，在设计规范上以座席数量作为场馆规模的划分依据。而从体育建筑的客观定位来看，可以根据赛事规模和服务对象主要分为：

（1）举行国际赛事的大型体育场馆。

（2）满足一般比赛要求的中型场馆。

（3）高校型综合体育馆。

（4）提供体育设施的社区活动中心。

这种传统性的规模划分也随着体育建筑的功能拓展和服务对象的转变而更为灵活，国内外大量高校型体育馆已经逐渐和当地社区运动中心融为一体，例如同济大学游泳馆根据当地气候与服务对象的特征，运用了可开合屋面技术，虽然在结构体系上增加了一定的建造成本，但其全天候和季节下的功能拓展就不仅为本校师生提供了锻炼身体的良好场所，也成为本地区域内最受市民好评的游泳场馆（图 5.40）。而许多城市中的中型体育馆为了达到更高的利用率，逐渐以专业的场地设施努力吸引着大众。而功能上的拓展也逐渐决定了体育建筑结构、形态、表皮乃至各种材料的运用模式，虽然设计立意和方法多种多样，但在材料运用方面，材料的可持续性和节约化无疑是共同的设计宗旨所在。

图 5.40 同济大学游泳馆运用了可开合屋面设计

结合这种在等级规模和使用性质上的分类，设计者应首先做好体育建筑的策划工作，主观地对体育建筑的服务对象、季节人群以及功能置换的可能性等做出预判和调整余地。同时，在设计之初对大量信息进行整理，客观地结合地方气候、地质特征、场地条件等环境要素，进行主客观相结合的策划与定位。在保证投资主体的利益的同时，充分考虑到体育建筑全寿命周期中的客观性因素。因而，在材料运用方面，对体育建筑在规模、功能、成本方面的合理策划成为其目标达成的基石，并给体育建筑注入显著的个体性格，而客观存在的环境要素制约着也引导着材料运用的方向。设计者提出最符合自身建造与运营特征的材料运用方式，以高效可靠的建造模式和精炼适宜的材料选用为依据，为塑造体育建筑健全的生命历程进行物质细节上的合理定位，终而以"量体裁衣"式的材料节约化将主观意愿和客观条件方式相结合（图5.41）。

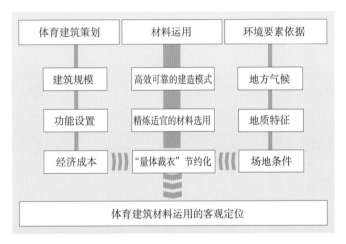

图 5.41 体育建筑的材料运用客观定位于"量体裁衣"与高效节约

材料的节约化并不意味着建筑的简陋不堪，反而更能提升面向全寿命周期的建筑质量。其实体育建筑的许多部分可以简化材料的运用，使得体育建筑空间最直接和便利地符合其功能要求，并尽量融合于自然环境的友好界面。设计者甚至可以摒弃装饰，甚至保温、隔热等功能材料，例如，某小型体育馆希望能避免当地的炎热气候，设计者则以成本低廉的混凝土塑造出内外统一的运动场所，以材料本身的隔热性避免了不必要的建造或节能成本。而一个以当地木材所搭建起的运动空间，更能为场所提供与草地或树林等绿色环境搭配的自然气息（图5.42）。所以，运用这些简单但符合体育建筑最基本要求的材料，不但适宜且节约，更能以精炼纯粹的氛围营造来净化体育建筑的场所精神。

总体而言，设计者需要以更为客观和负责的态度进行体育建筑的材料运用，避免一味地为赢得甲方的眼光，而抛弃体育建筑全寿命周期中的可持续发展原则。在选用材料上应以高效节约为原则，在甲方投资预算的可控范围内，尽量使得所选材料在建造时利于施工，建成后能够保持耐久高效，拆解后仍然能得到再利用。一些具有高等级建造工艺和建设标准的大型体育建筑经常运用新型建筑材料，但新型材料的生产与使用也经常伴随着环境污染与能源的浪费，以及建筑成本的大幅增加，从而降低了体育建筑面向全寿命周期的评估质量。因而，客观的"量体裁衣"是符合体育建筑全寿命周期的最佳方式。

图 5.42 材料的节约化运用也能提升体育建筑的全寿命周期

二、成本控制

虽然人们为体育建筑设想了种种美好的前景，但投资者有限的预算往往使得设计难以付诸实施。然而从建筑可持续发展的整体角度来看，人们越发期盼在有限的资金和预算下发挥出建筑的最大能量，而不是在盲目奢华的背后陷入难以为继的境地。并且，"经济的建筑并不一定是最廉价的建筑，而是一种美观的，而且在建造、运营、管理等费用上都经济合理的建筑。[108]"英国建筑经济学家 P.

A.Stone 说。正如节约不等于廉价和简陋，在适宜的建造成本下，能够充分发挥作用的建筑才能体现出更多的价值。所以，成本控制应当成为体育建筑策划中的主要内容，基于全寿命周期观念的成本控制可以使得以往单一的项目预算更加系统化与动态化。相应地，作为材料运用的一种掌控策略，人们可以以直观的经济数据来调节和促使建筑材料在体育建筑全寿命周期每个阶段的节约化。

建筑材料的寿命周期成本也分为三种：建材生产者通常关注原材料的采集到建筑材料的销售这一过程所花费的各种成本费用，而忽视材料使用、回收报废阶段需要花费的成本费用；建材使用者则通常关注从采购、运输、使用到回收、报废的寿命周期内所要支出的一切费用，而忽视原材料的采集和材料生产阶段的成本费用；而社会则关注建筑材料在其全寿命周期内物化能量的大小，以期望尽可能减少能量和资源的消耗和对环境的影响。所以从成本控制的全面角度来看，对于一个建设项目而言，建筑材料全寿命周期成本由材料原价、材料使用成本、材料回收成本等内容组成（图5.43）。

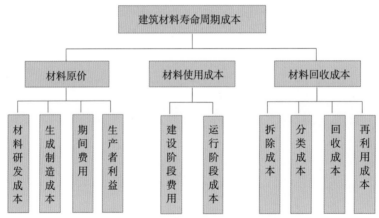

图5.43 建筑材料寿命周期成本的构成内容

从图5.43中不难看出，作为建筑项目寿命周期成本的重点内容，建筑材料寿命周期成本的构成贯穿于建筑全寿命周期中的各个阶段。虽然分类众多，但如果能在设计之初就将它们统筹考虑，反而会使材料成本得以良好掌控，而不是在后续阶段顾此失彼。所以，针对于体育建筑，要实现高效省材的原则，实现最优的体育建筑建设项目寿命周期成本，就必须要在决策、设计、采购、施工、项目运行和回收等阶段都采取相应的材料运用方式。

（1）决策阶段的建筑材料成本控制

根据体育建筑项目的决策、定位等研究选择适宜的主要建筑材料，例如深圳湾体育场在铝板与不锈钢之间选择了后者，降低了成本造价。并应兼顾材料在使用和回收阶段所需的投入和对环境的影响，还要以决策阶段的总体投资估算来确定下一阶段的项目材料成本控制目标。

（2）设计阶段的建筑材料成本控制

设计阶段是体育建筑项目成本控制的关键和重点，同样也是对建筑材料进行成本控制的关键和重点阶段。材料的选型，材料的适用性、耐久性，生产使用环节对环境的影响负荷，是否可重复利用、回收利用或者再生利用等等都要在此阶段统筹兼顾。再者，材料选型要优先选择与环境协调、可重复利用、可回收可再生的建筑材料，避免使用能耗高、产生化学污染和属于不可再生资源的材料。

（3）采购阶段的建筑材料成本控制

体育建筑往往进行金属屋面、玻璃幕墙等大面积材料的招标，这些围护材料成为整个体育建筑造价中的很大一部分，墙体材料采购阶段涉及的材料采保费、包装费以及运输损耗应当尽可能地减少。应该做好材料计划和库存保管管理，尽量避免使用需要额外包装的建筑材料。

（4）施工阶段的建筑材料成本控制

对于庞大的体育建筑，其施工阶段是最容易浪费材料、超出预计使用量的阶段，因此施工现场的管理协调工作更显重要。合理堆放、减少搬运损耗，并且大型体育场的施工技术也在不断发展，能够降低材料的消耗水平。再者应加强限额领料，控制体育建筑施工现场的材料浪费，加强周转材料的管理，加强对一些以往忽视的废旧物资和剩余材料进行再利用。

（5）项目运行阶段的建筑材料成本控制

体育建筑的运行时间在其全寿命周期内最为持久，所需耗费的材料也不可忽视。例如广州亚运综合馆的屋顶局部漏雨，没有得到及时修补，又造成了对地面材料的浸泡损害。因此要对体育建筑的材料及时保养和维修，而这些易于保养和维修的建筑材料与构件要适合体育建筑所处的地域环境和气候。

（6）回收阶段的建筑材料成本控制

当体育建筑在得到充分利用之后，达到报废拆除或改建阶段时，应像前文中旧阿尔卑球场的改建一样，对拆建的物料进行细致地分类再用，所拆解的材料运用在新球场和其他适宜的建筑物上。

三、优化设计

无论是建筑策划中材料运用的客观定位，还是贯穿于建筑寿命周期的材料成本控制，都是希望材料节约化成为体育建筑可持续性的共性所在。节省材料的宗旨不只是考虑经济上的因素，它是以发挥材料最大的特性和效能为目的，最终以最小的资源代价获得体育建筑在其全寿命周期内的价值体现，而能够达到节约材料的最佳方式就是优化设计。"设计"一词本身就包含有"优化"的含义，对材料的运用进行优化设计，能够将材料的节约理念渗透到体育建筑的整个寿命周期之中。如果人们能持之以恒地将材料节约作为一种普及的价值观，并将其作为体育建筑可持续发展的具体实施策略，无论是结构体系还是围护表皮，其优化设计都将成为健全体育建筑寿命周期的强有力支撑。

对于今后的体育建筑，建筑师和结构工程师需要承担着两种责任：一方面要实施可持续发展战略，一方面要保证结构安全。前者要省材料，而后者则倾向多用些材料，对于这似乎矛盾的两者，其结合点就是优化设计，其目标就是要在体育建筑的设计与建造阶段找到实现建筑功能目标和降低建造能耗间的平衡点。体育建筑的优化设计体现在各专业、各种间的协调和施工难易等多个方面。首先，体育建筑从其自身特殊的大跨特征和空间形态上，更加清晰地表明了结构优化既要符合自然规律的理性逻辑，又要富于创造性地运用结构体系与材料。在长期的实践中，人们对衡量大跨度空间结构优劣的指标定义为：

（1）材料的强度充分发挥，在轴心受力构件中增加拉杆，减少压杆。

（2）对支座所受推力或拉力进行合理处理，组成闭合受力环路为最优。

（3）结构体系的制造、安装费少，节约成本。

（4）结构材料用量相对最少，意味着结构体系更为先进。

（5）以结构表现的方式自然地展现出结构的力学逻辑与美学价值。

在这五点准则中，人们可以看出，对结构材料的合理运用是体育建筑节材的首要基础条件，体育建筑结构材料的节省是来自于结构本体优化的效果。对于结构承载材料的节省，可以总结为：材料元素自身力学性能的有效发挥与整体结构体系的优化组织。结构优化与传统的结构设计遵循相同的理论基础和设计规范，而优化设计更具有明确的衡量标准，例如体积最小、造价最低、材料消耗最少等。结构设计是一种从经验出发的被动校核，而结构优化设计是经验与优化理论相结合的主动搜索。因此结构优化对于体育建筑最具有现实意义，能使体育建筑的结构可靠性与经济性达到最适宜的结合。由此可见，结构优化设计追求最合理地利用材料的性能，使各构件或构件中各几何参数得到最好的协调。

人们已经在大量的工程实践中坚持实践着"优选"的设计理念，而优化的结构形式必定是材料节约化的。结构形式由梁演变到桁架、从沉重的承重墙到先进的仿生结构、从石材到薄膜，人们一直在探索和寻求着重量轻、材料省、受力好的结构体系。例如，仿生学已经成为体育建筑结构优化设计的合适切入点，图5.44中的体育场方案即以局部变异的蜂巢六边形结构与薄膜材料相结合，以这种简洁但稳定的设计概念来塑造出体育场的屋顶形态。而由于体育建筑可持续设计的主要目标即为达成建造过程中的低能耗、低材耗和建筑运营时的低能耗。所以，这种从大自然中获得的灵感必定会以富于力学逻辑的形式减少材料的消耗，为体育建筑提供材料优化和低碳优化的实现基础。

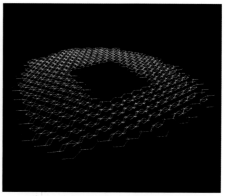

图 5.44　仿生学已经成为体育建筑结构优化设计的合适切入点

对于大跨度的体育场馆，结构优化设计要求在可行域内用优化方法去搜索所有的设计方案，并从中找出最优的结构设计方案。而在我国传统的建筑设计流程中，一般都是首先由建筑师提出功能和造型方案，得到甲方初步认可后，再由结构师进行结构设计，再配合于水暖、电气、设备等专业设计。但在工种复杂的大型体育建筑中，往往会出现建筑造型与结构体系之间的矛盾、结构构件和设备布置之间的冲突等弊端。而基于建筑信息模型（BIM）的设计可以利用其自身可视性、协调性、模拟性等优势化解这些矛盾，为体育建筑设计提供最为有利的优化工具[109]。例如强大的建筑信息模型可以一目了然地展示出各类结构构件的尺度位置以及交接关系，使不同结构与设备不再产生碰撞的问题（图5.45）。同时，建立建筑信息模型会涉及整个设计、施工、运营的过程，实际上这也是一个不断优化的过程。优化设计主要受到建筑信息和复杂程度的制约，而BIM模型提供了建筑物大量的实际存在信息，包括几何信息、物理信息、规则信息，甚至还能够提供建筑经历变化、拆除、分解以后的信息。而大型体育建筑的复杂程度大多超过参与人员本身的能力极限，需要一个整合的设计系统协调工作，因此，BIM及与其配套的各种优化工具提供了对体育建筑等复杂项目进行优化的可能。

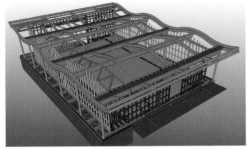

图 5.45 BIM 可以为建筑提供细致详尽的三维虚拟模型

位于新西兰威灵顿的 ASB 社区体育中心是运用 BIM 技术的绝佳实例，这个体育中心希望能将 12 个标准篮球场地聚集在一个大跨屋面之下，为当地居民和学生创造出能提供多种运动项目的场所，但又要求避免过高的造价和材料消耗，可谓面临着功能整合、结构技术、经济成本等多方面的要求。设计者通过 Revit 软件建立建筑信息模型，对其结构进行准确的计算和比较，优化得出了稳固且经济的结构形式。设计者将近椭圆形的大跨屋面一分为二，在两侧各运用了 8 个大型的鱼腹钢桁架作为屋面的主要支撑体系，整体结构类似动物的脊柱，而其构件形式恰好为屋顶天窗留出了合适的位置。设计者在场馆中间位置运用了 Y 型的竖向支撑结构，并以钢拉索加以固定，这种简洁的鱼腹桁架与竖向支撑结构的结合比起网架等结构形式节省了大量的结构材料，又简化了张弦梁等混合结构所需施加的预应力技术。而通过建筑信息模型的建立，其设计的结构体系、构建单元、节点构造都得到了成功的实现，最终以较低的成本和材料消耗塑造出平缓柔和的建筑形态，并以完善的功能沉静于美丽的湖光山色之中（图 5.46）。

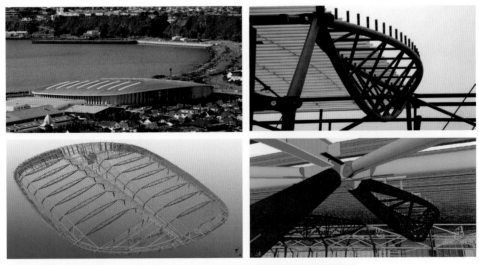

图 5.46 新西兰威灵顿 ASB 体育中心成功运用了建筑信息模型进行优化设计

　　显而易见，对结构的优化设计是要在保证安全可靠的基础上，努力挖掘结构材料的最大效能。而当代建筑可持续的节能措施体现于"节地、节能、节水、节材"，从体育建筑的发展趋势来看，人们也开始反思以往一味追求超大跨度所带来的空间浪费、耗能严重等现实问题，从而希望体育建筑的"骨骼"与"皮肤"都达到最优化的状态，这样其空间才是健康适宜且可持续的。所以，优化后的结构体系必然使得建筑空间得到充分利用，建筑形体更为紧凑，而体育建筑的形态特征与表皮形式决定了其围护材料的节约与否。相应地，依附在优化结构之上的围护系统也可以结合地方材料而承载更多的表现意义，并不因材料节约而使其外观变得简陋粗制。并且，对建筑围护材料进行优化设计，以材料的节约化减轻围护结构的自重，减少建造成本和节能消耗，完全符合体育建筑全寿命周期理念。

　　再例如上例中的 ASB 体育中心，不仅利用建筑信息模型设计创建了精炼高效的结构体系，还结合主观意向与客观环境，在其屋顶和墙体上运用了简约但适宜的围护材料。由于新西兰的海洋性温带气候日照充足，但昼夜温差较大。所以，设计者在其顶棚大量运用了能够过滤紫外线的透光板材，为室内空间投射出了明亮的自然光线，还利用屋面的局部起伏设置了自然通风口。而在大部分建筑立面上采用了隔热能力好的混凝土材料，易于施工且成本低廉，并根据日照角度将预制混凝土板错列布置，形成了尺度巨大的遮阳百叶。可以说，这种对围护材料的"简易"运用同样体现了在可持续理念下的优化设计（图 5.47）。

图 5.47　ASB 体育中心根据其地方气候特征运用了简约且适宜的围护材料

因而，优化设计不仅仅体现在结构体系之上，也可以充分地精简体育建筑的体型，并相应地精炼地运用体育建筑的围护界面及表皮材料，例如对大量幕墙系统进行单元种类及尺寸上的择优选用。人们可以以更为实用的外观去塑造而不是"包裹"其内部空间，从而使得围护材料的运用更具有依据。图 5.48 中的体育馆设计，建筑师在曲面的墙体与屋面上都利用了 BIM 系统对幕墙进行模拟观察，通过幕墙的光辐射、遮阳、气流、色彩等参数变量的调整，最终通过优化选择出诸多方案中最为简洁合理的一种。幕墙单元经过一系列的逻辑判断，拟合优化出几种固定规格的表皮面板，从而节省了幕墙造价并提升了建造效率。

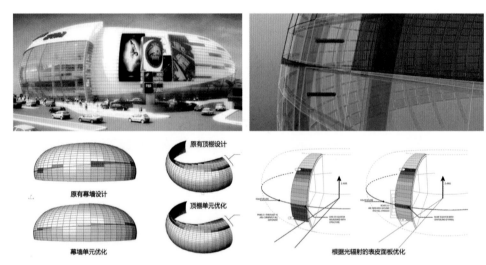

图 5.48 BIM 系统为体育馆的幕墙优化选择出几种固定规格的表皮面板

相对一般民用建筑，体育建筑充分体现着大跨度结构与材料的运用特征，而体育建筑的优化设计必须避免脱离本体的夸张外形和虚假结构而浪费材料。一些体育建筑为了满足造型要求，生硬和扭曲地在场馆建筑的外表笼罩上巨大构件或装饰表皮，在浪费空间和耗费材料的同时也贬低了结构体系的价值所在，这种无谓的浪费虚假用材势必成为体育建筑设计中的反例。而如果将材料节约化宗旨充分结合 BIM 等设计方法中的设计优势，其不断实践无疑将会促使体育建筑以面向全寿命周期的可持续态度，回归于"真实建造"的理性逻辑。

四、集成管理

从建筑运用建筑信息模型的设计实例来看，BIM 能以数字表达的形式，为建筑项目提供详尽的物理信息和功能特性。但建筑信息模型已经突破了传统意义上的三维模型建立，其与参数化设计的结合目标也不仅仅是为了达成单一的数型联动，而是成为一个共享的知识资源和决策工具："为该建筑从概念到拆除的全寿命周期中的所有决策提供可靠依据的过程，其最大的功效就是消除建筑行业中各种形式的浪费和低效。"根据美国商业软件联盟（BSA）对 BIM 应用的分类框架，对国内市场 BIM 的典型应用进行归纳和分类（表 5.2），可以看出，BIM 具有着非常详尽的各项功能，从模型建立到协同设计、再到施工配合与系统维护，其在建筑全寿命周期中的应用贯穿于规划、设计、施工、运营等各个阶段[110]。因此，对于工种众多的体育建筑来说，也不会仅限于运用 BIM 技术进行单一的结构优化设计，而是将其作为一种系统化工具，完善地结合于建筑全寿命周期概念。

表 5.2 BIM 技术在建筑全寿命周期中的应用

规　划	设　计	施　工	运　营
BIM建模			
场地分析			
建筑策划			
方案论证			
	可视化设计		
	协同设计		
	性能化分析		
	工程量统计		
	管线综合		
		施工进度模拟	
		施工组织模拟	
		数字化建造	
		物料跟踪	
		施工现场配合	
		竣工模型交付	
			维护计划
			资产管理
			空间管理
			建筑系统分析
			灾害应急模拟

从表 5.2 中的技术内容可以看出，建筑信息模型不仅是简单的将数字信息进行集成，还是一种数字信息的集成应用。这种将设计、建造、管理等不同阶段

相整合的数字化方法在建筑工程的整个寿命周期中，可以将建筑物的信息模型同建筑工程的管理行为模型进行完美的组合，实现集成管理。对于设计者和管理者来说，BIM 技术作为一种全面的信息媒介，在设计之初就为建筑创建了空间形态、结构选型、设备构造以及材料运用等各个方面的综合信息，能够以系统集成的整体控制方法和清晰明了的模拟操作方式，完善地掌控建筑全寿命周期中的各类参变量，并通过动态信息模型快捷地适应市场变化的特点。而全寿命周期运作中的不同阶段组织成员，能及时地实现信息的有效沟通和反馈，为全寿命周期项目管理计划的制定和调整提供信息和技术支持。例如在建筑的材料运用方面，以往分离隔阂的投资方、设计方、材料商、施工方完全可以利用 BIM 技术，通过详细的建筑信息模型及全寿命周期动态模拟，共同进行材料成本控制的最优化设计。

对于庞大的体育建筑来说，建筑模型信息化在设计初始虽然带来了更多的工作量，但其作为一种高效集成的设计与管理体系，会为体育建筑的全寿命周期带来全面而详尽的技术支撑。将建筑信息模型引入体育建筑全寿命周期，能够很好地对庞大的体育建筑进行整体控制。建筑信息模型贯穿于体育建筑的设计、生产以及运营之中，也就要求了人们对体育建筑策划、建设、运营等不同阶段中的技术构成、资源消耗、材料组织等集成信息充分掌控。相应地，设计者们应在体育建筑的策划、设计、施工、运营、再利用等各阶段中充分考虑下阶段的情况，使得相关参与方之间有效地沟通和信息共享。在体育建筑项目实施的不同阶段，各个工种参与方依据自己的优势参与项目各阶段的实施与管理。

在这种统筹安排与集成管理的方法下，对体育建筑的材料运用能够更为规范化与合理化，也必将以高效集成的设计与管理模式为材料的节约创造坚实的实现基础，并更为有效地对全寿命周期中的材料运用产生的信息进行综合管理。大型的体育建筑由于结构体系和空间形态的完整，经常需要大量尺寸与形状规格相统一的构件，越来越多的建筑材料及设备构件通过工厂加工并运送到施工现场进行高效地组装。而类似"鸟巢"和"春茧"体育场钢结构的异形构件，则更需要在工厂中进行细致的加工与制作。传统的施工配合要求使得建筑师们经常要在工地和材料制作工厂之间来回奔波，并经常被构件节点设计的问题焦头烂额，在紧迫的工期下往往放弃了起初在设计上的种种美好设想，对材料的节约更是无暇顾及。而在 BIM 的集成管理下，设计者在体育建筑设计之初就把握了各种材料及构件的信息，并能够及时地与材料制造方进行信息沟通和设计调整。

同时，BIM 可以四维模拟实际施工，以便于在早期设计阶段就发现后期真正施工阶段所会出现的各种问题，并提前处理。例如在一座用钢量上万吨的体育场的施工现场，可以看到大量的材料堆积，并且必须具有完备的钢筋加工、混凝土搅拌等制作车间或现场。这些材料的原料是否能够及时运到施工现场、现场制造的材料质量是否合格、构件单元是否满足节点安装的细节要求……这些都将成为整个体育建筑施工建造过程中的重要环节。而建筑信息模型提供的施工进度模拟和施工组织模拟会在体育建筑施工阶段时作为施工的实际指导，也能作为可行性指导，以提供合理的施工方案及人员。材料使用的合理配置，在最大范围内实现资源合理运用。

并且，应用建筑信息模型对体育建筑的材料运用实施系统集成化的动态集中管理，可以克服传统的阶段性和区域式管理模式的协调问题。由于大型体育建筑的每一个施工阶段都牵涉大量材料、机械、工种、消耗和各种财务费用，所以在材料成本控制方面，BIM 技术也有着巨大的优势。人们完全可以针对体育建筑的运用材料类型，创建基于 BIM 的实际成本数据库，使得实际成本数据及时地进入数据库，而这种数据库可以建立与成本相关数据的时间、空间、工序维度关系，使得对材料成本的数据处理能力达到了构件级，也使实际成本数据高效处理分析有了可能，从而详细且动态地将体育建筑的庞大材料化解为细致的构件单元，使得体育建筑材料的实际成本得以控制，达到最优化费用。

例如，限额领料是建筑材料消耗成本事前控制的重要手段，也是项目成本控制中非常重要的管理工具。在一个材料繁多的体育场馆设计中创建 BIM 系统后，可以快速、准确地获取任意部分的安装工程量，为采购和领料随时提供准确的数据支撑。假设需要统计某类建筑构件的采购数量，只需在相关安装软件完成的 BIM 模型中点击同类构件，软件就会自动搜索统计构件个数，同时还可以显示构件的规格、型号等相关信息。因此，通过三维虚拟技术，可以真正实现在庞大的体育建筑施工过程中的采购计划及限额领料，从而有效地减少项目资金风险，提高项目利润。

建筑信息模型还可以对体育建筑中种类繁多的材料进行有重点的物料跟踪，以往建筑行业往往借助较为成熟的物流行业的管理经验及技术方案（例如 RFID 无线射频识别电子标签），但这种方式本身无法进一步获取材料构件更详细的信息（如生产日期、生产厂家、构件尺寸等），而建筑信息模型可以作为一个建筑物的多维度数据库，详细记录了体育建筑中大量构件和设备的所有信息，使得基于建筑信息模型的物流跟踪也具有非常好的数据库记录和管理功能。这也为体育建筑在设计选材、采购材料、材料运输、材料更新等多个方面设定了健全的管理方式，也必定能达成更为高效节约的材料运用方式。

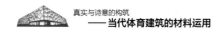
　　毋庸置疑，在先进和集成的设计方法与管理方式下，体育建筑全寿命周期理念与材料运用的节约化宗旨将更为充分结合，前者作为材料运用的构思基础，而后者成为体育建筑可持续发展的实际体现。所以，设计者可以根据不同类型与规模的体育建筑功能需求，在体育建筑的创造及建设过程中以面向全寿命周期的理念进行整体设计，这种方式促使今后的材料运用更加系统化和规范化，并能结合结构、围护、节能等多种功效去满足体育建筑的综合要求。同时也将节省能源与资源作为材料运用的宗旨之一，以优化的全面设计和经济可行的全阶段掌控来发挥体育建筑中材料的效能和特色。

第五节　本章小结

　　材料运用已经成为贯穿于整个体育建筑"生长"过程的设计策略，今后的体育建筑必然将全寿命周期理念作为其可持续发展的实践基础。以面向全寿命周期的理论基础来综合体育建筑与材料运用的关系，可以更好地将这二者在可持续发展之路上紧密结合。人们不断挖掘和发挥结构及围护体系中材料的最大效能，在重视体育建筑节能技术与材料的基础上，逐渐挖掘材料的可持续性特征，并将材料的节约化贯穿于体育建筑的全寿命周期理念之中，以简材精用的合理方式支撑着体育建筑的可持续健康发展。这也使材料价值在体育建筑全寿命周期中得到充分实现，相应地提升了体育建筑的生命品质。因此，设计者在材料节约化的设计宗旨下，将基于全寿命周期的建筑信息模型等设计方法付诸于材料运用之中，将其材料从建造到使用、维护、拆除等过程都结合于理性的运用逻辑和感性的创意表现，最终以"量体裁衣"和"表里如一"的材料运用形式，为体育建筑呈现出"真实与诗意的构筑"。

✂ 第六章
目标与展望

　　体育建筑的发展，可以说综合了建筑技术中的各个层面，当今世界正是大跨度结构从发展走向繁荣的阶段。丰富的材料运用构筑出体育建筑富有逻辑的结构体系，也展现出令人侧目的形态外观。但从当前创作实践来看，由于经济因素、设计方法、施工水平等各方面的制约，许多体育建筑仍限于雷同化的材料运用，而对造型及规模的过分需求又造成了许多无谓的材料浪费，使得材料脱离了作为建构元素的本体意义。所以，随着材料扮演角色的丰富，设计者不应只将体育建筑中的材料当作被动的"拼贴"或"堆砌"之物，而是应该赋予材料自身更为广泛的使命与责任，也将材料运用看作是体育建筑发展的内在动因之一。相对于建筑创作中材料表现张力的展现，材料所具有的地域性、适宜性、可持续性等内涵更体现出材料的持久价值，也使得体育建筑创作走向深入和趋于成熟。

　　因此，虽然多元时代下的各种设计手法和思想的并置与碰撞彰显出各自的精彩，但思考和探索建筑创作中的材料运用问题，必须成为每个有富有责任感的建筑师所关注的对象。体育建筑始终要坚持着其理性健康的发展之路，随着时代发展，体育建筑的设计及实施已经表现出大量注重节能减耗及绿色生态的实践作品，对材料的运用也更多地体现在可持续发展及绿色设计策略之中。在当今及以后的体育建筑中，将更为注重如何在材料的全寿命周期内将其效能充分发挥，并以减少材料的浪费为设计宗旨之一，以面向全寿命周期的价值体现方式来塑造体育建筑健全的生命历程。

第一节 目标与宗旨

对于体育建筑和材料运用的研究必将不断发展，材料的运用也将是体育建筑设计中的永恒话题。本书希望能借助材料运用这一特定概念，当作一扇朝里眺望的窗口去领略体育建筑这座巍峨殿堂中的无限魅力。作为庞大体育建筑构成的物质元素，材料与体育建筑的结构、技术、构造、表皮等多个层面息息相关，而人们也充分认识到，为体育建筑进行"量体裁衣"的创作方式和材料的高效节约化是相辅相成的，以全寿命周期理念所统一的材料个体与体育建筑整体也面临着更为系统的整合机遇。因而，虽然人们会面对体育建筑不断更新和变化的创作形式，但材料始终将会是它们"回归技术理性、彰显艺术感性"的引导者。所以，本书为材料运用建立综合的设计目标，并以此上升为材料运用在体育建筑设计中的理想宗旨（表6.1）。

表 6.1 体育建筑材料运用的目标与宗旨

基本目标	结构可靠安全	保证体育建筑结构最为基本的稳固与安全
	易于制造施工	材料构件易于加工制作，现场便于施工装配
	成本节约经济	优化体育建筑全寿命周期内的材料成本费用
	耐久环保健康	材料具有良好的耐久性和环保性，保证人体健康
	外观简约精致	材料特质及其组合形式构成体育建筑悦目的外观
可持续目标	低碳获取	以对自然资源和能源损耗小的方式来获取材料
	节能减耗	材料自身具有良好的气候适应性及节能效果
	循环再利用	材料在建筑拆除或改建后易于降解或再利用
理想宗旨	高效节材	促使体育建筑用材节约、精炼高效、表里如一
	价值实现	材料价值在体育建筑全寿命周期中的充分实现

可以看出，体育建筑材料运用包括了综合的设计目标，随着理论与实践的不断结合，以往所达成的基本目标也将逐渐上升到可持续目标，直至更高层面的理想目标。这些目标将会不断激励人们去更为理性和科学地进行材料

运用，在创建体育建筑稳固骨架与悦目外表的同时，最大化地满足于面向全寿命周期的材料节能节约化目标，使得材料价值和体育建筑健康的生命历程都得到充分实现，从而为体育建筑达成真实与诗意的构筑。

第二节　未来的展望

展望未来体育建筑的材料运用，其适宜性与可持续性是必由之路。体育建筑中的材料运用关联了多种建造条件和因素：场地环境、造价投资、业主需求等。但无论多少种因素的影响，材料运用必须要发挥自身的效能，从而实现自身的基本价值。人们在体育建筑设计中应不断追求运用理性高效的结构材料，适应气候的节能材料和符合美学的表皮材料，并且各种材料应以最积极的态度去促使体育建筑具有健康的生命历程，在对材料自身能力进行真实反映的同时，也努力达成对体育建筑设计与建造的以下使命：

（1）以材料的物质性彰显体育建筑的理性回归

对材料物理性能的利用与开发，从钢材、混凝土到玻璃、膜材，再到复合材料等等，在对传统材料性能不断挖掘的同时，也积极进行新型材料的探索与尝试。将材料的物质性充分反映在体育建筑的结构理性中，因地制宜地选择最适宜材料进行体育建筑创作。

（2）以材料的高品质创造体育建筑的适宜空间与界面

无论是体育建筑的外部围护材料还是室内装饰材料，都成为与各类人群频繁接触的媒介体。通过对建筑材料的高品质运用，促进人们健康的同时也使体育建筑充满活力，使其成为城市中积极的公共空间与场所。同时注重材料细部为体育建筑展现出的细节品质。

（3）以材料的高效节约化运用保证体育建筑的可持续发展

在运用材料时首先以节约材料的优化形式来做到真正的节约自然资源和能源，并且所选材料能否在运用中充分发挥效能，达到环保节能要求，使体育建筑的全寿命周期真实地步入生态可持续的良性发展之路。

综合而言，丰富多彩的自然和人工材料元素作为宝贵的物质财富，孕育在这深邃广厚的世界中，需要人们去不断挖掘和利用。而包括体育建筑的大跨度空间是建筑师永恒向往的创作领域，它的发展始终展现出结构、技术、材料等

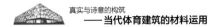
综合方面进步的时代印记。体育建筑中的材料运用，也代表了建筑设计中对技术支撑和艺术表现两者综合体现的最高水准。从工业革命带给建筑的钢筋铁骨，到 20 世纪逐渐成熟的薄膜肌肤、再到当代非线性数字化技术为其塑造的新颖形态等等，材料的合理运用始终为体育建筑提供着最坚实的物质支撑，并为后者迈向健康发展的可持续发展趋向进行理性的指引。重视体育建筑中的材料运用，能够使得材料成为体育建筑、环境与人之间的良好交流载体，但体育建筑和材料运用的涉及面都极其广泛，其中还有很多类别需要深入挖掘。本书从材料运用的主要视角进行研究，也只是对体育建筑蓬勃发展的管窥一斑，需要更多良师益友偕同共行，一起为繁荣我国体育建筑创作贡献力量，也期待着更多更好的作品出现。

图片来源

图 2.44 德国慕尼黑安联球场的 ETFE 膜材结合了先进的发光装置（图片来源于：http://images.google.cn）

图 2.45 种类丰富的聚碳酸酯板材料（图片来源于：[德]达姆施塔格.建筑设计构造材料手册）

图 2.46 运用在建筑各个采光面上的聚碳酸酯板（图片来源于：[西]考斯特编著.建筑设计师材料语言：塑料）

图 2.47 南非世界杯的球场顶棚大量运用聚碳酸酯板（图片来源于：李春梅.体育建筑（精））

图 2.48 以聚碳酸酯板构筑成的"水晶"大运会场馆（图片来源于：李春梅.体育建筑（精））

图 2.49 西班牙 Bakio 市体育中心的聚碳酸酯板表皮（图片来源于：http://www.archdaily.com）

图 2.50 室外木材为建筑所达成的立面效果（图片来源于：费本华，刘燕主编.木结构建筑学）

图 2.51 室内空间的木质材料具有良好的亲和力（图片来源于：德贝尔.朱蓉，译.建筑设计的材料表达）

图 2.52 美国洛杉矶台普斯球馆的地板可灵活转换（图片来源于：http://images.google.cn）

图 2.53 钢性结构与柔性蒙皮所覆盖的大跨空间（图片来源于：http://www.archdaily.com）

图 2.54 金属屋面系统的运用为体育建筑塑造了丰富的形态（图片来源于：http://www.archdaily.com）

图 2.55 不同种类的金属被开发成丰富的金属屋面材料（图片来源于：[德]达姆施塔格.建筑设计构造材料手册）

图 2.56 钛锌塑铝复合板具有卓越的物理性能（图片来源于：http://images.google.cn）

图 2.57 在体育场馆中得到成熟运用的铝镁锰金属屋面系统（图片来源于：http://images.google.cn）

图 2.58 南京奥体中心的训练馆和比赛馆均采用了铝镁锰金属屋面（图片来源于：http://www.abbs.com.cn）

图 2.59 南京奥体中心金属屋面的构造层次（图片来源于：张大强主编.南京奥林匹克体育中心建设撷英）

图 2.60 国产 HVS 系列屋面板满足了金属屋面的物理要求（图片来源于：张大强主编.南京奥林匹克体育中心建设撷英）

图 2.61 金属屋面系统中的抗风性能尤为重要（图片来源于：http://images.google.cn）

图 2.62 西雅图棒球场可开合屋面上的阻尼器（图片来源于：http://images.google.cn）

第三章

图 3.1 各类工程材料在体育建筑中表现出"真实与诗意的建造"（图片来源于：王环宇编著.力与美的建构——结构造型）

图 3.2 富勒与奈尔维发掘出材料潜力来创造大跨度空间（图片来源于：王环宇编著.力与美的建构——结构造型）

图 3.3 卡拉特拉瓦运用的自密实混凝土构件（图片来源于：亚历山大·佐尼斯.圣地亚哥·卡拉特拉瓦：运动的诗篇）

图 3.4 张拉整体结构在体育建筑中大量运用（图片来源于：川口为.建筑结构的奥秘——力的传递与形式）

图 3.5 网架结构的多种构造及组合方式（图片来源于：http://images.google.cn）

图 3.6 体育建筑中的多品桁架结构使结构材料得到精简（图片来源于：http://images.google.cn）

图 3.7 "鸟巢"体育场中的巨型桁架结构（图片来源于：范重等著.国家体育场鸟巢结构设计）

图 3.8 运用悬索结构的日本东京代代木体育馆（图片来源于：梅季魁等著.大跨建筑结构构思与结构选型）

图 3.9 改建前后的意大利都灵球场（图片来源于：Rod Sheard.Sports Architecture）

图 3.10 张弦梁的受力特征及典型的结构形式（图片来源于：罗福午等编著.建筑结构概念设计及案例）

图 3.11 大型体育建筑中的弦支穹顶结构体系（图片来源于：刘锡良.现代空间结构）

图 3.12 索穹顶结构充分发挥了材料的受拉性能（图片来源于：卫大可等著.建筑形态的结构逻辑）

图 3.42　多种高性能非金属复合材料（图片来源于：唐见茂.新材料丛书——高性能纤维及复合材料）

图 3.43　采用碳纤维材料所建造的美国缅因洲皮茨菲尔德尼尔桥（图片来源于：http://images.google.cn）

图 3.44　美国开合式银顶体育场采用了先进的碳纤维材料（图片来源于：Rod Sheard.Sports Architecture）

图 3.45　具有良好性能的复合木材及大跨木结构在当代体育建筑得到重视与发展（图片来源于：http://images.google.cn）

第四章

图 4.1　丰富的围护表皮材料成为当代体育建筑的悦目外衣（图片来源于：http://www.worldarchitecturenews.com）

图 4.2　同样的功能平面的不同形态（图片来源于：http://www.worldarchitecturenews.com）

图 4.3　古罗马斗兽场与当代鸟巢的形体轮廓都遵循着相近的几何形（图片来源于：卫大可等著.建筑形态的结构逻辑）

图 4.4　肯尼亚国家体育馆与中国国家网球场的平面与外部形态（图片来源于：卫大可等著.建筑形态的结构逻辑）

图 4.5　结合寓意的当代体育场建筑呈现出抽象或具象的形态设计（图片来源于：http://www.pattern-architects.com）

图 4.6　整体富有细节成为今后体育综合体的形态表现趋势（图片来源于：http://www.pattern-architects.com）

图 4.7　结构选型可以自然地生成基本的直线及曲线围合平面（图片来源于：王一鸣.我国体育馆建筑造型设计研究）

图 4.8　英国拉文斯科雷格体育馆的结构变异直接创造出其形体的韵律（图片来源于：http://www.archdaily.com）

图 4.9　支撑构件的角度变化创造出更有个性的细部表现（图片来源于：http://www.archdaily.com）

图 4.10　结构构件的细部对比使得体育建筑形态各异（图片来源于：http://www.pattern-architects.com）

图 4.11　深圳罗湖体育馆的外部形态较好地结合了自身的地形环境（图片来源于：http://images.baidu.com）

图 4.12　位于狭长地形环境内的香港肯尼迪游泳中心（图片来源于：佳图文化编.交通体育建筑设计）

图 4.13　瑞士苏黎世联邦理工学院体育中心表现出隐于自然环境的形态（图片来源于：佳图文化编.交通体育建筑设计）

图 4.14　克罗地亚 Zamet 体育中心的形态生成过程（图片来源于：http://www.archdaily.com）

图 4.15　在基本几何形上所拓扑出的体育建筑异形形态（图片来源于：http://www.archdaily.com）

图 4.16　体育建筑曲面形态可源于自然界的物质元素（图片来源于：MARK 荷兰顶级建筑设计.2012.12-2013.1 合刊）

图 4.17　广州亚运城综合馆具有着丰富的曲面形态（图片来源于：作者自摄）

图 4.18　GRG 石膏材料构成的曲面形态（图片来源于：MARK 荷兰顶级建筑设计.2012.12-2013.1 合刊）

图 4.19　施工质量或构造细节上的遗憾（图片来源于：作者自摄）

图 4.20　材料构成表现为综合与统一两种形式（图片来源于：http://images.google.cn）

图 4.21　地方气候和适用对象等因素对游泳馆材料运用的影响（图片来源于：李春梅编译.体育建筑）

图 4.22　体育建筑往往以材料的组合搭配于形体上的构成表现（图片来源于：李春梅编译.体育建筑）

图 4.23　多样围护材料的运用构成了体育馆鲜明的虚实对比（图片来源于：http://www.worldarchitecturenews.com）

图 4.24　伊朗的这座体育馆的整体形态简洁并富有变化（图片来源于：http://www.worldarchitecturenews.com）

图 4.25　"丹麦体育场"的材料运用形成了外观上的韵律变化（图片来源于：http://www.archdaily.com）

图 4.26　基于参数化设计的鄂尔多斯博物馆具有着不规则的形体与空间（图片来源于：杨峰著 .100 × N 建筑造型与表皮）

图 4.27　白俄罗斯贝特足球场的金属表皮材料整合了形式各异的孔状形式（图片来源于：http://www.archdaily.com）

图 4.28　东方体育中心表皮材料的模型实验对比（图片来源于：城市建筑，2011，（11））

图 4.29　体育建筑的整合形态统一在围护表皮之中（图片来源于：http://www.worldarchitecturenews.com）

图 4.30　当代体育建筑形态的"材质化"（图片来源于：香港理工国际出版社主编 .建筑脸谱（概念 + 形态 + 材质））

图 4.31　丰富的材料运用促进了体育建筑空间界面的多样化（图片来源于：http://www.archdaily.com）

图 4.32　广州医药大学体育馆以材料质感和色彩进行不同空间界面的统一（图片来源于：作者自摄）

图 4.33　体育建筑屋顶以连续的空间界面整合在城市肌理之中（图片来源于：http://www.archdaily.com）

图 4.34　伦敦奥运会射击馆以薄膜材料将其内外空间界面相整合（图片来源于：刘超英著 .建筑表皮材料）

图 4.35　伦敦奥运会游泳馆室内材料延续了其流畅的外部界面（图片来源于：http://www.archdaily.com）

图 4.36　多样的材料构件营造出体育建筑的空间氛围（图片来源于：Mel Gooding.TAVEIRA SPORTS ARCHITECTURE）

图 4.37　各类材料的"表情"延续和渗透到空间之中（图片来源于：MARK 荷兰顶级建筑设计 .2012.12–2013.1 合刊）

图 4.38　人们情感的加入使得体育建筑的空间塑造上升到空间体验（图片来源于：http://images.google.cn）

图 4.39　表皮使得建筑形态可以虚实转换（图片来源于：香港理工国际出版社主编 .建筑脸谱（概念 + 形态 + 材质））

图 4.40　轻质半透明的围护材料带给体育建筑轻盈的形态特征（图片来源于：刘超英 .建筑表皮材料）

图 4.41　大量体育建筑形态依旧遵循传统形式美的原则（图片来源于：城市建筑，2010，（11））

图 4.42　"蒙皮编织"与"流体雕塑"都呈现出体育建筑新的表皮美学（图片来源于：城市建筑，2010，（11））

图 4.43　对材料进行成熟的加工与制作为建筑表皮添加了细节美（图片来源于：杨峰 .100 × N 建筑造型与表皮）

图 4.44　表皮建构具有着多层面的属性与含义（图片来源于：[德] 克里斯汀·史蒂西 .建筑表皮）

图 4.45　材料特性具有着从客观性到主观性的增强（图片来源于：[德] 克里斯汀·史蒂西 .建筑表皮）

图 4.46　表皮材料已经在规模各异的体育建筑身上展示出了精彩丰富的语汇表达（图片来源于：http://www.archdaily.com）

图 4.47　体育建筑金属表皮具有着其材料特有的表现力（图片来源于：杨峰著 .100 × N 建筑造型与表皮）

图 4.48　金属材料为体育建筑塑造出"流体雕塑"般的形体和表皮（图片来源于：Mel Gooding.TAVEIRA SPORTS ARCHITECTURE）

图 4.49　金属表皮在体育建筑上展现出鲜明的流畅动感（图片来源于：佳图文化编 .交通体育建筑设计）

图 4.50　由 GRC 纤维混凝土和 GRG 石膏材料所塑造出的公建内外部形态（图片来源于：http://images.google.cn）

图 4.80　单元的组合形成多类型的整体秩序（图片来源于：莫天伟，陈镌 . 建筑细部设计）

图 4.81　深圳龙岗大运会体育场的表皮富有强烈的等级秩序（图片来源于：作者自摄）

图 4.82　慕尼黑安联球场和澳大利亚矩形体育场的表皮单元都具有着适宜的构件尺度（图片来源于：http://www.pattern-architects.com）

图 4.83　西班牙毕尔巴鄂体育中心的表皮单元为具有菱形折板状的细节（图片来源于：http://www.archdaily.com）

图 4.84　天津大学体育馆表皮的构件单元形态（图片来源于：http://www.archdaily.com）

图 4.85　表皮单元通过自身的特殊形态和有序组合拼贴出丰富的建筑形态（图片来源于：杨峰著 .100×N 建筑造型与表皮）

图 4.86　表皮单元所组成的"组件"极具形态表现特征（图片来源于：杨峰著 .100×N 建筑造型与表皮）

图 4.87　金属穿孔板在体育建筑立面上形成了丰富的表象肌理（图片来源于：http://images.google.cn）

图 4.88　济南奥体中心的表皮采用了形似柳叶叶片的表皮单元构件（图片来源于：建筑技艺，2011，（3）、（4））

图 4.89　丰富的材料运用为体育建筑创造出悦目的表象肌理（图片来源于：http://images.google.cn）

图 4.90　高雄龙腾体育场的网格结构直接构成了其表象肌理（图片来源于：http://images.google.cn）

图 4.91　南昌国际体育中心的设计方案及表皮研究模型（图片来源于：城市建筑，2012，（11））

图 4.92　新西兰奥克兰的伊甸公园体育场在局部运用了半透明的 ETFE 膜材（图片来源于：建筑技艺，2011，（3）、（4））

图 4.93　伊甸公园体育场 ETFE 薄膜表皮上的细部构造满足了防水等功能要求（图片来源于：建筑技艺，2011，（3）、（4））

图 4.94　英杰华体育场的聚碳酸酯板表皮可以局部开启（图片来源于：http://www.populous.com）

图 4.95　英杰华体育场表皮上的转动依靠于精致的节点设计（图片来源于：建筑技艺，2011，（3）、（4））

图 4.96　大兴安岭文化体育中心的幕墙表皮及构造细节（图片来源于：建筑技艺，2011，（11））

图 4.97　参数化设计下的形体生成逻辑（图片来源于：作者自绘）

图 4.98　当代体育场馆趋向表现出富有视觉冲击力的外观形态（图片来源于：城市建筑，2011，（11））

图 4.99　当代体育建筑清晰的构筑体系与生成逻辑（图片来源于：城市建筑，2011，（11））

图 4.100　利用参数化设计所表现出的当代体育场曲面形态（图片来源于：http://images.google.cn）

图 4.101　杭州奥体中心的参数化设计展示（图片来源于：http://images.google.cn）

图 4.102　杭州奥体中心体育场的单元化"花瓣"形态（图片来源于：Nathan Miller. Parametric Strategies in civic and sports architecture Design）

图 4.103　由参数化生成的杭州奥体中心网球中心外部形态（图片来源于：Nathan Miller. Parametric Strategies in civic and sports architecture Design）

图 4.104　建筑表皮表现出褶皱等非线性表现形式（图片来源于：杨剑雷 . 体育建筑参数化设计的研究与探索）

图 4.105　参数化设计下的体育建筑表皮形式类似仿生"鳞片"或网格结构（图片来源于：杨剑雷 . 体育建筑参数化设计的研究与探索）

图 4.106　参数化设计精准地定义出体育建筑结构与表皮的关系（图片来源于：http://www.pattern-architects.com）

图 4.107　参数化设计考虑到整体形态与表皮单元的尺度关系（图片来源于：http://www.pattern-architects.com）

图 4.108　菱形的表皮单元构成了这组体育建筑的整体"飘带"（图片来源于：世界建筑，2010，（8））

第五章

参考文献

[1] 梅季魁 . 现代体育馆建筑设计 [M]. 哈尔滨：黑龙江科学技术出版社，2002.

[2] 范文昭 . 建筑材料 [M].3 版 . 武汉：武汉理工大学出版社，2009.

[3] 日本 MEISEI 出版公司 . 现代建筑集成——体育娱乐建筑 [M]. 沈阳：辽宁科学技术出版社，2000.

[4] [日] 斋藤公男，著 . 空间结构的发展与展望——空间结构设计的过去·现在·未来 [M]. 季小莲，徐华，译 . 北京：中国建筑工业出版社，2007.

[5] [美] 肯尼思·弗兰姆普敦 . 建构文化研究——论 19 世纪和 20 世纪建筑中的建造诗学 [M]. 王骏阳，译 . 北京：中国建筑工业出版社，2007.

[6] 史立刚，刘德明 . 大空间公共建筑生态设计 [M]. 北京：中国建筑工业出版社，2009.

[7] 褚智勇 . 建筑设计的材料语言 [M]. 北京：中国电力出版社，2006.

[8] [美] 德贝尔 . 建筑设计的材料表达 [M]. 朱蓉，译 . 北京：中国电力出版社，2008.

[9] [日] 服部纪和 . 体育设施——建筑规划·设计译丛 [M]. 北京：中国建筑工业出版社，2004.

[10] 史永高 . 材料呈现：19 和 20 世纪西方建筑中材料的建造空间的双重性研究 [M]. 南京：东南大学出版社，2008.

[11] 清华大学建筑设计研究院 . 华章凝彩——新建奥运场馆 [M]. 北京：中国建筑工业出版社，2008.

[12] 君均 . 注重技术、讲究生态的体育建筑设计——当代体育建筑设计的启示 [J]. 浙江建筑，2008，（7）.

[13] 刘圆圆，刘德明 . 竞技体育建筑策划中的低碳选择 [J]. 华中建筑，2011，（12）：36 ~ 38.

[14] [德] 达姆施塔格 . 建筑设计构造材料手册 [M]. 香港：香港时代出版社，2008.

[15] 建设部信息组 . 绿色节能建筑材料选用手册 [M]. 北京：中国建筑工业出版社，2008.

[16] 艾侠 . 多重语境下的体育建筑创作实践 [J]. 城市建筑 .2009，（11）：14 ~ 17.

[17] 刘锡良 . 现代空间结构 [M]. 天津：天津大学出版社，2003.

[18] 董石麟，等 . 新型空间结构的分析、设计与施工 [M]. 北京：人民交通出版社，2006.

[19] 张东旭，袁敬诚，肖萌 . 混凝土在体育建筑中的应用 [J]. 混凝土，2005，（7）.

[20] 张冰 . 真实、逻辑、完美——基于力学法则的新型大跨钢结构建筑造型设计研究 [J]. 南方建筑，2005，（3）.

[21] 吴爱民 . 钢结构建筑语言研究纲要 [D]. 同济大学博士后学位论文，2006.

[22] 仝保军，刘军，魏亨通 . 大跨空间结构中的膜结构 [J]. 创新科技，2004，（3）.

[23] 钱若军，杨联萍 . 张力结构的分析、设计、施工 [M]. 南京：东南大学出版社，2003.

[24] 王金元 . 木结构建筑为奥运场馆添绿 [J]. 河北建筑科技学院学报（自然科学版），2006，Vol.23（4）：74 ~ 80.

[25] 钱丽娟 . "材料" "表皮" "建构" [J]. 建筑师，2008，Vol.34（15）：74 ~ 80.

[26] 高旭华 . 混凝土在体育建筑中应用的两个特点 [J]. 建材与装饰，2008，（5）：449 ~ 450.

[27] 祁斌 . 表皮·细部·建筑——2008 奥运会北京射击馆、飞碟靶场建筑表皮设计研究 [J]. 华中建筑，2008，（5）：37 ~ 45.

[28] 朱春 . 玻璃幕墙在绿色建筑中的应用与发展 [J]. 绿色建筑，2012，（6）：17 ~ 19.

[29] 张捷. 建筑薄膜材料的发展与运用 [J]. 山西建筑，2007，（5）：15 ~ 18.

[30] 杨峰. 表皮・媒介・科技——解读德国慕尼黑安联大球场 [J]. 世界建筑，2005，（4）：90 ~ 93.

[31] 张新梅. 模克隆聚碳酸酯板材在体育馆中的应用 [J]. 建设科技，2008，（3）：39.

[32] 刘学青，译. 聚碳酸酯板技术可应用于体育场顶板 [J]. 现代材料动态，2012，（9）：10.

[33] 曹伟. 建筑材料的可持续发展及其实例分析 [J]. 中外建筑，2001，（2）：50 ~ 52.

[34] 柏亚双，李安. 现代木结构体系及其材料特性 [J]. 建筑科技与管理，2011，（5）：18 ~ 19.

[35] 李宏. 铝合金屋面在大型公共建筑上的应用. 建筑创作，2005，（11）：160.

[36] 孙菁丽. 论直立锁边铝镁锰金属屋面系统. 广东建材，2012，（5）：20 ~ 22.

[37] 任家骧. 南京奥体中心体育场 [J]. 建筑结构，2004，（11）：22.

[38] 秦玲玲. 南京奥体中心游泳馆设计回顾 [J]. 江苏建筑，2008，（3）：11 ~ 12.

[39] 钱锋，宗轩. 中国体育建筑的结构形式与建筑造型 [C]. 2003 年两岸营建环境及永续经营研讨会，2003，（12）.

[40] 王环宇. 力与美的建构——结构造型 [M]. 北京：中国建筑工业出版社，2006.

[41] 董石麟，赵阳. 论空间结构的形式和分类 [J]. 土木工程学报，2004，Vol.37（1）：56 ~ 58.

[42] 刘宏伟. 大跨建筑混合结构设计研究 [D]. 上海同济大学工学学位博士论文，2008.

[43] 张柳. 大跨度建筑结构体系综述 [J]. 中国房地产：理论版，2012，（6）：462.

[44] 索健. 当代大空间建筑形态设计理念及建构手法简析 [J]. 世界建筑，2005，（12）.

[45] 曹建田. 大跨度张弦梁结构的施工设计 [J]. 建材与装饰：下旬，2011，（8）：135 ~ 136.

[46] 延伟涛，张海宾. 索穹顶膜结构找形分析 [J]. 钢结构，2008，（4）：1 ~ 3.

[47] 常海山. 大跨度结构发展与对策 [J]. 建材世界，2012，（2）：111 ~ 113.

[48] 陈彩银，刘川京，闫海滨. 广州国际体育演艺中心屋面工程施工技术 [J]. 建筑技术，2010，（6）：506 ~ 508.

[49] 刘伟，钱锋. 体育建筑中可开合屋面的应用与发展 [J]. 建筑科学与工程学报，2010，Vol.27（4）：121 ~ 126.

[50] 吴轶群，巢斯. 同济大学游泳馆张弦钢屋盖施工技术 [J]. 施工技术，2007，Vol.36（10）：22 ~ 24.

[51] [英]理查德・韦斯顿著. 材料、形式和建筑 [M]. 北京：中国水利水电出版，2005.

[52] 史立刚，刘德明. 形而下的真实——试论建筑创作中的材料建构 [J]. 新建筑，2005，（4）.

[53] 董宇，刘德明. 当代体育建筑结构形态的张拉化创作趋向. 城市建筑，2008，（11）：32 ~ 34.

[54] 薛素铎. 2012 伦敦奥运会场馆设计花絮 [J]. 建筑技艺，2012，（5）：20 ~ 22.

[55] 樊可. 体育建筑创作中的结构形态分析 [J]. 西安建筑科技大学学报：自然科学版，2007，Vol.39（2）：245 ~ 248.

[56] 钱锋，王伟东. 体育建筑形象创新与结构设计 [J]. 新建筑，2009，（1）：72 ~ 74.

[57] 王雪松，王莉英. 建筑结构仿生的形体建构模式初探 [J]. 城市建筑，2007，（8）：11 ~ 12.

[58] 蒋德兴. 结构设计优化方法及其应用探讨 [J]. 中华建设科技，2012，（10）：34 ~ 35.

[59] 张文辉. 浅议新型建筑材料的发展及应用 [J]. 技术与市场，2010，（11）：91.

[60] 褚关平. 关于高强、高性能混凝土的技术研究 [J]. 科学与财富，2012，（11）：271.

[61] 李志明. 钢结构发展对高性能钢材的需求 [J]. 新材料产业，2004，（10）：45 ~ 52.

[62] 封叶剑，魏义进，刘子祥. 国家体育场（鸟巢）工程钢结构空间巨型桁架安装工艺 [J]. 工业建筑，2007，（1）：30 ~ 33.

[63] 翟志文，等. 集成材——FRP 工程复合材料力学研究进展 [J]. 中国木材，2010，（3）：25 ~ 28.

[64] 毛国卫. 碳纤维复合材料在建筑工程中的应用 [J]. 建材与装饰：上旬，2012，（9）：186 ~ 187.

[65] 陈志林. 无机质复合木材的复合工艺与性能 [J]. 复合材料学报, 2003, （4）: 128 ~ 132.

[66] 孙一民, 汪奋强. 基于可持续性的体育建筑设计研究: 结合五个奥运、亚运场馆的实践探索 [J]. 建筑创作, 2012, （7）: 24 ~ 33.

[67] 周登高. 现代体育建筑造型设计的创作思路 [J]. 重庆建筑大学学报, 2007, Vol.29（5）: 15 ~ 22.

[68] 王一鸣. 我国体育馆建筑造型设计研究 [D]. 上海: 上海交通大学建筑学院硕士学位论文, 2010.

[69] 程其练, 等. 体育建筑可持续发展的策略研究 [J]. 北京体育大学学报, 2007, （1）: 2.

[70] 李华东. 体育建筑十家谈 [J]. 中国建筑装饰装修, 2003, （3）: 18 ~ 27.

[71] 杨凯. 创新、努力与适应——上海东方体育中心游泳馆建筑材料运用侧记 [J]. 城市建筑, 2011,（11）: 48 ~ 50.

[72] 李峰. 建筑表皮材质与形体的互动分析 [J]. 四川建筑科学研究, 2004, （3）: 131 ~ 132.

[73] 史立刚, 刘德明. 形而下的真实——建筑创作中的材料建构 [J]. 新建筑, 2005, （4）: 55 ~ 58.

[74] 欧阳露, 袁逸倩. 浅析日本建筑师对建筑材料语言的运用 [J]. 城市, 2002, （3）: 30 ~ 32.

[75] 徐洪涛. 大跨度建筑结构表现的建构研究 [D]. 上海: 同济大学工学学位博士论文, 2009.

[76] 史伦, 祁斌. 材中见大——谈建筑的材料表情 [J]. 城市建筑, 2011, （5）: 51 ~ 53.

[77] 国粹·双重语义——当代建筑师语境下的材料表达 [J]. 城市建筑, 2011, （5）: 47 ~ 53.

[78] 朱晓琳. 功能与场所的契合——访 GMP 事务所合伙人 Hubert Nienhoff[J]. 建筑技艺, 2011, （2）: 58 ~ 63.

[79] POPULOUS——体育建筑可持续设计的探索 [J]. 城市建筑, 2009, （11）: 94 ~ 99.

[80] 苑雪飞, 张玉良, 王玮. 当代体育建筑创作中结构表现趋势研究 [J]. 低温建筑技术, 2011, （2）: 27 ~ 28.

[81] 汉斯·科尔霍夫著. 构造的神话与建筑建构 [J]. 徐蕴芳, 译. 时代建筑, 2011, （2）: 132 ~ 137.

[82] [英] 萨拉·加文塔著. 材料的魅力 [M]. 尹纤, 译. 北京: 中国水利水电出版社, 2004.

[83] 黄维, 李宏, 李冰. 不锈钢板在广州亚运城综合体育馆围护系统中的运用 [J]. 建筑技艺, 2011, （4）: 170 ~ 173.

[84] 王荟荟, 王小凡. 营造氛围——建筑表皮色彩探析 [J]. 中外建筑, 2007, （10）: 55 ~ 57.

[85] 褚冬竹. 巴别塔上的那块砖——材料的角色及其未来 [J]. 城市建筑, 2011, （5）: 6 ~ 9.

[86] 何智勤, 郑志浅. 谈建筑表皮图像化 [J]. 福建建筑, 2012, （4）: 22 ~ 24.

[87] 赵湘伟, 耿伟, 马强. 建筑表皮媒体化设计中 LED 图像显示技术的运用 [J]. 华中建筑, 2011, （5）: 74 ~ 78.

[88] 刘向军. 建筑细部对创作形态和建筑审美的影响 [J]. 城市建筑, 2009, （4）: 28 ~ 30.

[89] 陈镌, 莫天伟. 建筑细部设计 [M]. 上海: 同济大学出版社, 2008.

[90] 韩丽娟. 济南奥体中心建筑设计的美学内涵初探 [J]. 21 世纪建筑材料, 2009, （2）: 17 ~ 19.

[91] 孟可. 剖析与推演——南昌国际体育中心体育场设计 [J]. 建筑技艺, 2011, （2）: 151 ~ 157.

[92] 吕强. 建筑"面纱"的工程设计艺术——天津团泊国际网球中心幕墙设计 [J]. 建筑技艺, 2011, （2）: 146 ~ 149.

[93] 徐卫国. 褶子思想, 游牧空间——关于非线性建筑参数化设计的访谈 [J]. 世界建筑, 2009, （8）: 16 ~ 17.

[94] 杨剑雷. 体育建筑参数化设计的研究与探索 [D]. 北京: 中央美术学院硕士学位论文, 2011.

[95] 李慧莉, 张硕松, 张险峰. 数字技术下体育建筑的参数化及协同设计 [J]. 城市建筑, 2012, （12）: 40 ~ 43.

[96] 沈苾文, 张英. 节能建筑全寿命周期成本研究 [J]. 建筑技术, 2012, （2）: 153 ~ 157.

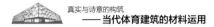

[97]　章蓓蓓，成虎，毛龙泉. 大型公共建筑全寿命周期设计体系研究 [J]. 现代城市研究，2011，（7）：43 ~ 47.

[98]　姜益强，林艳艳. 体育建筑节能技术及应用 [J]. 城市建筑，2010，（11）：21 ~ 22.

[99]　张磊，孟庆林，李晋. 体育馆建筑被动式节能技术实测与分析——以广东药学院体育馆为例 [J]. 土木建筑与环境工程，2010，（1）：101 ~ 106.

[100]　王斌，罗洋. 光伏建筑一体化与体育场建筑设计 [J]. 建筑技艺，2011，（2）：208 ~ 211.

[101]　高翔. 浅析新型建筑节能材料的发展方向 [J]. 能源与节能，2012，（9）：53 ~ 54.

[102]　常晶. 体育建筑节能措施探讨 [J]. 低温建筑技术，2012，（8）：142 ~ 147.

[103]　卢求. 德国低能耗建筑技术体系及发展趋势. 建筑学报，2007，（9）：23 ~ 27.

[104]　王凯. ETFE 充气膜结构设计方法及应用 [J]. 住宅科技，2012，（12）：27 ~ 32.

[105]　魏宇涵，刘德明. 大空间建筑的细节表达研究 [J]. 低温建筑技术，2009（1）：19 ~ 21.

[106]　胡军. 伦敦奥运会的可持续发展理念. 体育文化导刊，2012，（2）：15 ~ 17.

[107]　贡小雷. 建筑拆解及材料再利用技术研究 [D]. 天津大学建筑学学位硕士论文，2010.

[108]　蔡元伟. 优化设计对全寿命周期成本的影响. 四川建筑，2010，Vol.30（1）：27 ~ 28.

[109]　张涛，曹伟. 国外建筑设计中的 BIM 应用案例分析之英杰华体育场 [J]. 建筑知识：学术刊，2012，（7）：2 ~ 4.

[110]　过俊. BIM 在国内建筑全生命周期的典型应用 [J]. 建筑技艺，2011，（Z1）：95 ~ 99.

[111]　Jenna M. Mcknight. Tempe Transportation Center. Architecture Record，2010（3）：92~95.

[112]　Wedld Royal. Fairbanks International Airport. Architecture Record，2010（3）：98~100.

[113]　Beijing Institute of Architectural Design（ed.）（2008）Olympic architecture：Beijing 2008. China Architecture & Building Press，Beijing.

[114]　Houseof Commons. Culture，Media and Sport Committee（2009）London 2012：lessons from Beijing：oral evidence. Stationery Office，London.

[115]　Alexander Tzonis.Santiago Calatrava—The Poetics of Movement，Thames &Hudson Ltd，2001.

[116]　Catherine Slessor. Field of dreams. Architecture Review，2004，（6）.

[117]　R. L. Tomasetti，G. F. Panariello.Reality Graduate Course—Design of Large Scale Building Structures. Structures Congress，2005：1~3.

[118]　Richard Bradshaw，David Campbell.Special Structures：Past，Present，and Future.Journal of Structural Engineering，2002（6），Vol.128，（6）.

[119]　Weichen Xue，Sheng Liu.Studies on a Large—Span Beam String Pipeline Crossing.Journal of Structural Engineering，2008，Vol.134（10）：1657~1667.

[120]　Thomas J. D'Arcy.Large Stadium Projects Using Precast Structural Systems Structures Congress，2010：2925~2936.